JN270197

電気・電子・情報工学系
テキストシリーズ
3

秋月影雄・高橋進一 共編

電子回路

高橋進一・岡田英史 共著

培風館

本書の無断複写は，著作権法上での例外を除き，禁じられています．
本書を複写される場合は，その都度当社の許諾を得てください．

「電気・電子・情報工学系テキストシリーズ」序文

　電気に関する学問分野は，古来，高電圧・大電流を応用する「強電」と呼ばれていた分野と，低電圧・小電流を応用する「弱電」の分野に分かれて発展してきた。前者は主として電気をエネルギー源として，後者は情報・通信に利用することに関連する分野である。1900年代初期までは一括して電気工学と総称されていたが，両分野の発展に伴って，電気工学・通信工学と呼ばれる独立した学問体系をつくっていった。しかし，両者とも，基本的には共通の電磁気学を基にしたものである。一方，1900年代中頃より電子工学が急速な発展を遂げ，特にトランジスタが実用化されるに及んで通信工学は電子通信工学へと変化していった。ここでは，巨視的な電磁気学のみならず量子力学にもとづく微視的な学問が工学へ応用されることとなった。さらに1900年代後半において，コンピュータが急速に進化し，工業のみならず一般の社会生活の中に情報蓄積・処理・伝送の手段として広く活用されるようになった。

　現在では電気工学分野を大別して，①電力エネルギー，②システム・制御，③コンピュータ・情報，④電子・材料のように分類されるが，この4つの分野はそれぞれ独立しているわけではなく，相互に密に融合している。このような電気工学分野の拡大に対応して，大学においても電気工学科と名付けられている学科は急減し，電気電子工学科や電子情報工学科のようなより分野を明確にした学科や，情報・コンピュータにかかわる特定の分野を強く意識した学科が多くなってきている。

　このシリーズは，このような状況下で，電気にかかわる各分野の工学書をまとめて編集することを試みたものであり，主に慶應義塾大学理工学部電子工学科ならびに早稲田大学理工学部電気電子情報工学科において教育にたずさわっている教員を中心に，大学の教科書あるいは参考書となるような著書を企画したものである。すでに，このようなシリーズや著書は数多く出版されてきているが，本シリーズは以下のような特長をもっている。

　このシリーズは，慶應義塾大学理工学部電子工学科教授 高橋進一と早稲田大学理工学部電気電子情報工学科教授 秋月影雄とが一体となって企画したもので

あり，両大学の第一人者による執筆であることを心がけた．このことにより，両大学の教育の特長が表面に出るような著書であることを目標とした．

具体的に本シリーズは，次のような内容を含むように企画されている．

[基礎]
　　電気磁気学，回路理論，エネルギー変換，固体論，計算機工学
[電力エネルギー]
　　電気機器，電力工学，高電圧工学，電気応用，パワエレクトロニクス
[システム・制御]
　　システム解析，制御工学，計測工学
[コンピュータ・情報]
　　計算機アーキテクチャ，計算機アルゴリズム，オペレーティングシステム，
　　知識情報処理，情報ネットワーク，情報理論，数値計算，信号処理
[電子・材料]
　　電気物性，電気材料，電子材料，電子回路，固体電子素子

本シリーズは，主として大学学部における教科書を念頭において構成し，通常一年間にまたがるような基礎科目を除いては半年間の講義に対応する量にまとめるように努めた．また，一部の著書は最新の技術を主体とした大学院向けの技術書として位置づけられるものも含まれている．電気にかかわるすべての分野を完全に網羅する構成は困難であるが，主要な分野について，基礎から学ぶことができるようなシリーズとなるはずである．さらに，大学における学習では多くの演習問題を解くことも重要であることに鑑み，主要科目には演習書も含ませる配慮を行っている．

本シリーズが大学における教育に有効に活かされるとともに，研究に当たっても多くの指針を与える参考書となりうることを期待している．

　　1998年4月

　　　　　　　　　　　　　　　　　　　　　　　　　　秋月影雄
　　　　　　　　　　　　　　　　　　　　　　　　　　高橋進一

まえがき

　電子回路技術はあらゆる分野で利用されており，電子回路に関する基礎知識は電気・電子・情報を専門とする学生諸君はもとより，機械工学，応用化学，管理工学，物理学，化学等の他の分野を専攻している学生諸君にとっても重要な位置づけにある。このことから，多くの大学では理工学の基礎を学ぶ段階に電子回路関係の講義が設けられている。

　本書は，大学で初めて電子回路を学ぶ諸君を対象として，アナログ回路とディジタル回路の基礎的事項を解説したものである。電子回路といえば，かつてはトランジスタ，抵抗，コンデンサなどの様々な形状の素子が基板に並んで配線されたものであり，実際の回路から回路図をイメージすることも比較的容易であった。しかし，現在の電子回路は高度に集積化，システム化されており，回路の主要部分が1つのLSIのチップ内に収められてしまっているものも多くなってきている。このような電子回路の集積化，システム化にともない，設計者が個々のトランジスタについて動作を解析しながら設計を進めるということもほとんど行われなくなってきている。それに代わり，現在ではCAD (Computer Aided Design) によって回路設計を行い，さらに動作解析までコンピュータ上でシミュレーションすることが一般的に行われている。このような変化は，コンピュータに代表されるディジタル回路の発展に依るところが大きく，現代はディジタル全盛の時代といっても過言ではない。しかし，自然現象のほとんどはアナログ量であり，自然界との情報のやりとりが必要である以上，アナログ回路を理解することもディジタル回路の理解に劣らず重要であることを忘れてはならない。これから電子回路を学び始める諸君にとってまず大切なことは，アナログ回路とディジタル回路の基本的な考え方の違い，それぞれの特長をきちんと理解することであろう。

　このような背景から，本書では，アナログ回路については，非線形素子であるトランジスタやFETの特性を線形近似して解析をおこなう小信号等価回路の考え方を身につけ，これを増幅回路，発振回路へ応用できるようになることに

主眼をおいた.また,ディジタル回路においては,本質的にはアナログ素子であるトランジスタやFETをどのようにしてディジタル的に動作させているかという点,さらにディジタル回路の基礎となる組合せ回路,順序回路について理解することを主目的とした.そのため,アナログ回路においては非線形性に基づく変復調回路や電源回路,またディジタル回路においてはメモリ回路やシフトレジスタ回路などについては取り上げないこととした.また,アナログ回路,ディジタル回路という区別はあっても,それらを構成しているトランジスタの基本的な特性は同一であり,アナログ,ディジタルの区別はその特性をどのように利用するかによって決定されている.そこで,バイポーラトランジスタとMOSFETの2種類の素子を用いたアナログ回路とディジタル回路を例示することで,これらの素子がアナログ回路とディジタル回路でどのように使われているかという差異を理解できるように配慮した.したがって,接合型FETや歴史的には興味深いが特殊な分野を除いてはほとんど使用されない真空管などを用いた回路については割愛されている.しかし,入力電流で出力電流を制御するバイポーラトランジスタと入力電圧で出力電流を制御するMOSFETで構成された回路に関する考え方が身についていれば,他の素子を使った回路の動作についても容易に理解できるものと考えている.本書の構成は,第1章と第2章に電子回路を学ぶために必要な電気回路と半導体デバイスに関する基礎知識が簡単にまとめてあり,第3章から第6章はアナログ回路について,第7章から第11章はディジタル回路について解説してある.第1章と第2章に目を通して頂いた後は,アナログ回路を学びたい諸君は第3章,ディジタル回路を学びたい諸君は第7章から読み始めて頂ければよいと考えている.最初にも述べたが,本書は,電気・電子・情報を専門としていない学生諸君も念頭に置いているため,高校で学んだ物理と数学の知識があれば問題なく読み進められるように配慮したつもりである.電子回路を学習しようとする様々な専門分野の学生諸君の一助になれば幸いである.

　最後に本書を執筆するにあたり多大なご尽力いただいた,株式会社培風館の木村博信氏に感謝いたします.

2002年3月

著者しるす

目　　次

1　電子回路の基礎　1
1.1　アナログ回路とディジタル回路　1
1.2　回路解析の基本法則　4
　　1.2.1　キルヒホッフの法則　4
　　1.2.2　直流，交流と電源　5
　　1.2.3　基本電気回路素子の性質　7
　　1.2.4　回路素子の直列・並列接続　10
　　1.2.5　テブナンの定理　12
第 1 章の章末問題　13

2　半導体デバイスの動作原理　15
2.1　半　導　体　15
　　2.1.1　真性半導体　15
　　2.1.2　不純物半導体　16
2.2　ダイオード　18
　　2.2.1　pn 接合ダイオード　18
　　2.2.2　ショットキーバリア・ダイオード　21
2.3　バイポーラトランジスタ　22
2.4　電界効果トランジスタ (FET)　25
第 2 章の章末問題　29

3　増幅回路の形式と動作原理　32
3.1　トランジスタによる増幅回路の基本形式　32
　　3.1.1　エミッタ接地回路　32
　　3.1.2　ベース接地回路　36

3.1.3　コレクタ接地回路 …………………………………… 38
　　　3.1.4　トランジスタ増幅回路の接地形式の比較 ………… 39
　　　3.1.5　負荷直線によるトランジスタ増幅回路の解析 …… 40
　3.2　MOSFET による増幅回路の基本形式 ………………………… 43
　　　3.2.1　ソース接地回路 ……………………………………… 43
　　　3.2.2　ドレイン接地回路 …………………………………… 45
　　　3.2.3　ゲート接地回路 ……………………………………… 45
　　　3.2.4　MOSFET 増幅回路の接地形式の比較 ……………… 46
　　　3.2.5　負荷直線による MOSFET 増幅回路の解析 ………… 47
　第 3 章の章末問題 ……………………………………………………… 48

4　小信号等価回路による増幅回路の解析　52

　4.1　二端子対回路による等価回路表現 ……………………………… 52
　　　4.1.1　二端子対回路 ………………………………………… 52
　　　4.1.2　二端子対回路のパラメータ表現 …………………… 53
　　　4.1.3　小信号等価回路 ……………………………………… 54
　4.2　トランジスタ増幅回路の小信号等価回路 ……………………… 56
　　　4.2.1　h パラメータを用いた小信号等価回路 …………… 56
　　　4.2.2　高域周波数におけるトランジスタの小信号等価回路 …… 60
　　　4.2.3　小信号等価回路による入出力インピーダンスの計算 …… 62
　　　4.2.4　増幅度と利得 ………………………………………… 65
　4.3　小信号等価回路によるトランジスタ増幅回路の解析 ………… 66
　　　4.3.1　CR 結合増幅回路 …………………………………… 66
　　　4.3.2　中域周波数における利得 …………………………… 68
　　　4.3.3　低域周波数における結合コンデンサの影響 ……… 69
　　　4.3.4　低域周波数におけるバイパスコンデンサの影響 … 71
　　　4.3.5　高域周波数における特性 …………………………… 74
　　　4.3.6　多段 CR 結合増幅回路 ……………………………… 75
　4.4　MOSFET 増幅回路の小信号等価回路 ………………………… 77
　　　4.4.1　MOSFET の小信号等価回路 ………………………… 77
　　　4.4.2　高域周波数における MOSFET の小信号等価回路 … 79
　4.5　小信号等価回路による MOSFET 増幅回路の解析 …………… 81
　　　4.5.1　CR 結合増幅回路 …………………………………… 81

	4.5.2 中域周波数における利得 …………………………	82
	4.5.3 低域周波数における結合コンデンサの影響 ………………	83
	4.5.4 低域周波数におけるバイパスコンデンサの影響 ……………	84
	4.5.5 高域周波数における特性 …………………………	86
第 4 章の章末問題 ……………………………………………		87

5　オペアンプ　　　　　　　　　　　　　　　　　　　　90

 5.1　オペアンプの性質と等価回路 ……………………………………　90
  5.1.1　オペアンプとは ………………………………………　90
  5.1.2　差動増幅回路 …………………………………………　90
  5.1.3　オペアンプの特性と等価回路 …………………………　93
 5.2　オペアンプを用いた基本回路 ……………………………………　97
  5.2.1　負帰還回路 ……………………………………………　97
  5.2.2　反転増幅回路 …………………………………………　99
  5.2.3　非反転増幅回路 ………………………………………　100
  5.2.4　ボルテージホロアー回路 ……………………………　101
 5.3　オペアンプを用いた演算回路 ……………………………………　102
  5.3.1　加算回路 ………………………………………………　102
  5.3.2　減算回路 ………………………………………………　103
  5.3.3　定数倍回路 ……………………………………………　104
  5.3.4　積分回路 ………………………………………………　104
  5.3.5　微 分 回 路 ……………………………………………　105
  5.3.6　対数増幅回路 …………………………………………　106
 第 5 章の章末問題 …………………………………………………………　108

6　発振回路　　　　　　　　　　　　　　　　　　　　111

 6.1　発振回路と発振条件 ………………………………………………　111
 6.2　CR 発振回路 ………………………………………………………　113
 6.3　LC 発振回路 ………………………………………………………　114
  6.3.1　トランジスタを用いた三素子型発振回路 ……………　114
  6.3.2　MOSFET を用いた三素子型発振回路 ………………　117
 6.4　水晶振動子を用いた発振回路 ……………………………………　121
  6.4.1　水晶振動子 ……………………………………………　121

  6.4.2 水晶振動子を用いた三素子型発振回路 …………… 123
第 6 章の章末問題 ………………………………………………… 124

7 ディジタル回路とブール代数   126

7.1 ブール代数 …………………………………………… 126
  7.1.1 ブール代数の公理 ……………………………… 126
  7.1.2 ブール代数の定理 ……………………………… 127
  7.1.3 真理値表 ………………………………………… 128
  7.1.4 論理式の簡単化 ………………………………… 129
7.2 基本論理ゲート ……………………………………… 130
  7.2.1 正論理と負論理 ………………………………… 130
  7.2.2 論理ゲート ……………………………………… 130
  7.2.3 回路における論理ゲートの表記 ……………… 134
  7.2.4 論理ゲートの変換 ……………………………… 135
  7.2.5 ゲート IC ………………………………………… 137
第 7 章の章末問題 ………………………………………………… 139

8 ディジタルデバイスの動作原理   140

8.1 ディジタルデバイス ………………………………… 140
  8.1.1 ダイオード ……………………………………… 141
  8.1.2 トランジスタ …………………………………… 142
  8.1.3 MOSFET ………………………………………… 144
8.2 DTL (Diode Transistor Logic) ……………………… 146
  8.2.1 ダイオードによる AND と OR ゲート ……… 146
  8.2.2 DTL 回路 ………………………………………… 147
8.3 TTL (Transistor Transistor Logic) ………………… 149
  8.3.1 TTL 回路 ………………………………………… 149
  8.3.2 TTL の種類 ……………………………………… 152
  8.3.3 TTL の静特性 …………………………………… 154
  8.3.4 TTL の動特性 …………………………………… 161
8.4 CMOS (Complementary MOS) ……………………… 163
  8.4.1 CMOS の動作原理 ……………………………… 163
  8.4.2 CMOS の静特性 ………………………………… 165

	8.4.3	CMOS の動特性 ……………………………………	168
	8.4.4	CMOS と TTL の接続 ………………………………	169
第 8 章の章末問題 ………………………………………………			170

9 組合せ回路　　173

9.1	組合せ回路と順序回路 ……………………………………………		173
9.2	組合せ回路の設計 …………………………………………………		173
	9.2.1	論理式の標準型 ……………………………………	173
	9.2.2	カルノー図による簡単化 …………………………	177
	9.2.3	冗長項の利用 ………………………………………	182
9.3	算術演算回路 ………………………………………………………		183
	9.3.1	加算回路 ……………………………………………	183
	9.3.2	減算回路 ……………………………………………	185
	9.3.3	算術論理ユニット (ALU) …………………………	186
第 9 章の章末問題 ………………………………………………			187

10 順序回路　　189

10.1	ラッチ ………………………………………………………………		189
	10.1.1	$\bar{S}\bar{R}$ ラッチ ………………………………………	189
	10.1.2	D ラッチ ……………………………………………	191
10.2	フリップフロップ …………………………………………………		192
	10.2.1	D フリップフロップ ………………………………	192
	10.2.2	JK フリップフロップ ……………………………	194
10.3	順序回路の設計 ……………………………………………………		195
	10.3.1	状態遷移表による設計 ……………………………	195
	10.3.2	順序回路の最大駆動周波数 ………………………	199
10.4	カウンタ回路 ………………………………………………………		201
	10.4.1	非同期カウンタ回路 ………………………………	201
	10.4.2	非同期カウンタの IC ………………………………	204
	10.4.3	同期カウンタ ………………………………………	206
	10.4.4	同期カウンタの IC …………………………………	207
第 10 章の章末問題 ……………………………………………			210

11 DA変換回路とAD変換回路　212

- 11.1 アナログ信号とディジタル信号の変換 …………………………… 212
- 11.2 DA変換回路 ……………………………………………………… 216
  - 11.2.1 2進荷重抵抗型DA変換回路 ………………………………… 216
  - 11.2.2 R/2Rラダー型DA変換回路 ………………………………… 218
- 11.3 AD変換回路 ……………………………………………………… 220
  - 11.3.1 カウンタ・ランプ型AD変換回路 …………………………… 220
  - 11.3.2 並列エンコード型DA変換回路 ……………………………… 222
- 第11章の章末問題 …………………………………………………… 224

章末問題の解答　226

索　引　235

1
電子回路の基礎

1.1 アナログ回路とディジタル回路

電子回路とは，抵抗，コンデンサ，インダクタンスなどの回路素子に，ダイオードやトランジスタなど電子素子を加えて構成された回路のことである．これに対して抵抗，コンデンサ，インダクタンスで構成される回路のことを単に電気回路と呼んでいる．電気回路が電源を除いてはエネルギー源をもたない回路素子（受動素子）のみで構成されるのに対して，電子回路にはトランジスタなどのエネルギー源を有する回路素子（能動素子）が含まれている．そのため，電子回路は，信号を増幅したり発生させたりといった，電気回路では実現できない動作を行うことが可能である．

電子回路には，アナログ回路とディジタル回路という分類がある．アナログとディジタルという単語は，アナログ表示に対してディジタル表示というように，対比されて使われている．では，アナログとディジタルというのはどういうことを意味しているのであろうか．アナログ (analogue) には「相似」という意味があり，連続的な値をとるものをアナログ量とよんでいる．一方，ディジタル (digital) には「指」という意味がある．指で 1, 2, 3,… と整数を表した場合，3.14 や 5/3 といった整数の間にある値をかぞえることはできない．このように不連続な値しかとれないものをディジタル量とよぶ．図 1.1 に示したストップウオッチを例にとると，アナログ表示のストップウオッチは，時間と相似（比例）した針の角度で時間を示しているため，連続的に時間を表示すること

が可能である。これに対して，ディジタル表示のストップウオッチでは1/100秒刻みのとびとびの値でしか時間を表示することができない。ただし，ストップウオッチの場合，振り子の周期や水晶発振子の固有振動数を基準としているため，厳密に考えると不連続な時間しか計ることができないメカニズムになっている。つまり，アナログ時計，ディジタル時計という名称は表示方式がアナログかディジタルかということであり，測定されている時間はいずれもディジタル量なのである。

(a) アナログ表示　　　　(b) ディジタル表示

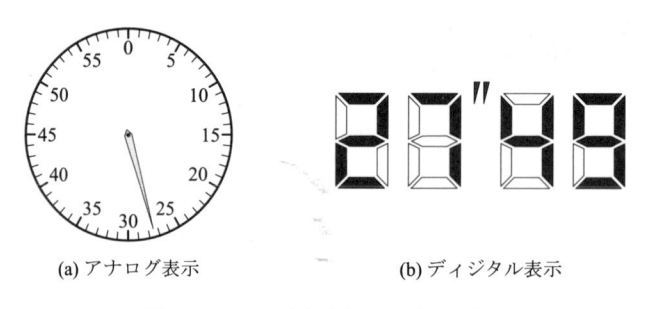

図 1.1 アナログ表示とディジタル表示

　電子回路の電圧や電流は，他の自然界に存在する物理量と同様に，本質的にはアナログ量である。では，アナログ回路とディジタル回路の違いはどこにあるのだろうか。ディジタル回路とアナログ回路における一般的な電圧波形の違いを 図1.2 に示す。アナログ回路における電圧波形は様々な値をとっているのに対して，ディジタル回路では電圧が2つの値しかとっていないことがわかる。これは，ディジタル回路では電圧値が決められた閾値よりも高い「H レベル」か低い「L レベル」かという2つの状態のみに着目しているためである。もちろん，アナログ回路における電圧波形であっても，閾値を基準に「H レベル」，「L レベル」の2状態をとらえることは可能である。しかし，H レベルとL レベルを表す2つの電圧値だけをとる回路の方が安定した動作をすることは自明であろう。このことから，ディジタル回路で用いるデバイスは，2つの電圧値のみを出力するような特性をもつように設計されている。情報をディジタル化して表現する場合，3進法を用いるのが最も効率的であることがわかっている。したがって，ディジタル回路においても，電圧を3つのレベルに分けて3つの状態を表現できる回路を構成することが，情報理論の面からは最も望ましいといえる。しかし，電子回路を構成する観点からすると，安定して3状態をとり

1.1. アナログ回路とディジタル回路

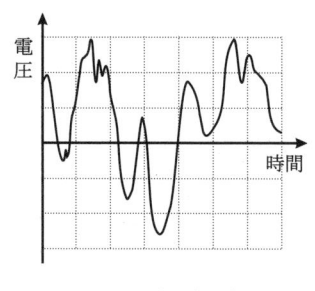

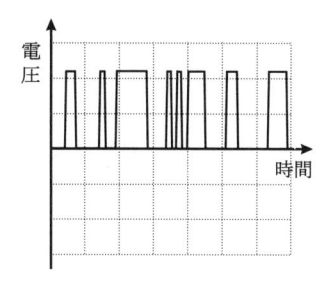

(a) アナログ回路の波形   (b) ディジタル回路の波形

図 1.2 アナログ回路とディジタル回路の電圧波形

うる回路は複雑になってしまい，集積化して IC や LSI を作成することも容易ではなくなる．これに対して，2 状態をとる回路は，電圧が閾値より高いか低いか，スイッチが ON か OFF かという動作形態をとればよいので，簡単な回路で安定した動作を実現することができる．このことから，ディジタル回路では電圧を「H レベル」と「L レベル」の 2 つの状態でとらえ，それを"0"と"1"として考える 2 値表現を採用しているのである．

つまり，アナログ回路とは電圧値そのものを情報として取り扱う電子回路である．したがって，小さな信号を増幅して大きくしたり，周期的な信号波形を発生させたりしたときに，得られた信号の電圧値がどのような大きさになっているかということや，それらが信号の周波数にどのように依存しているかということが重要になる．

これに対して，ディジタル回路では，"0" と "1" の 2 値だけで状態を表現しなければならないため，多くの状態を取り扱うためには，桁数をふやす必要がある．2 進数の桁を表す単位はビット (bit: binary digit) と呼ばれ，最上位の桁を MSB (Most Significant Bit)，最下位の桁を LSB (Least Significant Bit) という．n 桁の 2 進数，つまり n ビットで表現できる状態数は 2^n であり，$2^{10} = 1024$ を 1K，$2^{20} = 1048756$ を 1M と記述する．ディジタル回路とは，複数の信号線の H レベルと L レベルがどのような組合せになっているかということを情報として取り扱う回路である．

ディジタル回路はアナログ回路に比べてノイズに強いという特徴をもっている．たとえば，3.7V の電圧に 0.3V のノイズが重畳した場合について，アナログ回路と入力電圧 2.0V 以上を H レベルとしているディジタル回路がそれぞれ受ける影響を考えてみる．前述したように，アナログ回路は電圧値そのものに

着目しているため，0.3Vのノイズはそのまま誤差になってしまう．しかし，ディジタル回路では3.7Vも4.0Vも同じHレベルであり，このときノイズは回路の動作に影響をおよぼさないことになる．

　先にも述べたように，自然界に存在する物理量は本質的にアナログ量である．マイクロフォンとスピーカーを用いて音声を大きくする場合，アナログ回路では，音声の音波をマイクロフォンで電圧変化に変換する．その電圧波形を，増幅回路を用いることで，波形の形状は原波形と相似で電圧が大きくなった波形に変換する．そして，その電圧変化でスピーカを振動することによって音波を発生させている．したがって，アナログ回路の電圧波形は音波の波形と直接結びついていることになる．これに対して，音声をディジタル処理する場合には，マイクロフォンで変換した電圧波形をアナログ－ディジタル（AD）変換することによって何bitかのディジタル信号に変換し，ディジタル信号として処理した後，ディジタル－アナログ（DA）変換することによって，音声波形に対応した電圧波形に戻してやる必要がある．このとき，音声信号の波形とディジタル回路における波形の形状との間には相似の関係は成立していないことになる．

1.2　回路解析の基本法則

　電子回路を取り扱う前に，電気回路の解析法の基礎となる諸法則と基本回路素子の性質について簡単に説明する．

1.2.1　キルヒホッフの法則

　キルヒホッフの法則は，電気・電子回路を解析する上での最も基本的な法則であり，電流則と電圧則からなる．

- 回路内の任意の点に複数の導線が接続されているとき，その点に流入する電流の総和は零となる（電流則）
- 回路内の任意の閉路について，向きを考えた場合，その各部分の抵抗（インピーダンス）と電流の積の総和は起電力の総和に等しい．（電圧則）

電流則は，図1.3(a)に示すように，任意の点に1つの導線から電流が流れ込み，その点から2つの導線に電流が流れ出しているような場合，流れ出す電流の和は流れ込む電流と等しくなっているということを意味している．また，電

1.2. 回路解析の基本法則

圧則では，図 1.3(b) に示すように，ある点から導線をたどって同じ点に戻る閉路を考える。このとき，この閉路における各抵抗での電圧降下を全て足したものは起電力と等しくなっている。

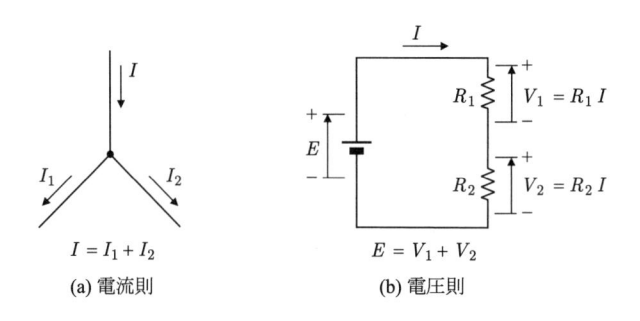

(a) 電流則　　　(b) 電圧則

図 1.3 キルヒホッフの法則

ここで，抵抗 R の両端にかかる電圧 V と流れる電流 I の間には，一般に，

$$V = RI \tag{1.1}$$

の関係が成立しており，オームの法則と呼ばれている。

1.2.2　直流，交流と電源

回路を流れる電流，電圧波形は，図 1.4 に示すように，時間に対して値が変化しない直流成分と一定の時間毎に正負が交番して時間平均が零となる交流成分に分離できる。

ここで，正弦波状に変化する交流電圧は，一般に，

$$e(t) = e_0 \sin(\omega t + \theta) \tag{1.2}$$

と表すことができる。ここで，e_0 は振幅，ω は角周波数，θ は位相で，角周波数 ω と周波数 f の間には，$\omega = 2\pi f$ の関係がある。正弦波電圧は複素数を用いて，

$$e(t) = e_0 \exp j(\omega t + \theta) \tag{1.3}$$

と表すこともできる。ここで，j は虚数単位である。電気・電子回路では，i は電流を表すため，虚数単位として j を用いることが多い。一般の交流波形は，様々な角周波数の正弦波が異なる振幅と位相で重ね合わさったものであると考えることができる。

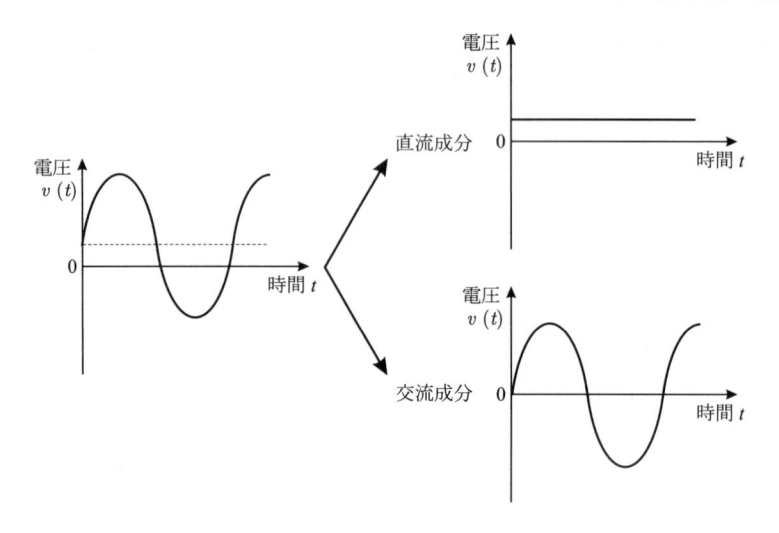

図 1.4 直流成分と交流成分

　電源には，一定の電圧を保つ電圧源と一定の電流を保つ電流源があり，図 1.5 に示した記号で表す．ここで，電圧源では直流を表す場合 (a-1) と交流を表す場合 (a-2) で異なる記号を用いることが多い．

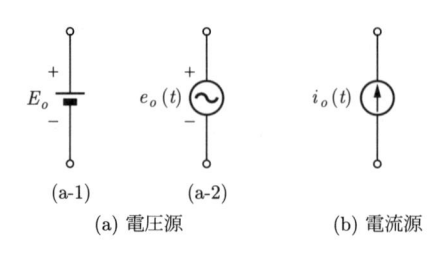

図 1.5 電圧源と電流源

　理想的な電圧源の内部抵抗は零，電流源の内部抵抗は無限大であり，理想的な電源の出力は負荷が変動しても一定に保たれる．しかし，実際の電源の出力は負荷によって変動する．そこで，実際の電源は理想的な電圧・電流源に内部抵抗を接続することによって，図 1.6 のように表される．内部抵抗は電圧源に対しては直列，電流源に対しては並列に接続する．電圧源の電圧が零の状態とは，電圧源を取り除き短絡することと等価である．電流源の電流が零の状態は，

1.2. 回路解析の基本法則

電流源を取り除き開放することに相当する。

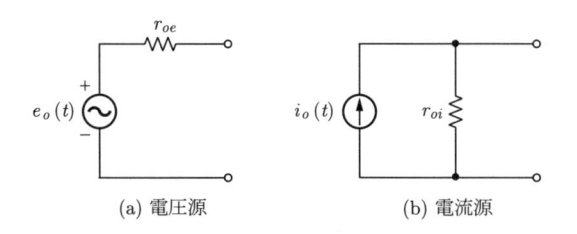

図 1.6 内部抵抗を考慮した電圧源，電流源

電圧源と電流源は置き換えて考えることが可能である。例えば，図 1.6 に示した電圧源と電流源では，

$$r_{oe} = r_{oi} \tag{1.4}$$

$$e_o(t) = r_{oi} i_o(t) \tag{1.5}$$

の関係があるとき，2 つの電源は等価となるため，置き換えることができる。

1.2.3 基本電気回路素子の性質

電気回路を構成する基本素子には，抵抗，コンデンサ，インダクタンスがある。直流成分に対して，コンデンサとインダクタンスは，それぞれ回路が開放されている部分と単なる導線部分として考えることができる。しがたって，直流成分に関しては抵抗における電圧と電流の関係のみを考えればよいことになる。

一方，波形が時間的に変化する交流成分に対しては，抵抗，インダクタンス，コンデンサはそれぞれ全く異なった特性を有している。

抵抗の両端にかかる電圧 $v_R(t)$ と流れる電流 $i_R(t)$ の間には，交流成分に対してもオームの法則が成立しており，直流成分と同様に取り扱うことができる。

$$v_R(t) = R i_R(t) \tag{1.6}$$

インダクタンスの場合，流れる電流が変化すると，電磁誘導によってインダクタンスの両端に電圧降下が生じる。インダクタンスの両端にかかる電圧 $v_L(t)$ と電流 $i_L(t)$ の間には，

$$v_L(t) = L \frac{di_L(t)}{dt} \tag{1.7}$$

の関係がある。ここで L はインダクタンスの自己インダクタンスである。

コンデンサは，電流が流れ込むことによって充電され，蓄えられた電荷によって電圧降下を生じる。コンデンサの両端にかかる電圧 $v_C(t)$ と電流 $i_C(t)$ の関係は，

$$v_C(t) = \frac{1}{C} \int i_C(t)dt + \frac{q_0}{C} \tag{1.8}$$

となる。ここで C はコンデンサの容量，q_0 は初期電荷を表している。

抵抗，インダクタンス，コンデンサに正弦波状の交流電圧 $v(t) = v_0 \sin \omega t$ を印加したときの電圧波形と電流波形の関係を図 1.7 に示す。抵抗を流れる電流は印加電圧に比例し，

$$i_R(t) = \frac{v_0}{R} \sin \omega t \tag{1.9}$$

となるため，図 1.7(a) のように，電圧波形と電流波形の位相は一致する。

これに対して，インダクタンスを流れる電流は，印加電圧を積分したものになり，

$$i_L(t) = \int \frac{v_L(t)}{L} dt = \frac{v_0}{\omega L} \sin(\omega t - \frac{\pi}{2}) \tag{1.10}$$

と表される。したがって，図 1.7(b) に示すように，電流波形は電圧波形に対して位相が $\pi/2$ 遅れることになる。この関係は，複素数を用いて，

$$v_L = j\omega L i_L \tag{1.11}$$

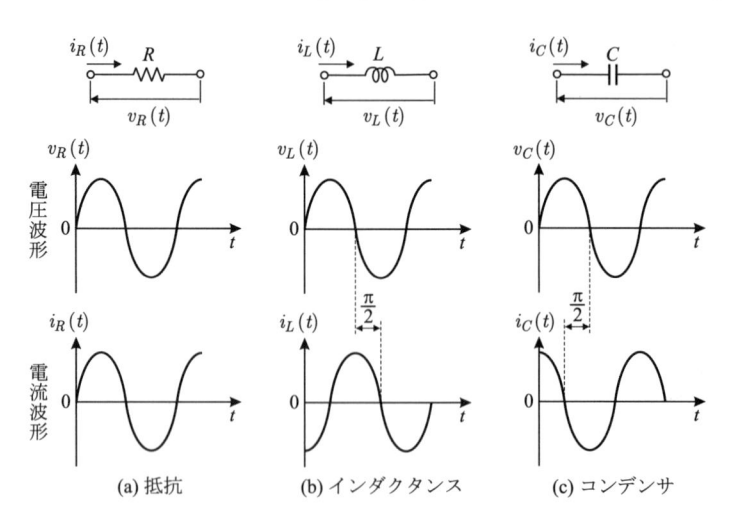

図 1.7 正弦波電圧に対する基本素子の応答

のように表すこともできる。電流の大きさは，ω に反比例して小さくなり，印加電圧の角周波数が高くなるとインダクタンスを流れる電流が小さくなる傾向を示すことがわかる。

また，コンデンサを流れる電流は，印加電圧を微分したものであるため，

$$i_C(t) = C\frac{dv_C(t)}{dt} = \omega C v_0 \sin(\omega t + \frac{\pi}{2}) \tag{1.12}$$

となる。コンデンサの場合，図 1.7(c) に示すように，電流波形は電圧波形に対して位相が $\pi/2$ 進むことになる。この関係は，複素数を用いて，

$$v_C = \frac{1}{j\omega C} i_C \tag{1.13}$$

のように表すこともできる。電流の大きさは ω に比例して大きくなることから，印加電圧の角周波数が高いほどコンデンサを流れる電流は大きくなる傾向があることがわかる。

これらの関係を用いて，図 1.8 に示した抵抗，インダクタンス，コンデンサを交流電源 e_o に直列接続した回路における 3 つの素子にかかる電圧の和 $v(t)$ と電流 $i(t)$ の関係を複素数を用いて表すと，

$$v(t) = (R + j\omega L + \frac{1}{j\omega C})i(t) \tag{1.14}$$

が成立している。したがって，

$$Z = R + j\omega L + \frac{1}{j\omega C} \tag{1.15}$$

は直流回路の抵抗に相当すると考えることができ，交流回路の定常状態における電圧 v と電流 i の関係は，オームの法則を用いて直流回路と同様に解析できることになる。

$$v(t) = Zi(t) \tag{1.16}$$

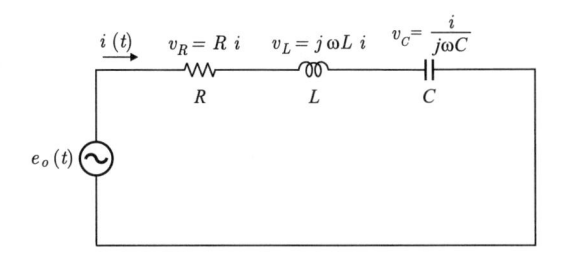

図 1.8 回路のインピーダンス

ここで，Z はインピーダンスと呼ばれ，Z を以下のように実部と虚部に分けたとき，

$$Z = R + jX \tag{1.17}$$

実部 R をレジスタンス，虚部 X をリアクタンスという。リアクタンスのうち，インダクタンスによるものを誘導性，コンデンサによるものを容量性という。複素数で表現されたインピーダンス Z の絶対値は Z に共役な複素数 $\overset{*}{Z}$ を用いることで次式のように求めることができる。

$$|Z| = \sqrt{Z\overset{*}{Z}} = \sqrt{(R+jX)(R-jX)} \tag{1.18}$$

複素数で表現された電圧，電流についても同様にして絶対値を求めることができる。

1.2.4 回路素子の直列・並列接続

複数の回路素子が直列または並列に接続されているときに，それらの全体に対する電圧と電流の関係を考えてみる。

図 1.9(a)，(b) は，それぞれ抵抗 R_1 と R_2 を直列と並列に接続したときの合成抵抗 R を示している。直列接続の場合は 2 つの抵抗に流れる電流が同じであることから，合成抵抗は，

$$R_s = R_1 + R_2 \tag{1.19}$$

となる。一方，並列接続の場合は 2 つの抵抗の両端にかかる電圧が同じになることから，合成抵抗は，

$$R_p = \left(\frac{1}{R_1} + \frac{1}{R_2}\right)^{-1} \tag{1.20}$$

となっている。

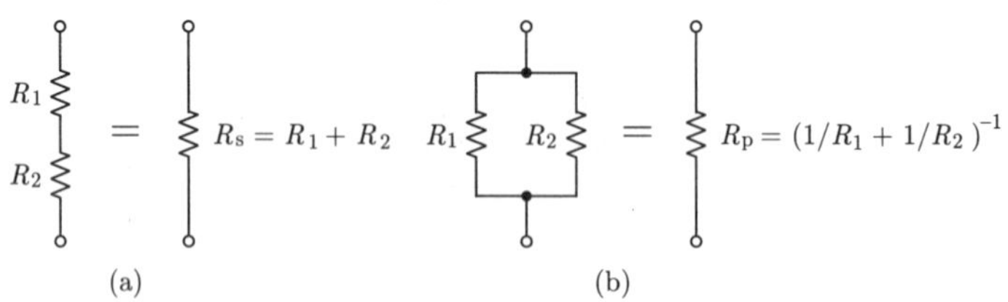

図 1.9 抵抗の直列・並列接続

インダクタンスを図 1.10(a)，(b) に示すように，直列または並列に接続した

1.2. 回路解析の基本法則

ときの合成インダクタンスについて考える．インダクタンスの両端にかかる電圧は式 (1.7) に示したように電流の微分に比例していることから，合成インダクタンスは抵抗の場合と同様に考えることができる．すなわち，インダクタンス L_1 と L_2 を直列接続したときの合成インダクタンス L_s は，

$$L_s = L_1 + L_2 \tag{1.21}$$

となる．一方，並列接続した場合の合成インダクタンス L_p は，

$$L_p = \left(\frac{1}{L_1} + \frac{1}{L_2}\right)^{-1} \tag{1.22}$$

となる．

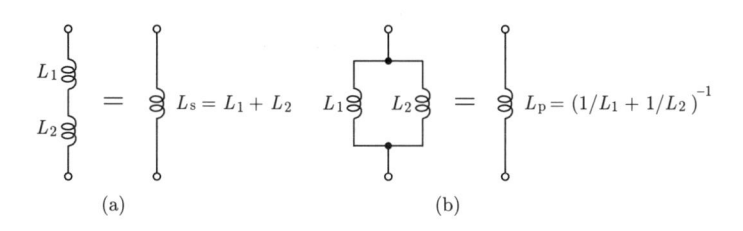

図 1.10 インダクタンスの直列・並列接続

コンデンサを図 1.11(a), (b) に示すように，直列または並列に接続した場合について考えると，コンデンサの両端にかかる電圧は式 (1.8) に示したように，電流の積分値に逆比例している．このことから，コンデンサ C_1 と C_2 を直列接続したときの合成容量 C_s は，

$$C_s = \left(\frac{1}{C_1} + \frac{1}{C_2}\right)^{-1} \tag{1.23}$$

図 1.11 コンデンサの直列・並列接続

となる。一方,並列接続したときの合成容量 C_p は,

$$C_p = C_1 + C_2 \tag{1.24}$$

となる。

1.2.5 テブナンの定理

電気・電子回路の解析においては,着目した部分における電流と電圧の関係が分かれば,他の素子における電流・電圧関係は不明のままでもよいということが多い。そのため,回路の一部をブラックボックスで表現し,ブラックボックスから出ている端子間の電流・電圧関係にのみ着目して回路の動作を解析することがよく行われる。例えば,図 1.12(a) に示したような,詳細な構成は不明であるが,電源を含んだ回路に端子 $a-b$ が接続されているとする。この端子 $a-b$ 間の電圧が v であり,端子 $a-b$ から回路を見たときの抵抗が r' であったとする。このとき,端子 $a-b$ に抵抗 r を接続すると,r に流れる電流 i は,

$$i = \frac{v}{r' + r} \tag{1.25}$$

となる。これをテブナンの定理という。このことは,どんなに複雑な回路であっても,端子間の電圧と端子からみた抵抗値が分かれば,その回路と等価な回路を 1 つの電源と 1 つの抵抗で表すことができるということを示している。ただし,テブナンの定理は電圧値や電流値によって素子の値が変化する非線形素子が回路に含まれている場合には成立しない。

(a) テブナンの定理   (b) ノートンの定理

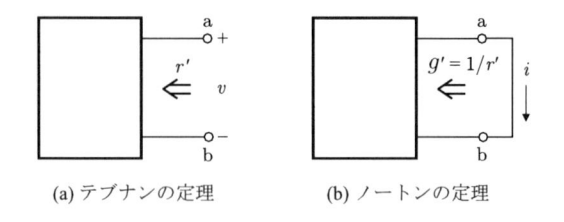

図 1.12 テブナンの定理とノートンの定理

また,図 1.12(b) に示したように,電源を含んだ回路の端子 $a-b$ を短絡したときに流れる電流が i であり,端子 $a-b$ からみた回路のコンダクタンス(抵抗の逆数)が g' であったとする。このとき,端子 $a-b$ 間にコンダクタンス g

を接続したときに端子 $a-b$ 間に生じる電圧 v は，

$$v = \frac{i}{g' + g} \tag{1.26}$$

となる。これをノートンの定理という。

□□ 第 1 章の章末問題 □□

問 1. 1) 図 1.13(a) に示した回路の電流 I_R を求めなさい。
2) 図 1.13(b) に示した回路の電圧 V_R を求めなさい。

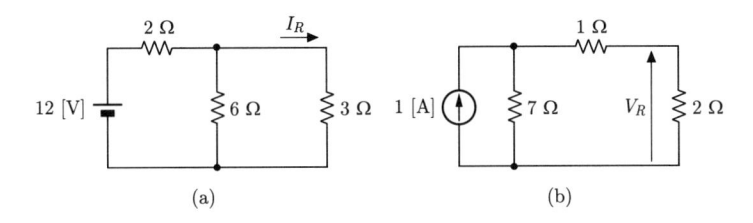

図 1.13

問 2. 1) 図 1.14(a) に示した回路における V_R と I_R を求めなさい。
2) 図 1.14(a) に示した回路の端子 a-b より左側の部分を図 1.14(b) のように電流源を用いて表したとする。このとき I と r_o を求めなさい。

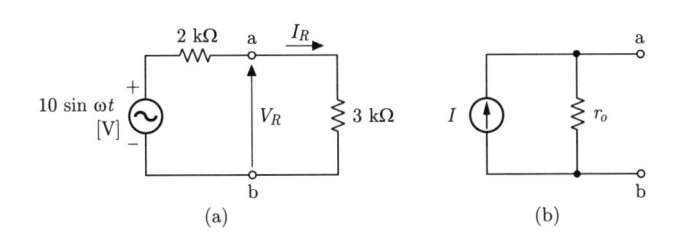

図 1.14

問 3. 図 1.15(a)〜(c) に示した回路の端子間のインピーダンスを求めなさい。

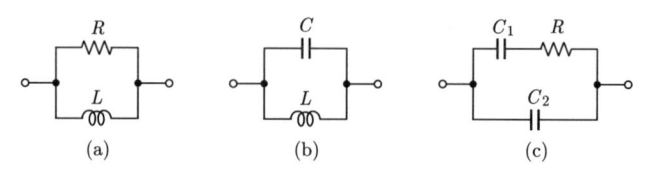

図 1.15

(a) (b) (c)

問 4. 図 1.16 に示した回路の端子 a-b 間に，1) 直流電圧 E を与えた場合と，2) 交流電圧 $v(t)$ を与えたときの，端子 c-d 間の電圧 V_o を求めなさい．

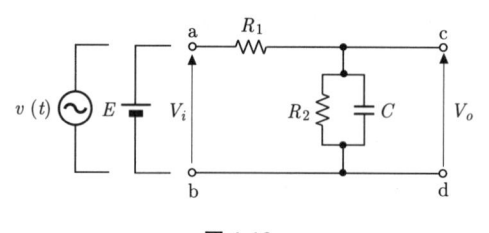

図 1.16

問 5. 図 1.17 に示した回路の電流 I_R をテブナンの定理を用いて求めなさい．

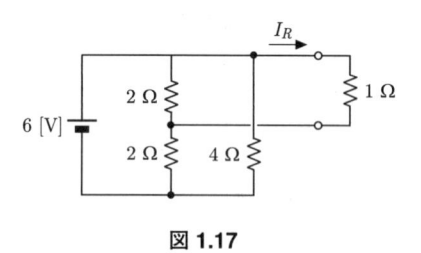

図 1.17

問 6. 図 1.18 に示した回路に与える電圧 $V(\omega)$ の角周波数 ω を変化させたとき，電流 $I_R(\omega)$ が直流電源（$\omega = 0$）を用いたときの $1/\sqrt{2}$ となる角周波数を求めなさい．

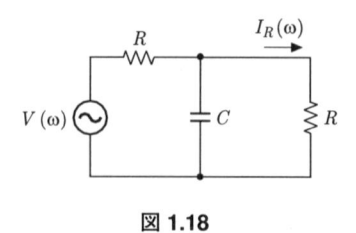

図 1.18

2
半導体デバイスの動作原理

2.1 半導体

2.1.1 真性半導体

　物質は，その導電性によって，導体，半導体，絶縁体に分類できる。固体の導電性は，負の電荷をもつ電子や正の電荷をもつ正孔といった，物質中を自由に動くことができる荷電粒子がどの程度含まれているかということに依存している。つまり，導体は多くの荷電粒子を持ち，絶縁体には荷電粒子は存在しない。半導体は導体と絶縁体の中間の導電率を有する物質であり，常温においてわずかな自由電子を持っている。図2.1は，代表的な半導体であるシリコンの結晶構造を模式的に示したものである。シリコンは原子番号14の4価の原子で，一つの原子核に対して14個の電子を持ち，そのうち4個が最外殻にある。原子の化学的性質のほとんどは最外殻電子数によって決定されている。シリコンは，隣り合う4個の原子と最外殻電子を共有することによって，最外殻に8つの原子を持った状態で結晶構造を形成しており，これが最も安定な状態である。このような一つの原子のみからなる半導体のことを真性半導体という。

　真性半導体は，最外殻電子がすべて結合に用いられているため，絶対零度では導電性のない絶縁体である。しかし，常温では熱エネルギーによって一部の共有結合が破れ，物質内を移動する自由電子が存在するようになる。熱エネルギーのほかに，光や放射能などのエネルギーでも自由電子が発生する。真性半導体で自由電子が生じると，そのあとに電子が不足している共有結合が残るこ

とになる．電子が抜けた孔は正の電荷を持つため正孔と呼ばれている．移動する自由電子で正孔が埋められることで電気的に中性になるが，正孔を埋める自由電子は結晶の他の部分に新たな正孔を発生させていることになる．このように，正孔は共有結合している電子を奪いながらその位置を変化させるため，移動する正の荷電粒子として物理的に取り扱うことができる．電子と正孔は荷電の担い手であることから，総称してキャリアと呼ばれている．真性半導体では自由電子と正孔の数は常に等しい．

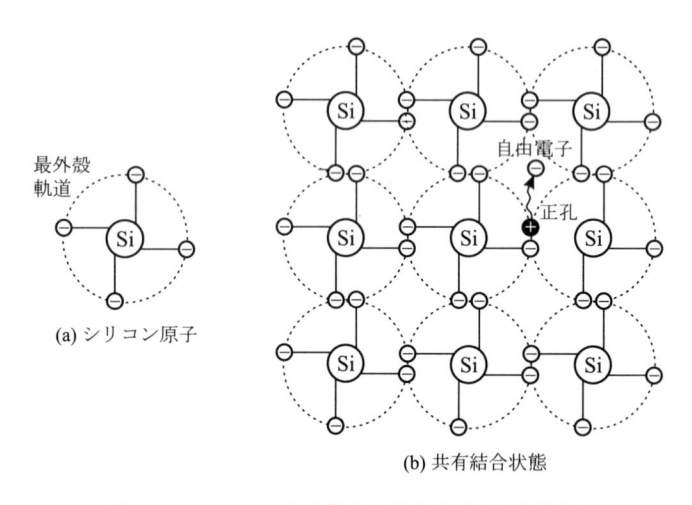

(a) シリコン原子

(b) 共有結合状態

図 2.1 シリコンの結晶構造の模式図（真性半導体）

2.1.2 不純物半導体

半導体中の自由電子や正孔の数を調整するために，不純物を混入することが行われ，このような半導体のことを不純物半導体と呼んでいる．

図 2.2 はシリコン中に 5 個の電子を最外殻にもつヒ素を不純物として混入したときの結晶構造を模式的に示したものである．ヒ素は隣り合うシリコン原子と最外殻電子を共有しあうが，最外殻電子が 8 個の状態が安定であるため，ヒ素の最外殻電子は一つ余ってしまう．この電子はごくわずかなエネルギーでもヒ素原子から離れ，自由電子として結晶中を移動することになるが，このとき正孔は生じない．したがって，5 価の不純物を含む半導体中では多数の自由電子と少数の正孔が導電に寄与していることになる．導電に主として寄与してい

2.1. 半導体

るキャリアを多数キャリア，そうでないものを少数キャリアという。このように 5 価の不純物は半導体に自由電子を与えるため，ドナーと呼ばれる。ドナーは電子を失うと正の電荷を有する陽イオンとなるが，これは結晶中に束縛されているため，電気伝導には寄与しない。5 価の不純物を含む半導体は，多数キャリアが負 (negative) の電荷を持つ自由電子であることから，n 型半導体と呼ばれる。

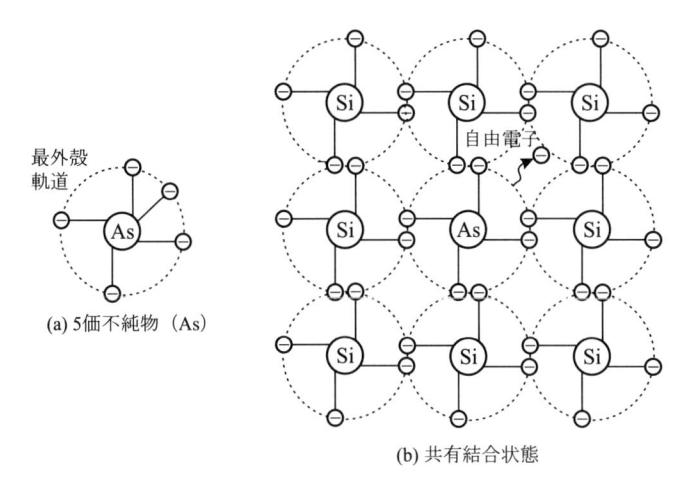

(a) 5価不純物（As）

(b) 共有結合状態

図 **2.2**　n 型半導体の結晶構造の模式図

　一方，シリコン中に 3 個の電子を最外殻にもつホウ素を混入した場合の結晶構造の模式図が図 2.3 に示されている。ホウ素の場合，隣り合うシリコン原子と電子を共有しても，最外殻原子は 7 個にしかならず，安定状態にするためには電子が一つ不足する。そのため，正孔が形成される。前述したように正孔は自由電子と同様に自由に結晶中を移動できる。このことから 3 価の不純物を含む半導体では多数キャリアが正孔，少数キャリアが電子となる。また，3 価の不純物は半導体に電子を捉える正孔を与えることから，アクセプタと呼ばれている。アクセプタは電子を受け取ると陰イオンとなるが，ドナーと同様に陰イオンは電気伝導には寄与していない。3 価の不純物を含む半導体は，多数キャリアが正 (positive) の電荷を持つ正孔であることから，p 型半導体と呼ばれる。

　表 2.1 に真性半導体と不純物半導体の性質をまとめたものを示す。

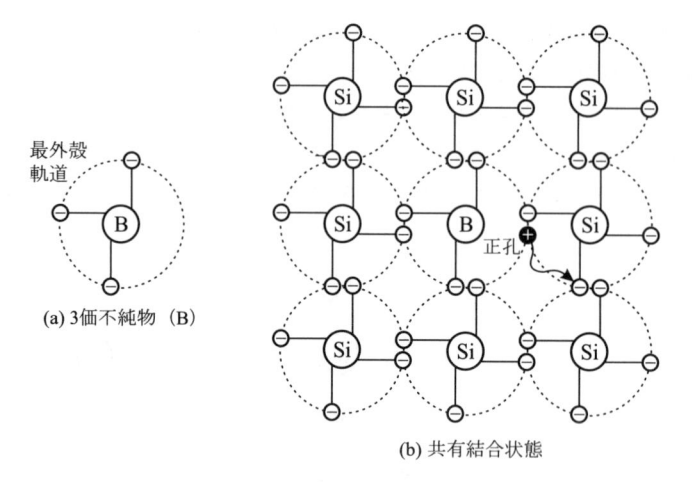

図 2.3 p 型半導体の結晶構造の模式図

表 2.1 真性半導体と不純物半導体の性質

	真性半導体	p 型半導体	n 型半導体
多数キャリア	なし	正孔	自由電子
不純物	なし	3 価（B, In）	5 価（As, P）
束縛イオン	なし	B^-, In^-	As^+, P^+
電気的性質	中性	中性	中性

2.2 ダイオード

2.2.1 pn 接合ダイオード

　ダイオードは p 型半導体と n 型半導体を接合することでつくられる素子で，図 2.4 (a) に示したように p 型半導体側の端子をアノード，n 型半導体側の端子をカソードとよび，図 2.4 (b) の記号で表す．

　ダイオードの動作を図 2.5 を用いて説明する．p 型半導体中にはアクセプタの陰イオン，アクセプタとほぼ同数の多数キャリアの正孔，そして少数キャリアの自由電子が存在している．同様に，n 型半導体中にはドナーの陽イオン，ドナーとほぼ同数の多数キャリアの自由電子，そして少数キャリアの正孔が存在している．図 2.5 (a) のように pn 接合が形成されると，p 型半導体中の正孔は n 型半導体の方へ拡散し，n 型半導体中の自由電子は p 型半導体の方へ拡散する．n 型半導体中へ拡散した正孔は p 型半導体中の多数キャリアである自由

2.2. ダイオード

電子と再結合して消滅する。p 型半導体中へ拡散した自由電子も同様に n 型半導体中の多数キャリアである正孔と再結合して消滅する。このことで，pn 接合の接合面近傍は，再結合によってキャリアが存在しない領域が発生する。この領域を空乏層という。個々の p 型，n 型半導体は電気的に中性であったが，p 型半導体は自由電子の拡散によって負に，n 型半導体は正孔の拡散によって正に帯電し，p 型半導体と n 型半導体の間には拡散電位と呼ばれる電位差 V_d が生じる。この電位差はほとんど空乏層の中で生じており，この電位差が障壁となって拡散は停止する。

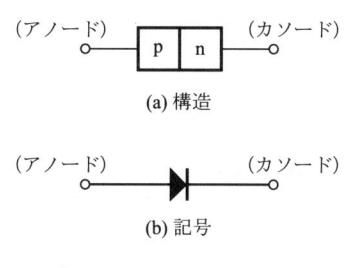

(アノード) ─○─[p│n]─○─ (カソード)

(a) 構造

(アノード) ─○────▶|────○─ (カソード)

(b) 記号

図 2.4 ダイオードの構造

外部から pn 接合のカソード側に対してアノード側の電位が高くなるような方向に電圧 V を与えると，図 2.5 (b) に示すように拡散電位が $V_d - V$ に低下する。そのため，p 型半導体と n 型半導体中の多数キャリアが空乏層を通過して反対側の領域へ拡散を開始し，電流が流れる。この向きの電圧を順電圧という。一方，図 2.5 (c) に示すように，アノード側に対してカソード側の電位が高くなるような方向に電圧を与えると，拡散電位は $V_d + V$ と大きくなるため，キャリアの拡散は生じず，電流は流れない。この向きの電圧を逆電圧という。このような一方向のみに電流を流す性質を整流作用と呼ぶ。

以上のことから，ダイオードは図 2.6 に示すように，逆方向電圧が印加された場合には電流は流れないが，閾値電圧 V_{TH} を越える順方向電圧が印加されると電流が流れるという性質を持っている。また，順方向電圧を増加させると電流は指数関数的に急激に増加する。閾値電圧 V_{TH} はシリコンダイオードの場合，約 0.7V である。

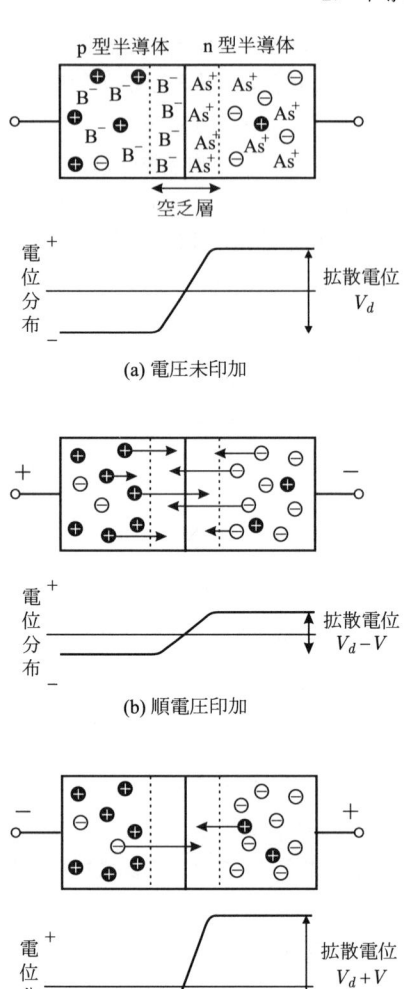

図 2.5 ダイオードの動作

(a) 電圧未印加 — 拡散電位 V_d

(b) 順電圧印加 — 拡散電位 $V_d - V$

(c) 逆電圧印加 — 拡散電位 $V_d + V$

2.2. ダイオード

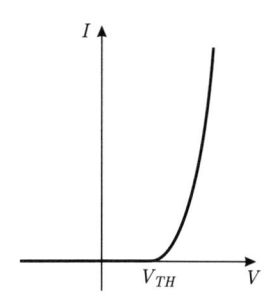

図 2.6 ダイオードの電流－電圧特性

2.2.2 ショットキーバリア・ダイオード

図 2.7 に示すように，金属と半導体を接合させることによって，pn 接合と同様に整流作用をもつデバイスをつくることができる。金属と n 型半導体を接合させると，接合面では n 型半導体から金属へ自由電子が拡散する。そのため，接合面近傍の金属側は負電荷を帯び，n 型半導体側はドナーの陽イオンが多く存在して正電荷を帯びる。接合面近傍の n 型半導体中には自由電子が存在せず空乏層となり，半導体側からみて障壁が存在していることになる。この障壁をショットキー障壁とよぶ。この障壁によって，金属側の電圧が高いときには電流が流れるが，半導体側の電圧が高いときには電流が流れないダイオードの整流作用が実現されている。金属と半導体を接合させたダイオードはショットキーバリアダイオードと呼ばれている。ただし，金属と半導体の接合では，半導体中のキャリア濃度によっては接合部に障壁が生じない。このような接合をオーミック接合とよび，オーミック接合には整流作用はない。

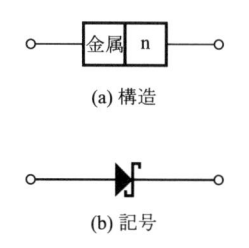

(a) 構造

(b) 記号

図 2.7 ショットキーバリアダイオード

2.3 バイポーラトランジスタ

バイポーラトランジスタ（以下トランジスタ）は，図 2.8 (a), (b) に示したように pn 接合を 2 つ有する構造を持ち，ベース (B)，エミッタ (E)，コレクタ (C) の 3 つの端子がある．トランジスタの基本構造には pnp 型と npn 型の二種類があり，それぞれ図 2.8 (c), (d) に示した記号で表わされる．トランジスタは，増幅作用を持つ能動素子である．

(a) pnp 型トランジスタの構造

(b) npn 型トランジスタの構造

(c) pnp 型トランジスタの記号

(d) npn 型トランジスタの記号

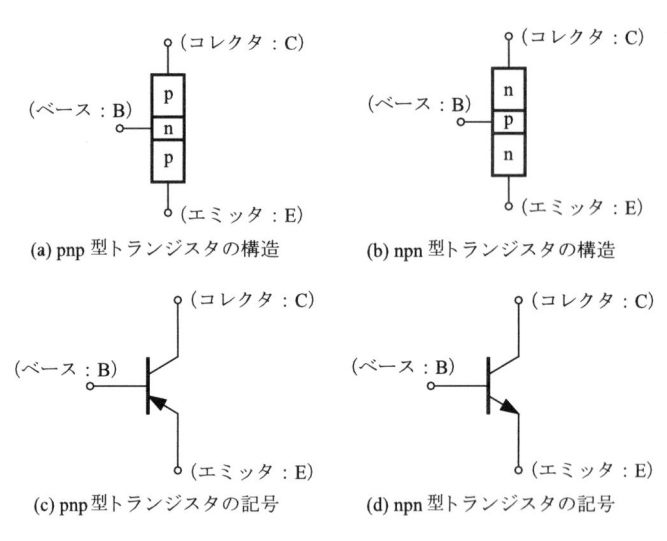

図 2.8 バイポーラトランジスタの構造

トランジスタの動作は，npn 型と pnp 型では外部に接続する電源電圧の極性と流れる電流の方向が逆になる以外は基本的に同じなので，ここでは npn 型トランジスタを例に挙げてトランジスタの動作を説明する．図 2.9 は，エミッタ接地と呼ばれるトランジスタ回路の構成法で，エミッタ端子を基準にベース端子の電圧が V_{BE}，コレクタ端子の電圧が V_{CE} になっている．電圧の添え字は 2 つの端子を表し，そのうち後ろの文字が基準電圧となる端子を表している．ここで，コレクターエミッタ間電圧 V_{CE} は，ベースーエミッタ間電圧 V_{BE} よりも大きくなっている．まず，ベースーエミッタ間の pn 接合と印加されている電圧の関係をみると，p 型半導体側の電圧が高い順電圧印加になっている．したがって，n 型のエミッタ領域から p 型のベース領域へ自由電子が移動し，同時に p 型ベース領域から n 型エミッタ領域へと正孔が移動する．このことによっ

2.3. バイポーラトランジスタ

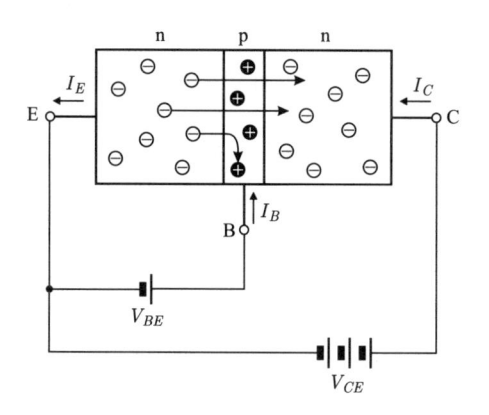

図 2.9 npn 型バイポーラトランジスタの動作

てベース電流 I_B が流れるが，エミッタ領域の自由電子の密度はベース領域の正孔の密度よりもはるかに大きいため，ベース－エミッタ間を流れる電流のほとんどは自由電子による電流である．一方，コレクター－ベース間の pn 接合と印加されている電圧の関係をみると，n 型半導体側の電圧が高い逆電圧印加になっている．したがって，単純にコレクタ－ベース間の関係だけで考えると，コレクタ－ベース間には電流は流れないことになる．しかし，npn 型トランジスタの p 型ベース領域は非常に薄くできており，かつ p 型ベース領域中の正孔密度は，n 型エミッタ領域における自由電子密度よりも非常に小さい．そのため，n 型エミッタ領域から p 型ベース領域に流入した自由電子のほとんどは，ベース領域で正孔と再結合する機会がもてず，ベース領域を突き抜けて n 型コレクタ領域に到達する．n 型コレクタ領域に達した自由電子は，コレクタ－エミッタ間電圧 V_{CE} によって加速されてコレクタ端子に到達し，コレクタ電流 I_C となる．p 型ベース領域で正孔と再結合した自由電子はベース電流 I_B となるが，これは n 型エミッタ領域から流入した自由電子の 1%程度にすぎない．ここで，ベース－エミッタ間電圧を増加させるとベース領域に流入する自由電子が増加するため，コレクタ電流が増加することになる．一方，コレクタ－エミッタ間電圧を増加させても，エミッタ領域からベース領域に流入する自由電子の量にはほとんど影響がないため，コレクタ電流にはあまり変化は生じない．

これらの動作は，pnp 型トランジスタでも同様である．ただし，pnp 型の場合，p 型エミッタ領域から n 型ベース領域に流入するのは正孔であり，この正孔が p 型コレクタ領域に到達することでコレクタ電流が流れる．したがって，

pnp 型トランジスタでは，電流の向きが npn 型トランジスタの逆になっている。

以上の動作をトランジスタの静特性としてまとめたものが，図 2.10 である。まず，ベース電流とベース－エミッタ間電圧との関係を示す $I_B - V_{BE}$ 特性についてみると，これは pn 接合に対して順方向電圧を与えたものであるから，図 2.6 に示したダイオードの電流－電圧特性と同様の傾向を示し，ベース－エミッタ間電圧が閾値 V_{TH} を超えると，指数関数的にベース電流が増加するという特性になっている。ベース電流が流れる閾値もダイオードとほぼ等しく，シリコンの場合で約 0.7 V である。前述したように，p 型ベース領域で正孔と再結合する自由電子は少ないため，ベース電流 I_B は数十 μA と非常に小さな値となる。

一方，コレクタ電流とコレクタ－エミッタ間電圧の関係を示す $I_C - V_{CE}$ 特性は図 2.10(b) のようになる。コレクタ電流 I_C は，コレクタ－エミッタ間電圧 V_{CE} が非常に小さいうちはコレクタ－エミッタ間電圧に依存して変化するが，コレクタ－エミッタ間電圧が一定値を越えると，コレクタ－エミッタ間電圧にはほとんど依存しなくなる。これは，前述したように，エミッタ領域からベース領域に流入する自由電子の量はベース－エミッタ間電圧によって決まるため，コレクタ－エミッタ電圧を大きくしても，エミッタ領域からベース領域に流入する自由電子の数がほとんど変化しないことに起因している。したがって，コレクタ電流 I_C はベース電流 I_B が大きくなると増加する傾向を示す。また，エミッタ領域からベース領域に流入した自由電子のうち，ベース領域で正孔と再結合してベース電流となるものはわずかであり，ほとんどがコレクタ領域に流入してコレクタ電流となるため，コレクタ電流の値はベース電流の 50～数百倍であり，mA オーダーとなっている。

このように，トランジスタは，ベース電流の大きさでコレクタ電流を制御し

(a) I_B-V_{BE} 特性　　(b) I_C-V_{CE} 特性

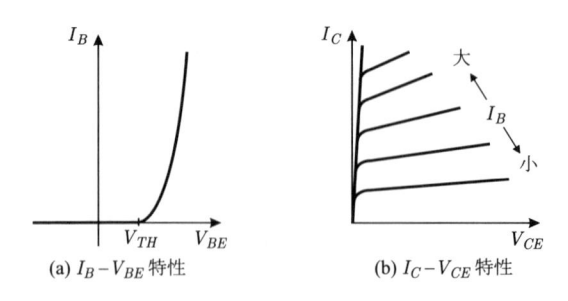

図 2.10 バイポーラトランジスタの静特性

ている電流制御電流源としての性質を持っており，以下のような特徴が挙げられる。

- ベース－エミッタ間に閾値 V_{TH} 以上の電圧 V_{BE} を与えると，ベース電流 I_B が流れ，I_B は V_{BE} に大きく依存する。
- ベース電流 I_B が流れているときにコレクタ－エミッタ間に電圧を与えると，コレクタ電流 I_C が流れる。I_C は I_B に大きく依存している。
- コレクタ電流 I_C はコレクタ－エミッタ間電圧 V_{CE} にはほとんど依存しない。
- エミッタ電流 I_E は，コレクタ電流 I_C とベース電流 I_B を合わせたものである。($I_E = I_C + I_B$)
- I_C は I_B よりも非常に大きい（50～数百倍）ため，I_E は I_C とほぼ等しくなる。

2.4　電界効果トランジスタ (FET)

電界効果トランジスタ (Field Effect Transistor: FET) には，MOSFET (Metal Oxide Semiconductor FET)，MESFET (Metal Semiconductor FET)，接合型FET など様々な構造をもつものがある。とくに MOSFET は微細加工技術の進歩によりシリコン基板上に集積することが容易であるため，ほとんどのディジタル集積回路は MOSFET によって構成されている。また，MOSFET を用いることによってアナログ回路とディジタル回路を 1 つのチップの上に混載した集積回路を実現することも可能になるため，アナログ回路においてもバイポーラトランジスタにかわって MOSFET が用いられるようになりつつある。

図 2.11 は，MOSFET の構造を示している。MOSFET には，n チャネル MOS FET（以下 nMOS）と p チャネル MOS FET（以下 pMOS）がある。nMOS では p 型半導体の基板の中に 2 つの n 型半導体の領域が形成されており，それぞれにソース (S)，ドレイン (D) 電極が接続してある。n 型半導体に挟まれた p 型半導体の上には絶縁体である酸化膜と金属が層状に形成されており，ここがゲート (G) 電極となっている。MOS の名称は，この金属 (Metal)，酸化膜 (Oxide)，半導体 (Semiconductor) の頭文字に由来している。また，p 型半導体基板にはサブストレート (B) 電極が接続されている。pMOS は，n 型半導体の基板の中に 2 つの p 型半導体の領域が形成されているもので，他は nMOS と

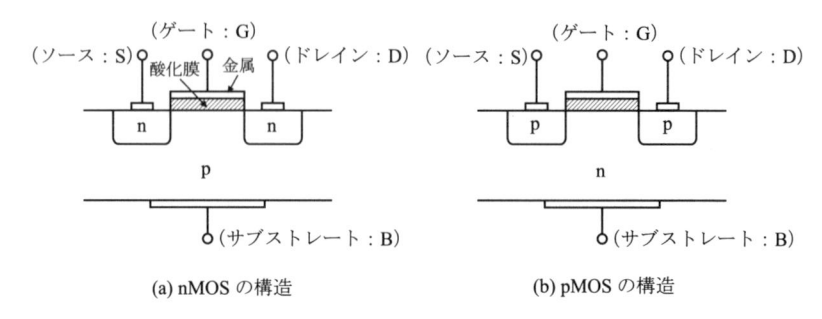

(a) nMOS の構造 (b) pMOS の構造

図 2.11 MOSFET の構造

同一の構造になっている。

　nMOS と pMOS の動作原理は基本的に同一であるので，nMOS を例に動作を説明する。図 2.12 に示したように，nMOS のドレイン－ソース間に電圧 V_{DS}，ゲート－ソース間に電圧 V_{GS} を与える回路を考える。まず，ゲート－ソース間に電圧をかけない状態（$V_{GS} = 0$）では，ドレイン－ソース間は npn の接合による空乏層が形成されており，電気的な障壁が存在する。そのため，ドレイン－ソース間に電圧 V_{DS} を印加しても電流は流れない。ここで，ゲート－ソース間に正電圧を印加した場合を考える。p 型半導体中の多数キャリアは正孔であるが，少数キャリアとして自由電子も存在する。ゲートの正電圧によって，p 型半導体中の自由電子がゲートへと引き寄せられるが，ゲートと p 型半導体

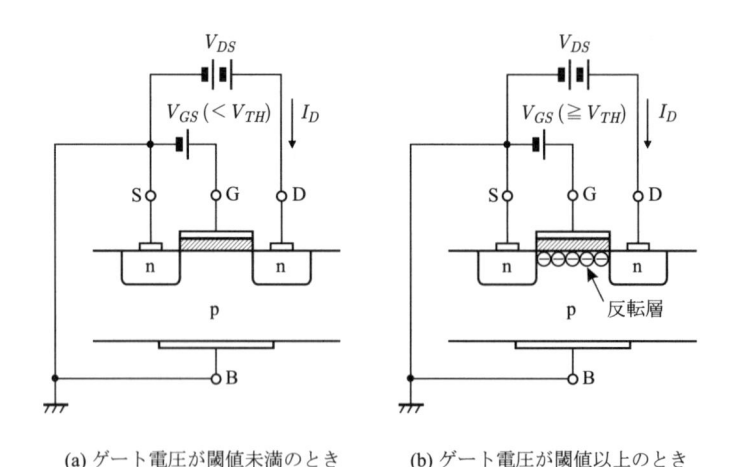

(a) ゲート電圧が閾値未満のとき　(b) ゲート電圧が閾値以上のとき

図 2.12 MOSFET の動作

2.4. 電界効果トランジスタ (FET)

の間には絶縁体の酸化膜が存在するため，自由電子はゲートに流入することはできず，酸化膜の下にとどまることになる。このことで，p型半導体基板中のゲートの直下は局所的に自由電子の濃度が高くなり，多数キャリアが自由電子，つまりn型半導体の性質をもつ層が出現する。この層のことを反転層と呼ぶ。ゲート電圧を大きくしてゆくと，反転層が増大してドレインとソースのn型半導体が反転層によって結ばれてドレイン－ソース間をドレイン電流 I_D が流れるようになる。言い換えると，ソースとドレインの間に電流を流すチャネルが形成されることになる。

pMOSの場合，pnp接合による空乏層が形成されている。したがって，ゲート－ソース間に負電圧を印加すると，n型半導体中の正孔がゲート直下に集って反転層が形成され，ドレイン電流が流れるようになる。

図2.13(a)は，nMOSのドレイン－ソース間電圧 V_{DS} とドレイン電流 I_D の関係を示したものである。ゲート－ソース間電圧 V_{GS} を一定にしてドレイン－ソース間電圧 V_{DS} を上昇させてゆくと，ドレイン電流 I_D は増加する（非飽和領域）。さらにドレイン－ソース間電圧を上昇させると，ドレイン電流はほとんど変化しなくなる（飽和領域）。非飽和領域と飽和領域の境界をピンチオフ点という。ゲート－ソース間電圧 V_{GS} が十分大きく飽和領域にあるときの，ゲート－ソース間電圧 V_{GS} とドレイン電流 I_D の関係を図2.13(b)に示す。ゲート－ソース間電圧が閾値 V_{TH} より小さいときには，反転層が形成されないためドレイン電流は流れない。ゲート－ソース間電圧が閾値 V_{TH} を越えると，ドレイン電流はゲート－ソース間電圧の上昇とともに増大する。

ここで，バイポーラトランジスタはベース電流によってコレクタ電流を制御しているが，MOSFETはゲートと半導体の間に絶縁体の酸化膜があるため，

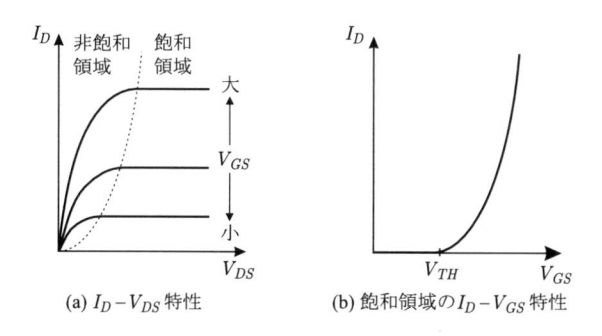

(a) I_D-V_{DS} 特性

(b) 飽和領域の I_D-V_{GS} 特性

図 2.13 nMOSの静特性

ゲートから半導体基板へ電流が流入することはない。ドレイン電流はゲートからの電界によって制御されており，このことが電界効果トランジスタと呼ばれている所以である。

MOSFETは半導体基板中に混入する不純物の調整によって閾値電圧を変化させることが可能である。例えば，図2.14に示すようにnMOSのp型基板中のゲートの下にソースとドレインをつなぐ薄いn型半導体の層を形成すると，ゲート－ソース間電圧をかけない状態でもドレイン電流が流れることになる。このとき，ゲートに負電圧を印加してゲート直下に正孔を集めることによってn型半導体層は消滅するので，閾値電圧 V_{TH} が負になっていると解釈することができる。

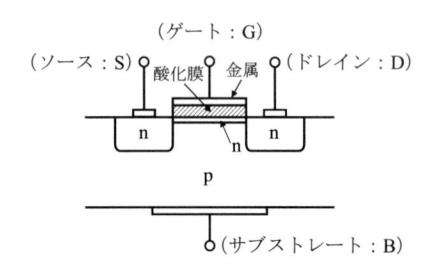

図 2.14 デプレッション型 MOSFET の構造

nMOSの場合，図2.15に示すように，閾値電圧が正の場合をエンハンスメント型，負の場合をディプレッション型と呼んでいる。pMOSの場合には，閾値電圧が負のものをエンハンスメント型，正のものをディプレッション型と呼ぶ。

(a) エンハンスメント型　　(b) デプレッション型

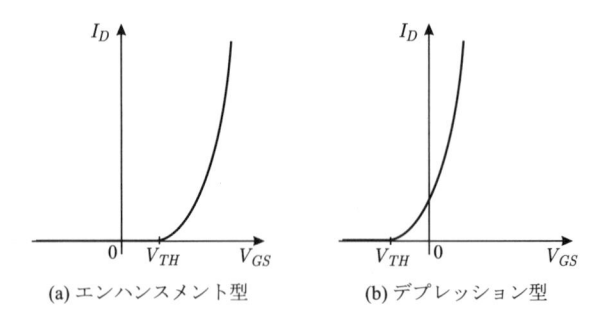

図 2.15 エンハンスメント型とデプレッション型 nMOS の静特性の差異

したがって，MOSFET は基板の構造によって n チャネル型，p チャネル型の 2 種類，閾値電圧の正負によってエンハンスメント型とデプレッション型の 2 種類に分類され，これらの組合せで MOSFET には 4 つの種類があることになる。これらは，図 2.16 に示すような記号で表される。

(a) エンハンスメント型 nMOS　　(b) デプレッション型 nMOS

(c) エンハンスメント型 pMOS　　(e) デプレッション型 pMOS

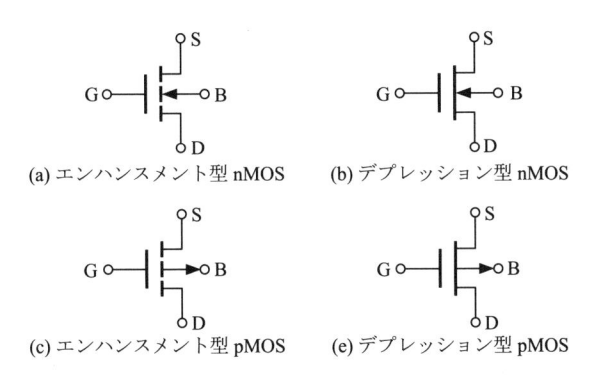

図 2.16 MOSFET の記号

MOSFET の特徴をまとめると以下のようになる。

- 構造が異なる nMOS と pMOS の 2 種類がある。
- ドレイン電流 I_D はゲート－ソース間電圧 V_{GS} に大きく依存する。
- ピンチオフ点を越えると，ドレイン電流 I_D はドレイン－ソース電圧 V_{DS} にほとんど依存しない。
- ゲート－ソース間電圧の閾値の正負により，エンハンスメント型とデプレッション型の 2 種類がある。
- ゲートと半導体基板の間には絶縁体の酸化膜があるため，電流は流れない。

□□ 第 2 章の章末問題 □□

問 1. 図 2.17 は，npn 型トランジスタの構造を模式的にかいたものである。これについて以下の問いに答えなさい。
   1) 領域 (2) での多数キャリアは何か。
   2) 領域 (1) にはどのような不純物が加えられているか。
   3) ベースに対してコレクタの電圧が高いため，領域 (2), (3) の pn 接合に対して逆電圧印加の状態になっている。しかし，この回路では領域 (2) から (3) へ向

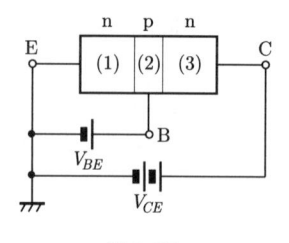

かって電子流が生じている。そのような現象が生じる理由を簡潔に述べなさい。

問 2. 図 2.18(a), (b) に示した回路に振幅 2V の正弦波電圧 v_i を印加したときの，電圧 v_o の波形をかきなさい。

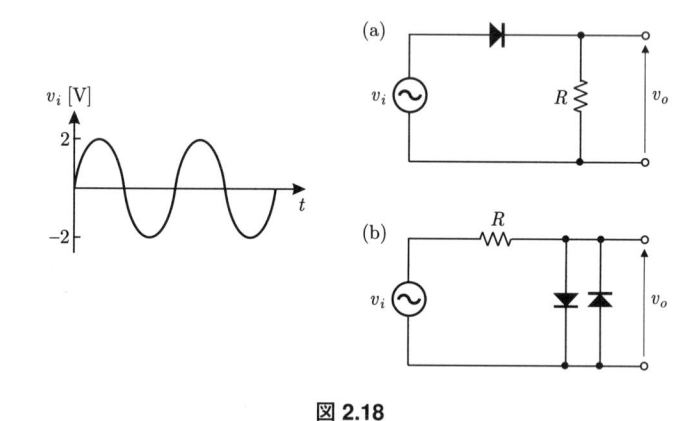

図 2.18

問 3. 図 2.19 は，エミッタ接地におけるトランジスタの静特性を測定する回路を示している。A〜E の位置には，$I_B, I_E, I_C, V_{BE}, V_{CE}$ を測定するための電流計，電圧計が接続される。どの位置でどのパラメータが測定されるか示しなさい。

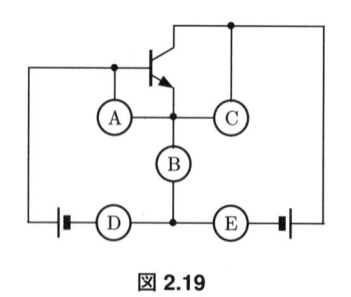

図 2.19

問 4. 飽和領域におけるドレイン電流は $I_D = K(V_{GS} - V_{TH})^2$ と表すことができる。ここで，K はトランスコンダクタンス係数とよばれ，V_{TH} は閾値電圧である。図 2.20 は，MOSFET の飽和領域におけるドレイン電流 I_D とゲート－ソース間電圧 V_{GS} の関係を示している。この MOSFET の K を求めなさい。

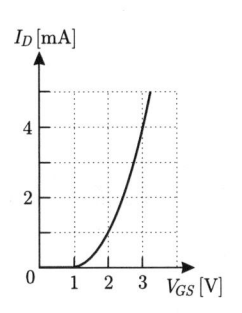

図 2.20

3
増幅回路の形式と動作原理

3.1 トランジスタによる増幅回路の基本形式

トランジスタはベース電流でコレクタ電流の大きさを制御している素子である。ここでは，トランジスタを用いて増幅回路を構成するときの回路の基本形式とそれらの動作原理について説明する。

3.1.1 エミッタ接地回路

図3.1はトランジスタを用いた増幅回路の基本形式のひとつであり，端子a, bが増幅回路の入力，端子c, dが出力になっている。入力側には電圧の変動 v_i が信号源として与えられており，出力側には出力電圧を取り出すための負荷抵抗 R_L が接続されている。ここで，図3.1の直流電源 E_{BE}, E_{CE} を取り除いて考えると，入力側の端子b，出力側の端子dがトランジスタのエミッタと共通になっていることがわかる。そこで，このような形式のトランジスタ増幅回路をエミッタ接地回路と呼んでいる。

図3.2は，トランジスタの静特性と，図3.1のエミッタ接地回路に入力信号電圧 v_i として正弦波を与えたときの回路の動作を示したものである。まず，信号源の内部抵抗を無視して考えると，信号源の電圧変化 v_i が増幅回路の入力端子間電圧 V_i になっているとみなすことができる。したがって，トランジスタのベース－エミッタ間電圧 V_{BE} は，図3.2(d)に示すように，信号源の電圧変化

3.1. トランジスタによる増幅回路の基本形式

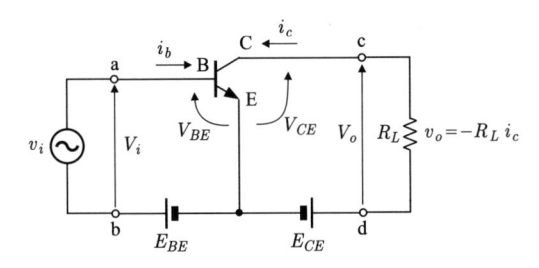

図 3.1 エミッタ接地回路

v_i に直流電源の電圧 E_{BE} が加わったものになる。

$$V_{BE} = E_{BE} + v_i \tag{3.1}$$

ここで，図 3.2(a) に示したトランジスタの $I_B - V_{BE}$ 特性から，ベース電流 I_B を求めることができる。図 3.2(e) に示すように，ベース電流 I_B は，直流電源 E_{BE} のみが印加されたときのベース電流 I_{B0} と，信号源 v_i による変動分 i_b の和で表される。

$$I_B = I_{B0} + i_b \tag{3.2}$$

図 3.2(b) に示したトランジスタの $I_C - V_{CE}$ 特性から分かるように，コレクタ電流 I_C はベース電流 I_B が大きくなると増加し，小さくなると減少する。したがって，直流電源 E_{BE} のみによるベース電流 I_{B0} が流れているときのコレクタ電流を I_{C0}，信号源 v_i によるコレクタ電流の変化を i_c とすると，コレクタ電流は

$$I_C = I_{C0} + i_c \tag{3.3}$$

と表され，図 3.2(f) に示すように変化する。ここで，ベース電流は数十 μA オーダーであるのに対して，コレクタ電流は数 mA オーダーであるため，コレクタ電流の変化分 i_c はベース電流 i_b に対して百倍程度増幅されていると考えることができる。

ここで，トランジスタのコレクタ－エミッタ間電圧 V_{CE} について考えてみる。コレクタ－エミッタ間電圧 V_{CE} は，直流電源 E_{CE} から出力電圧 V_o を引いた電圧として与えられる。

$$V_{CE} = E_{CE} - V_o \tag{3.4}$$

この回路ではエミッタに接続されている端子 b, d が共通（接地）になっているため，入出力電圧 V_i, V_o の極性は，図 3.1 に示すように定められる。ここ

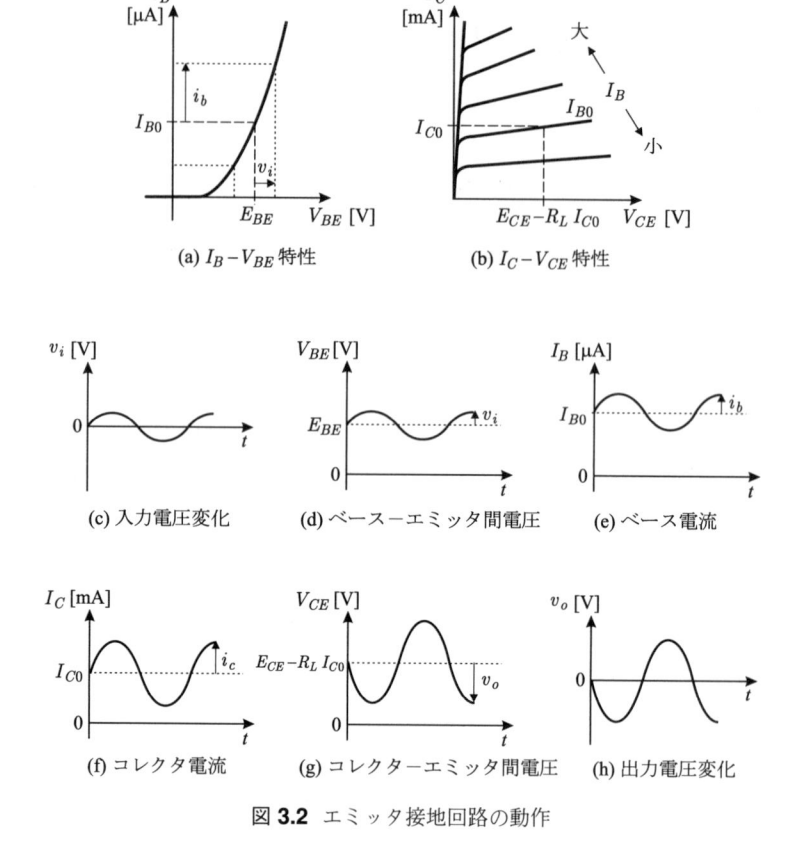

図 3.2 エミッタ接地回路の動作

で，入力電圧の変化 $v_i = 0$ の場合を考えると，コレクタ電流として I_{C0} が負荷抵抗に流れるため，出力電圧すなわち負荷抵抗での電圧降下は $R_L I_{C0}$ となる。したがって，このときのコレクターエミッタ間電圧 V_{CE} は，

$$V_{CE} = E_{CE} - R_L I_{C0} \qquad (v_i = 0) \tag{3.5}$$

となる。入力電圧の変化 v_i によってベース電流が i_b 増加すると，コレクタ電流も i_c 増加し，このことで負荷抵抗の電圧降下が $R_L i_c$ だけ増加する。よって，信号源の電圧変化も考慮したときのコレクターエミッタ間電圧 V_{CE} は以下の式で表され，図 3.2(g) のように変化する。

$$V_{CE} = E_{CE} - R_L I_C = E_{CE} - R_L I_{C0} - R_L i_c \tag{3.6}$$

3.1. トランジスタによる増幅回路の基本形式

ここで，増幅回路の入力電圧の変化 v_i によって生じる出力電圧の変化 v_o は $-R_L i_c$ であり，図 3.2(h) のようになる。

さて，図 3.2(h) の見ると，入力電圧の極性が端子 b に対して端子 a の電圧が高くなっている状態のとき，出力電圧の極性は端子 d に対して端子 c が低くなっていることがわかる。入出力がこのようになることを，「位相が反転する」，「逆相の関係にある」などと表現する。

入力された信号の電圧変化 v_i が増大して出力される現象を電圧増幅と呼び，出力信号の電圧変化 v_o と入力信号の電圧変化 v_i の比を電圧増幅度 A_v という。

$$A_v \equiv \frac{v_o}{v_i} \tag{3.7}$$

これに対して，入力された信号の電流変化が増大して出力される現象を電流増幅と呼び，出力信号の電流変化と入力信号の電流変化の比を電流増幅度 A_i という。エミッタ接地回路ではベース電流の変化 i_b が入力電流変化，コレクタ電流の変化 i_c が出力電流変化となっている。

$$A_i \equiv \frac{i_c}{i_b} \tag{3.8}$$

出力電力と入力電力の比を電力増幅度 A_p と呼ぶ。電力増幅度は電圧増幅度 A_v と電流増幅度 A_i の積で与えられる。

$$A_p \equiv A_v A_i = \frac{v_o i_c}{v_i i_b} \tag{3.9}$$

エミッタ接地回路において，入力電圧 v_i に対する出力電圧は $v_o = -R_L i_c$ で与えられるので，負荷抵抗 R_L を大きくすることで電圧増幅度 A_v を大きくすることができる。このとき，負荷抵抗を大きくするとコレクターエミッタ間電圧は減少する。トランジスタの静特性を見ても分かるように，コレクタ電流 i_c はコレクターエミッタ間電圧 V_{CE} によってわずかに変化するが，このことはさほど影響を及ぼさない。エミッタ接地回路は一般に電圧増幅度と電流増幅度が共に大きな増幅回路であるが，負荷抵抗 R_L を 0 にした場合には電圧増幅度は 0 となる。この場合でも電流増幅度 A_i はある値をとるが，この値を β で表し，エミッタ接地電流増幅率と呼んでいる。β は通常 50 から数百程度の値をとる。

$$\beta \equiv \frac{i_c}{i_b} \quad (R_L = 0) \tag{3.10}$$

負荷抵抗を接続しないときのコレクタ電流 I_C とベース電流 I_B の関係を示したものが，図 3.3 である。

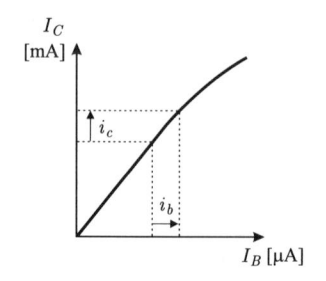

図 3.3 エミッタ接地回路の $I_C - I_B$ 特性

コレクタ電流はベース電流にほぼ比例していることが分かる．ただし，ベース電流が大きくなるとコレクタ電流はベース電流に比例しなくなる．したがって，コレクタ電流 I_C とベース電流 I_B の比をとると，この値はベース電流に依存して変化することになる．これをエミッタ接地直流電流増幅率 h_{FE} と呼んでいる．

$$h_{FE} \equiv \frac{I_C}{I_B} \tag{3.11}$$

これに対して，エミッタ接地電流増幅率 β はコレクタ電流とベース電流の変化分の比であるので，$I_C - I_B$ 特性の傾きをあらわしていると解釈することができる．β もベース電流に依存して変化し，近似的には $\beta \simeq h_{FE}$ を考えることができる．

3.1.2 ベース接地回路

図 3.4 の回路は，直流電源 E_{EB}, E_{CB} を取り除いて考えると，入力側の端子 b，出力側の端子 d がトランジスタのベースと共通になっている．このような形式のトランジスタ増幅回路をベース接地回路と呼んでいる．

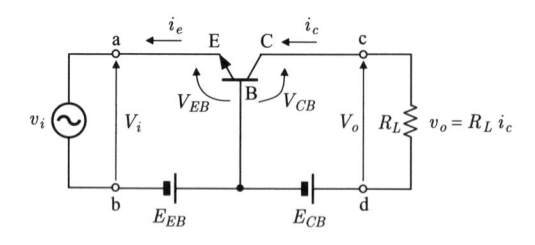

図 3.4 ベース接地回路

3.1. トランジスタによる増幅回路の基本形式

ベース接地回路におけるトランジスタの静特性を，図 3.5 に示す．ベース接地回路に入力信号を与えると，トランジスタのエミッターベース間電圧 V_{EB} は，入力信号の電圧変化 v_i に直流電源電圧 E_{EB} が加わったものになる．トランジスタの $I_E - V_{EB}$ 特性から分かるように，入力側を流れるエミッタ電流 I_E は，直流電源 E_{EB} のみが印加されたときのエミッタ電流 I_{E0} と，入力電圧の変化 v_i によるエミッタ電流の変動分 i_e の和で表される．

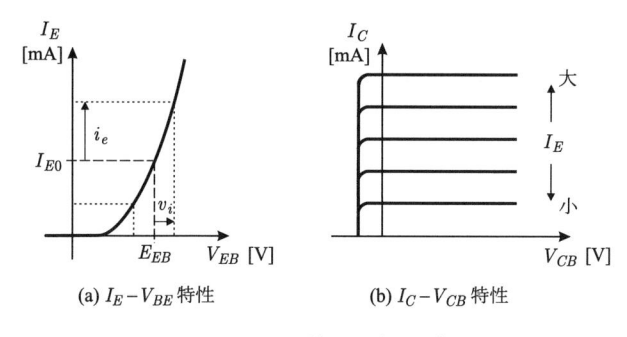

(a) $I_E - V_{BE}$ 特性

(b) $I_C - V_{CB}$ 特性

図 **3.5** ベース接地回路の動作

エミッタ電流 I_E が変化すると，図 3.5(b) に示したトランジスタの $I_C - V_{CB}$ 特性から分かるように，コレクタ電流 I_C はエミッタ電流 I_E が大きくなると増加し，小さくなると減少する．トランジスタのコレクターベース間電圧 V_{CB} は，直流電源 E_{CB} から負荷抵抗にかかる出力電圧 $V_o = R_L I_C = R_L(I_{C0} + i_c)$ を引いた電圧として与えられる．出力電圧のうち，入力電圧の変化 v_i によるものは $R_L i_c$ である．ここで，図 3.4 に示した入力信号と出力信号の極性をみると，入力電圧の極性が端子 b に対して端子 a の電圧が低くなっている状態のとき，出力電圧の極性も端子 d に対して端子 c が低くなっていることがわかる．入出力がこのようになることを，「位相が一致している」，「同相の関係にある」などと表現する．

ベース接地回路における電圧増幅度 A_v は，

$$A_v = \frac{v_o}{v_i} = \frac{R_L i_c}{v_i} \tag{3.12}$$

で与えられる．このとき，コレクタ電流の変化量 i_c はコレクターベース間電圧 V_{CB} にはほとんど依存していない．したがって，ベース接地回路では負荷抵抗 R_L を大きくしたときのコレクタ電流の減少が少なく，エミッタ接地回路に比べて大きい電圧増幅度 A_v を得ることができる．

ベース接地回路の電流増幅度は出力側のコレクタ電流の変化 i_c と入力側のエミッタ電流 i_e の比で与えられる。コレクタ電流の変化 i_c は，エミッタ電流の変化 i_e からベース電流の変化 i_b を引いたものとして与えられる。したがって，ベース接地回路の電流増幅度は 1 よりわずかに小さくなり，ベース接地回路には電流増幅作用がないことがわかる。

$$A_i = \frac{i_c}{i_e} = \frac{i_e - i_b}{i_e} \simeq 1 \tag{3.13}$$

負荷抵抗 R_L を 0 にしたときの電流増幅度を α で表し，ベース接地電流増幅率と呼んでいる。α は通常 0.95 から 0.995 程度の値をとる。

$$\alpha \equiv \frac{i_c}{i_e} \quad (R_L = 0) \tag{3.14}$$

エミッタ電流の変化はコレクタ電流とベース電流の変化の和であることを利用すると，エミッタ接地電流増幅率 β とベース接地電流増幅率 α の間には，

$$\beta = \frac{\alpha}{1-\alpha} \quad (R_L = 0) \tag{3.15}$$

の関係が成立している。

3.1.3 コレクタ接地回路

図 3.6 の回路は，直流電源 E_{BE}, E_{CE} を取り除いて考えると，入力側の端子 b，出力側の端子 d がトランジスタのコレクタと共通になっている。このような形式のトランジスタ増幅回路をコレクタ接地回路と呼んでいる。

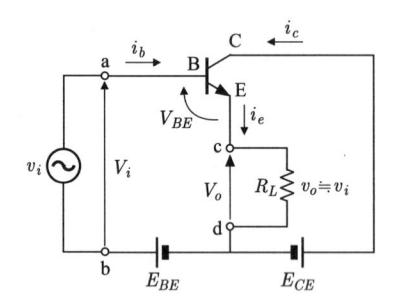

図 3.6 コレクタ接地回路

コレクタ接地回路はエミッタ接地回路に接続されていた負荷抵抗をコレクタ側に接続したものと考えることができる。しがたって，コレクタ接地回路の動作は，図 3.2(a), (b) に示したトランジスタの静特性を用いて考えればよい。コ

3.1. トランジスタによる増幅回路の基本形式

レクタ接地回路に入力信号 v_i を与えると，トランジスタのベース－エミッタ間電圧 V_{BE} は，入力電圧の変化 v_i に直流電源電圧 E_{BE} が加わったものになる。トランジスタの $I_B - V_{BE}$ 特性から分かるように，入力側を流れるベース電流 I_B は，直流電源 E_{BE} のみが印加されたときのベース電流 I_{B0} と，入力電圧の変化 v_i による変動分 i_b の和で表される。図 3.2(b) に示したトランジスタの $I_C - V_{CE}$ 特性から分かるように，コレクタ電流 I_C はベース電流 I_B が大きくなると増加し，小さくなると減少する。負荷抵抗に流れるエミッタ電流の変化 i_e はコレクタ電流の変化 i_c とベース電流の変化 i_b の和となるため，エミッタ接地回路の場合と同様にコレクタ接地回路の電流増幅度は大きな値となる。

$$A_i \equiv \frac{i_e}{i_b} = \frac{i_c + i_b}{i_b} \tag{3.16}$$

これに対して負荷抵抗にかかる出力電圧 V_o は，入力電圧 V_i と直流電源 E_{BE} の合計からベース－エミッタ間電圧 V_{BE} を差し引いたものになる。V_{BE} はほぼ一定で，また一般に入力電圧の変化 v_i よりも小さいため，コレクタ接地回路の入力信号による出力電圧の変化 v_o は入力信号電圧 v_i とほぼ等しくなっている。したがって，コレクタ接地回路の電圧増幅度 A_v はほとんど 1 であり，また入力電圧変化 v_i と出力電圧変化 v_o の極性は同相の関係になっている。

$$A_v = \frac{v_o}{v_i} = \frac{v_i - V_{BE}}{v_i} \simeq 1 \tag{3.17}$$

ただし，式 (3.17) からも明らかなようにコレクタ接地回路の電圧増幅度は 1 を越えることは絶対にあり得ない。したがって，コレクタ接地回路には電圧増幅作用はない。コレクタ接地回路は，出力電圧の変化 v_o が常に入力電圧の変化 v_i に追従するので，エミッタホロアーとも呼ばれている。

3.1.4 トランジスタ増幅回路の接地形式の比較

トランジスタ増幅回路の各接地形式の特徴をまとめると以下のようになる。

- ［エミッタ接地回路］電圧増幅度，電流増幅度ともに大きい。入出力の極性は逆相。
- ［ベース接地回路］電圧増幅度は大きくとれるが，電流増幅作用はなく，電流増幅度はほとんど 1 である。入出力の極性は同相。
- ［コレクタ接地回路］電圧増幅作用はなく，電圧増幅度はほとんど 1 でエミッタフォロアーと呼ばれる。電流増幅度は大きい。入出力の極性は同相。

3.1.5 負荷直線によるトランジスタ増幅回路の解析

トランジスタ増幅回路の3つの接地形式とその動作の特徴について説明したが、ここではエミッタ接地回路を例にとって、図3.2(a), (b) に示したトランジスタの静特性のグラフを用いて図式的に増幅回路の動作を解析する方法について説明する。図3.7はエミッタ接地回路の出力側の動作を解析するための等価回路である。

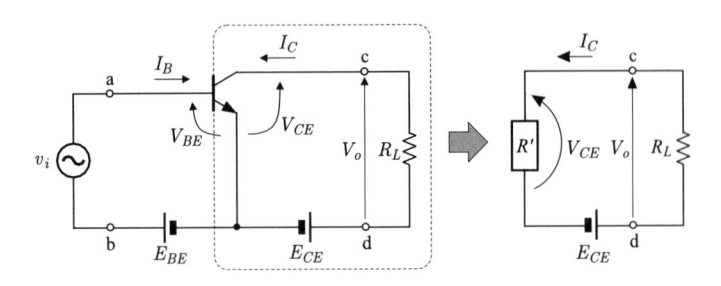

図 3.7 エミッタ接地回路の出力側等価回路

この等価回路では、トランジスタを電圧降下 V_{CE} が生じる素子 R' で置き換えてある。ここで、もし素子 R' に流れる電流と素子の両端にかかる電圧の関係が通常の抵抗のように線形であれば、抵抗が直列接続されている回路とみなすことができ、オームの法則を用いて負荷抵抗に流れるコレクタ電流は $I_C = E_{CE}/(R_L + R')$ と求めることができる。しかし、素子 R' に流れる電流 I_C と素子の両端にかかる電圧 V_{CE} の関係は、図3.2(b) に示すように I_C と V_{CE} とが比例関係にない非線形であり、またこの特性はベース電流 I_B にも依存している。したがって、図3.7に示した等価回路を抵抗の直列接続回路とみなして解析することはできない。

そこで、この等価回路の動作をトランジスタの $I_C - V_{CE}$ 特性から解析するために、まず、抵抗の直列接続回路を図式的に解析することを考えてみる。図3.8(a), (b) は電源に2つの抵抗が直列接続された回路と2つの抵抗の電流－電圧特性をそれぞれ示している。ここで、2つの抵抗にかかる電圧の和は電源電圧 E であり、抵抗を流れる電流 I は同一の値になっているはずである。この回路の動作を解析するための作図を、図3.8(c) に示す。この図では、一方の抵抗 R_1 の電流－電圧特性はそのまま記入されている。一方、もうひとつの抵抗 R_2 の電流－電圧特性は、電圧軸の正負が逆転する形で、すなわち、傾き

3.1. トランジスタによる増幅回路の基本形式　　　　　　　　　　　　　　41

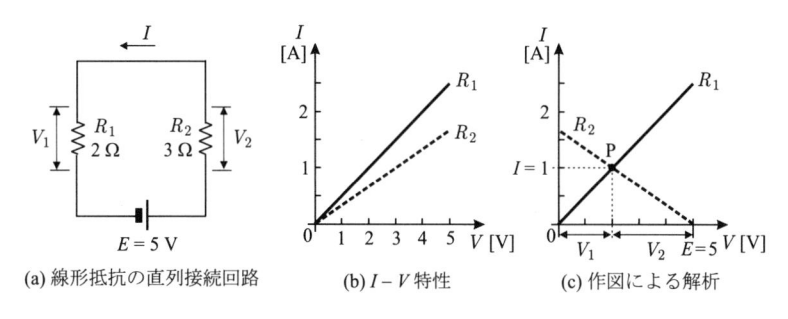

図 3.8 図式的な回路の動作解析の例

(a) 線形抵抗の直列接続回路　　(b) $I-V$ 特性　　(c) 作図による解析

$-1/R_2$ の直線として電源電圧 E の点を起点として記入されている。したがって，この直線は電流軸と $E/R_2 = 5/3$ の点で交わることになる。このとき，抵抗の特性を表す2つの直線が交わる点 P の，電流軸の値が回路に流れる電流を表し，電圧軸の値が抵抗 R_1 にかかる電圧 V_1 を表している。抵抗 R_2 にかかる電圧 V_2 は電源電圧 E から V_1 を引くことで求めることができる。作図から求められた電流値は $I = 1\mathrm{A}$ であり，オームの法則に基づいて計算した値 $I = E/(R_1 + R_2) = 5/(3 + 2) = 1\mathrm{A}$ と一致する。

では，同様にして図 3.7 のエミッタ接地回路の出力側等価回路におけるコレクタ電流 I_C を図式的に解析してみる。この場合，図 3.9 に示すように，トランジスタの $I_C - V_{CE}$ 特性を表す曲線をそのまま描き，負荷抵抗 R_L の特性を電圧軸の正負が逆転する形で記入すればよい。この電圧軸を逆転させた抵抗の特性を表す直線のことを負荷直線と呼ぶ。ここで，負荷直線が電圧軸と交わる点 a の値は，素子 R' と負荷抵抗 R_L にかかる電圧の和であるから E_{CE} となる。ま

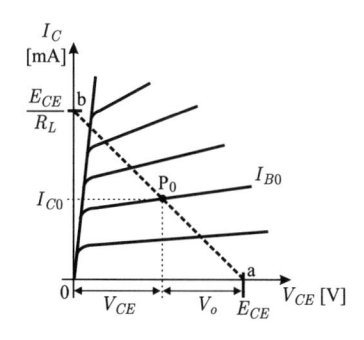

図 3.9 負荷直線と動作点

た，負荷直線が電流軸と交わる点 b は，負荷直線の傾きが $-1/R_L$ となることから，E_{CE}/R_L となる．ここで，ベース電流 I_B の値が I_{B0} であったとすると，I_{B0} のときの $I_C - V_{CE}$ 特性の曲線と負荷直線は 1 点 P_0 で交わる．この交点を動作点という．動作点の電流軸の値は負荷抵抗に流れるコレクタ電流 I_C を表し，電圧軸はトランジスタのコレクタ－エミッタ間電圧 V_{CE} を表している．

ここで，実際のエミッタ接地回路では入力信号の電圧変化 v_i によって，ベース電流 I_B が変化している．図 3.10 は，直流電源 E_{BE} のみが印加されたときのベース電流を I_{B0} として，入力電圧の変化 v_i によってベース電流が正弦波状に $\pm i_b$ 変化したときの動作を図式的に解析したものである．トランジスタの $I_C - V_{CE}$ 特性はベース電流によって変化するため，入力電圧の変化 v_i によって生じたベース電流の変化が $0, +i_b, -i_b$ のときには，動作点もそれぞれ P_0, P_1, P_2 と変化する．このとき，コレクタ電流 I_C は各動作点の電流軸の値となり，$I_{C0}, I_{C0} + i_c, I_{C0} - i_c$ と変化することになる．このときのコレクタ電流の変化 i_c とベース電流の変化 i_b から電流増幅度 $A_i = i_c/i_b$ を求めることができる．入力信号による出力電圧の変化 v_o は動作点の電圧軸の値から求めることができる．

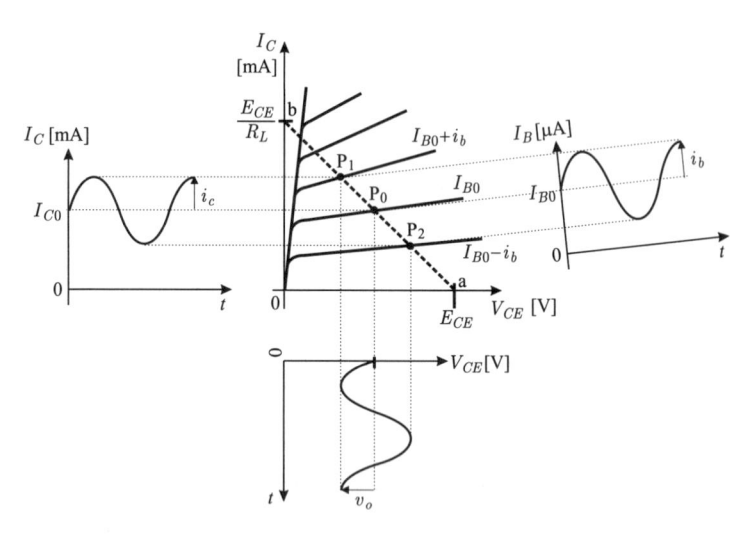

図 3.10 負荷直線によるエミッタ接地回路の解析

3.2 MOSFET による増幅回路の基本形式

MOSFET はゲート電圧によってドレイン電流を制御している素子である。また，MOSFET はゲートと半導体基板との間に絶縁体の酸化膜があるため，ゲートから基板に電流が流入することはないという特徴がある。ここでは，nMOS を用いて構成した増幅回路の基本形式とそれらの動作原理について説明する。

3.2.1 ソース接地回路

図 3.11 は MOSFET を用いた増幅回路の基本形式のひとつであり，端子 a, b が増幅回路の入力，端子 c, d が出力になっている。ここで，直流電源 E_{GG}, E_{DD} を取り除いて考えると，入力側の端子 b，出力側の端子 d が MOSFET のソースと共通になっていることがわかる。このことから，このような MOSFET 増幅回路をソース接地回路と呼んでいる。

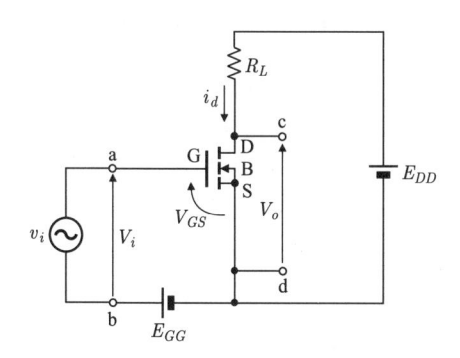

図 3.11 ソース接地回路

図 3.12 は，MOSFET の $I_D - V_{DS}$ 特性と図 3.11 のソース接地回路に入力信号電圧 v_i として正弦波を与えたときの回路の動作を示したものである。入力端子間に図 3.12(b) に示すような入力電圧変化 v_i が印加されたとき，MOSFET のゲートーソース間電圧 V_{GS} は，図 3.12(c) に示すように，入力電圧の変化 v_i に直流電源の電圧 E_{GG} が加わったものになる。

$$V_{GS} = E_{GG} + v_i \tag{3.18}$$

ここで，ゲートーソース間電圧 V_{GS} が閾値 V_{TH} を越えるように直流電源 E_{GG} が設定されているとすると，図 3.12(a) に示した MOSFET の $I_D - V_{DS}$

(a) I_D-V_{DS} 特性

(b) 入力電圧変化

(c) ゲート‒ソース間電圧

(d) ドレイン電流

(e) ドレイン‒ソース間電圧

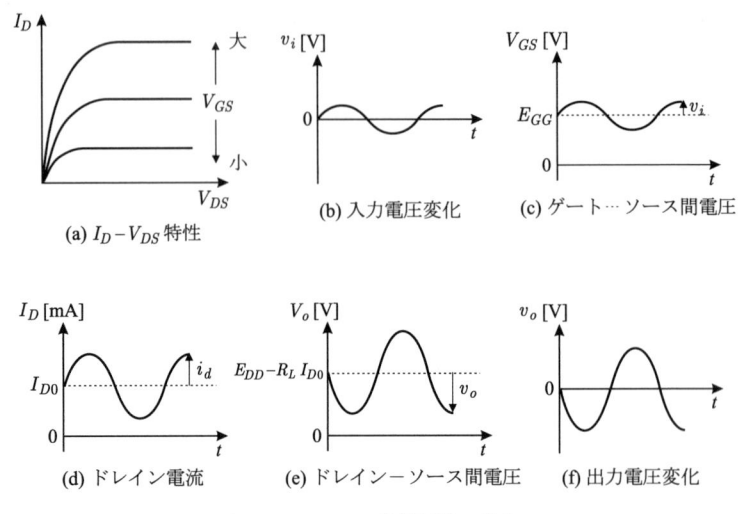

(f) 出力電圧変化

図 **3.12** ソース接地回路の動作

特性から分かるように，ドレイン電流 I_D はゲート－ソース間電圧 V_{GS} が大きくなると増加し，小さくなると減少する．したがって，ソース接地回路におけるドレイン電流は，図 3.12(d) に示したように入力電圧の変化に応じて変化している．ドレイン電流 I_D が流れると，負荷抵抗 R_L で電圧降下が生じるため，出力電圧 V_o となるドレインの電位は，

$$V_o = E_{DD} - R_L I_D = E_{DD} - R_L I_{D0} - R_L i_d \tag{3.19}$$

となり，出力電圧は，図 3.12(e) に示したように変動する．ここで，$R_L I_{D0}$ は直流電源 E_{GG} に由来する出力，$R_L i_d$ は入力信号 v_i によって生じる出力の変化分である．したがって，出力電圧 V_o から直流成分を除き入力電圧の変化 v_i による出力電圧の変化 v_o のみを考えると図 3.12(f) のようになる．図からもわかるように，ソース接地回路では，入力電圧の極性が端子 b に対して端子 a の電圧が高くなっている状態のとき，出力電圧の極性は端子 d に対して端子 c が低くなっており，入出力は逆相の関係になっている．

MOSFET 増幅回路においても，電圧増幅度 A_v は出力信号の電圧変化 v_o と入力信号の電圧変化 v_i の比で定義される．

$$A_v \equiv \frac{v_o}{v_i} = \frac{R_L i_d}{v_i} \tag{3.20}$$

MOSFET ではゲートと半導体基板との間に絶縁体の酸化膜があるため，ソー

3.2. MOSFETによる増幅回路の基本形式

ス接地回路では入力電流は流れていない。したがって，ソース接地回路の入力インピーダンスは非常に大きくなっている。

3.2.2 ドレイン接地回路

図 3.13 の回路は，直流電源 E_{GG}, E_{DD} を取り除いて考えると，入力側の端子 b，出力側の端子 d が MOSFET のドレインと共通になっている。このような形式の MOSFET 増幅回路をドレイン接地回路と呼んでいる。

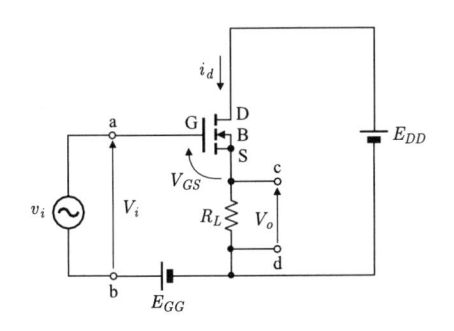

図 3.13 ドレイン接地回路

ドレイン接地回路では，図 3.13 から分かるように，負荷抵抗 R_L にかかる出力電圧 V_o とゲート–ソース間電圧 V_{GS} の和が入力信号電圧 v_i と直流電源電圧 E_{GG} の和に等しくなっている。したがって，入力電圧の変化 v_i による出力電圧の変化分 v_o だけを考えると，

$$v_o \simeq v_i \quad (3.21)$$

の関係が成立している。ここで，入出力電圧の極性は同相である。したがって，ドレイン接地回路の電圧増幅度 A_v はほぼ 1 となっているといえる。言い換えれば，ドレイン接地回路における出力電圧の変化 v_o は，常に入力信号の電圧変化 v_i に追従している。このことから，ドレイン接地回路のことをソースホロアーとも呼ぶ。ドレイン接地回路の入力インピーダンスは，ソース接地回路と同様に入力電流が流れていないことから無限大になる。

3.2.3 ゲート接地回路

図 3.14 の回路は，直流電源 E_{GG}, E_{DD} を取り除いて考えると，入力側の端子 b，出力側の端子 d が MOSFET のゲートと共通になっている。このような

形式の MOSFET 増幅回路をゲート接地回路と呼んでいる．

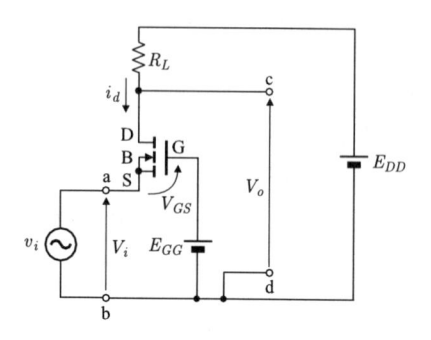

図 3.14 ゲート接地回路

ゲート接地回路の特徴は，MOSFET ではゲート端子に電流が流れないことから，入力電流と出力電流が常に等しくなっているという点である．また，直流電源電圧 E_{GG} から入力電圧の変化 v_i を引いたものがゲート－ソース間電圧 V_{GS} になっていることがわかる．したがって，ゲート－ソース間電圧の変化分は入力信号電圧 v_i の符号を反転させたものと等しくなっている．ゲート－ソース間電圧が変化すると，図 3.12(a) の $I_D - V_{DS}$ 特性にしたがってドレイン電流 I_D が変化する．入力信号によるドレイン電流の変化分を i_d とすると，出力電圧の変化 v_o は次式で与えられる．

$$v_o = R_L i_d \tag{3.22}$$

このとき入力電圧の変化と出力電圧の変化は同相である．したがって，ゲート接地回路の電圧増幅度は

$$A_v = \frac{v_o}{v_i} = \frac{R_L i_d}{v_i} \tag{3.23}$$

となる．

3.2.4 MOSFET 増幅回路の接地形式の比較

MOSFET 増幅回路の各接地形式の特徴をまとめると以下のようになる．
- ［ソース接地回路］電圧増幅度は大きい．入力電流がほとんど流れないので入力インピーダンスは極めて大きい．入出力の極性は逆相．
- ［ドレイン接地回路］電圧増幅度はほとんど 1 でソースフォロアーと呼ばれる．入力電流がほとんど流れないので入力インピーダンスは極めて大き

3.2. MOSFETによる増幅回路の基本形式　　　　　　　　　　　　　　　47

い。入出力の極性は同相。
- ［ゲート接地回路］電圧増幅度は大きい。電流増幅度はほとんど1で，入力電流がそのまま負荷抵抗に流れる。入出力の極性は同相。

3.2.5 負荷直線による MOSFET 増幅回路の解析

　MOSFETの増幅回路もトランジスタ増幅回路と同様に負荷直線を用いて図式的に動作を解析することができる。ここでは，図 3.11 に示したソース接地回路について負荷直線を用いて動作を解析してみる。図 3.15 は MOSFET の $I_D - V_{DS}$ 特性を表す曲線をそのまま描き，負荷抵抗 R_L の特性を電圧軸の正負が逆転する形で負荷直線として記入したものである。ここでソース接地回路では，出力電圧 V_o は MOSFET のドレイン−ソース間電圧 V_{DS} に等しく，V_{DS} と負荷抵抗にかかる電圧 $R_L I_D$ の和が直流電源電圧 E_{DD} と等しくなっている。したがって，負荷直線と電圧軸の交点は E_{DD} となる。負荷直線の傾きが $-1/R_L$ となることから，負荷直線と電流軸との交点は E_{DD}/R_L となる。ここで，ゲート−ソース間電圧が E_{GG} であったとすると，E_{GG} のときの $I_D - V_{DS}$ 特性の曲線と負荷直線の交点が動作点 P_0 となり，動作点の電流軸の値は負荷抵抗に流れるドレイン電流 I_{D0} を表し，電圧軸はドレイン−ソース間電圧 V_{DS} すなわちソース接地回路の出力電圧 V_o を表している。

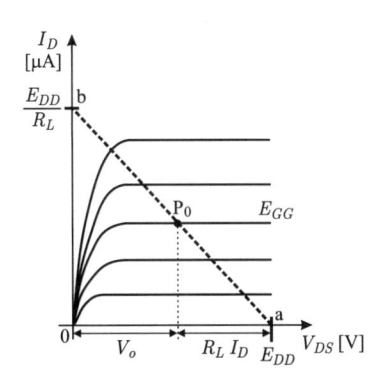

図 3.15 負荷直線と動作点

　実際のソース接地回路では入力電圧の変化 v_i によって，ゲート−ソース間電圧 V_{GS} が変化している。図 3.16 は，直流電源 E_{GG} のみがソース−ドレイン電圧として印加された状態を基準として，入力信号によってソース−ドレイン

間電圧が正弦波状に $\pm v_i$ 変化したときの動作を図式的に解析したものである。MOSFET の $I_D - V_{DS}$ 特性はゲート－ソース間電圧によって変化するため，入力信号によるソース－ドレイン間電圧の変化が，$0, +v_i, -v_i$ のときには，動作点もそれぞれ P_0, P_1, P_2 と変化する。このとき，ドレイン電流 I_D は各動作点の電流軸の値となり，$I_{D0}, I_{D0} + i_d, I_{D0} - i_d$ と変化することになる。出力電圧 V_o は MOSFET のドレイン－ソース間電圧 V_{DS} と等しいので，動作点の電圧軸の値から求めることができる。前述したように，出力電圧変化 v_o と入力電圧変化 v_i は逆相の関係になっていることがわかる。

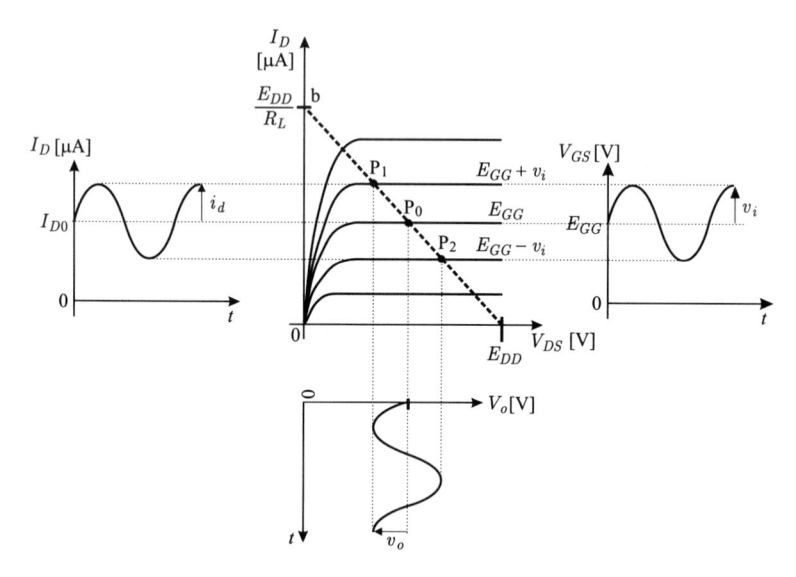

図 3.16 負荷直線によるソース接地回路の解析

□□ 第 3 章の章末問題 □□

問 1. 図 3.17(a) ～ (d) に示した回路の v_i を入力電圧，R_L を出力の負荷抵抗と考えたとき，それぞれの回路で電圧増幅，電流増幅がおこなわれているかどうかを検討しなさい。

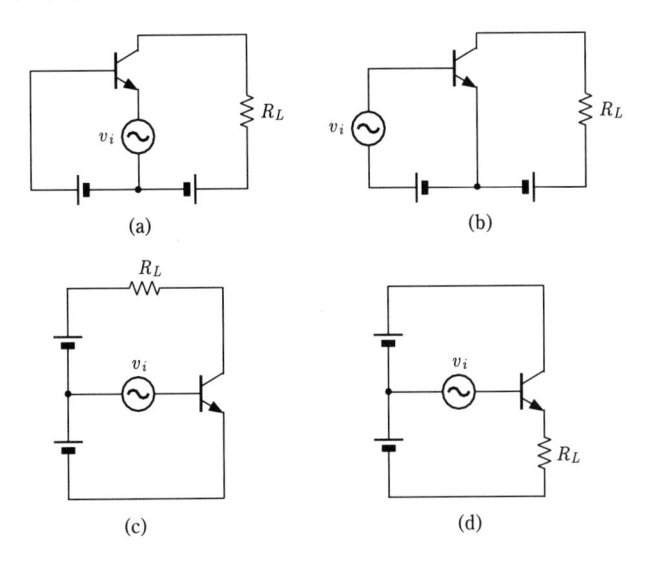

図 3.17

問 2. 図 3.18 に示したようなダイオードを用いた回路について以下の問いに答えなさい。

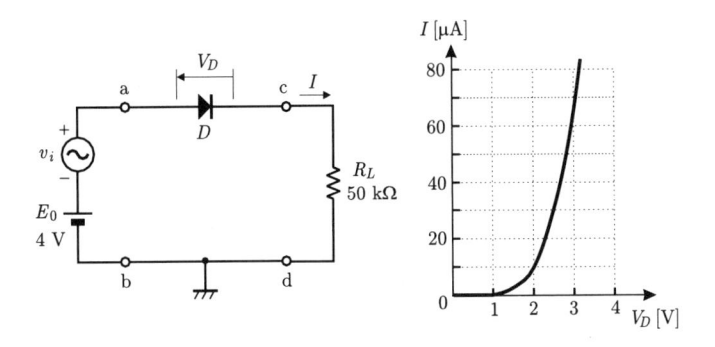

図 3.18

1) 交流電圧 v_i が印加されていないときの負荷直線をかき，動作点を求めなさい。
2) 交流電圧 v_i が印加されていないときの，ダイオードにかかる電圧 V_D を求めなさい。
3) 交流電圧 v_i が印加されていないとき，抵抗で消費される電力を求めなさい。
4) 交流電圧が $v_i = -1.5[V]$ になった瞬間に，回路に流れている電流 I を求めなさい。

問 3. 図 3.19 に示したようなトランジスタを用いた回路について以下の問いに答えなさい。

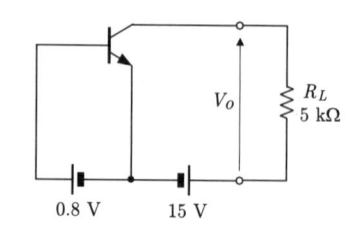

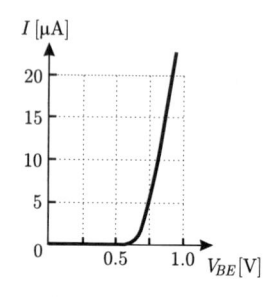

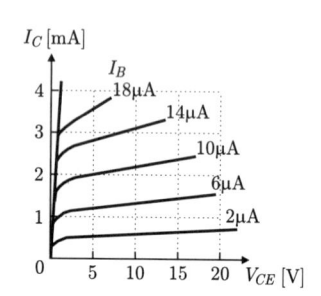

図 3.19

1) ベース電流の大きさを求めなさい。
2) $I_C - V_{CE}$ 特性中に負荷直線をかき，動作点を求めなさい。
3) 負荷抵抗 R_L にかかる電圧 V_o を求めなさい。

問 4. 図 3.20 に示したような静特性を有するトランジスタのエミッタ接地電流増幅率 β を求めなさい。さらにベース接地電流増幅率 α を求めなさい。ただし，$V_{CE} = 6V$ で考えなさい。

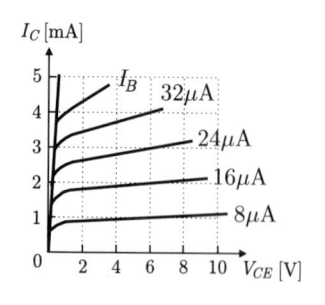

図 3.20

問5. 図 3.21 に示したような MOSFET を用いた回路について以下の問いに答えなさい。

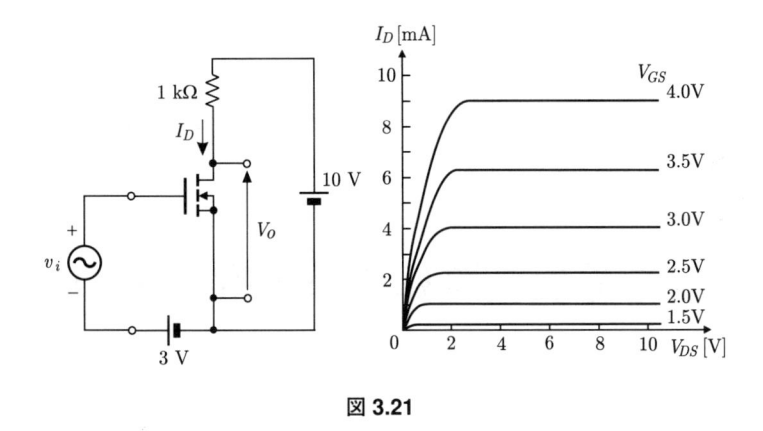

図 3.21

1) 入力電圧 v_i が印加されていないときの，負荷直線を $I_D - V_{DS}$ 特性中にかき，動作点を求めなさい。
2) 入力電圧 v_i が印加されていないときの，ドレイン電流 I_D と出力電圧 V_o を求めなさい。
3) 入力電圧が $v_i = -1.0[V]$ になった瞬間の動作点を $I_D - V_{DS}$ 特性中に示しなさい。

4
小信号等価回路による増幅回路の解析

4.1 二端子対回路による等価回路表現

4.1.1 二端子対回路

　増幅回路などの動作を解析する場合には，入力側と出力側の電圧や電流の関係が分かれば，個々の素子の状態がどうであるかはさほど問題にならないことが多い。このようなときには，図 4.1 に示したように回路を一種のブラックボックスと考えて，入力側の電圧 V_1，電流 I_1 と出力側の電圧 V_2，電流 I_2 について解析を行えばよい。このような入出力端子対の 2 組の電圧と電流の関係にのみ着目した回路を二端子対回路という。

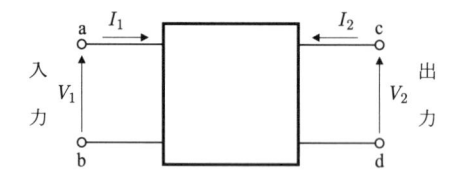

図 4.1 二端子対回路

　二端子対回路ではブラックボックス内の素子の状態は考慮しないので，全く異なる構造を持つ回路であっても，入出力端子対の電圧と電流の関係が等しければ等価な回路と見なすことができる。

4.1. 二端子対回路による等価回路表現

4.1.2 二端子対回路のパラメータ表現

二端子対回路の例として，図 4.2 に示すような回路を考える。この回路の入力側の電圧 V_1，電流 I_1 と出力側の電圧 V_2，電流 I_2 との間には次式が成立している。

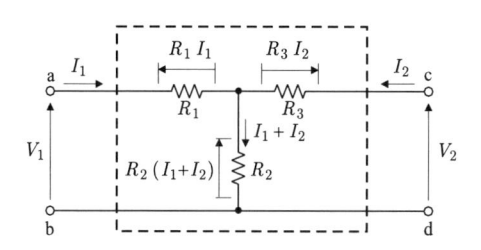

図 4.2 線形素子からなる二端子対回路

$$V_1 = R_1 I_1 + R_2(I_1 + I_2)$$
$$V_2 = R_3 I_2 + R_2(I_1 + I_2) \tag{4.1}$$

これらの式は，

$$V_1 = (R_1 + R_2)I_1 + R_2 I_2 = Z_{11} I_1 + Z_{12} I_2$$
$$V_2 = R_2 I_1 + (R_2 + R_3)I_2 = Z_{21} I_1 + Z_{22} I_2 \tag{4.2}$$

という形式に整理することができ，

$$\begin{bmatrix} V_1 \\ V_2 \end{bmatrix} = \begin{bmatrix} R_1 + R_2 & R_2 \\ R_2 & R_2 + R_3 \end{bmatrix} \begin{bmatrix} I_1 \\ I_2 \end{bmatrix} = \begin{bmatrix} Z_{11} & Z_{12} \\ Z_{21} & Z_{22} \end{bmatrix} \begin{bmatrix} I_1 \\ I_2 \end{bmatrix} \tag{4.3}$$

のように行列で表現することができる。ここで，Z_{11}, Z_{21}, Z_{12}, Z_{22} を二端子対回路の Z パラメータという。二端子対回路を表現するパラメータは，入出力電圧と電流の組み合わせを変えることで以下の 6 つが考えられる。

$$\begin{bmatrix} V_1 \\ I_1 \end{bmatrix} = \begin{bmatrix} A & B \\ C & D \end{bmatrix} \begin{bmatrix} V_2 \\ -I_2 \end{bmatrix}$$

$$\begin{bmatrix} V_2 \\ I_2 \end{bmatrix} = \begin{bmatrix} A' & B' \\ C' & D' \end{bmatrix} \begin{bmatrix} V_1 \\ I_1 \end{bmatrix}$$

$$\begin{bmatrix} I_1 \\ V_2 \end{bmatrix} = \begin{bmatrix} G_{11} & G_{12} \\ G_{21} & G_{22} \end{bmatrix} \begin{bmatrix} V_1 \\ I_2 \end{bmatrix}$$

$$\begin{bmatrix} V_1 \\ I_2 \end{bmatrix} = \begin{bmatrix} H_{11} & H_{12} \\ H_{21} & H_{22} \end{bmatrix} \begin{bmatrix} I_1 \\ V_2 \end{bmatrix}$$

$$\begin{bmatrix} V_1 \\ V_2 \end{bmatrix} = \begin{bmatrix} Z_{11} & Z_{12} \\ Z_{21} & Z_{22} \end{bmatrix} \begin{bmatrix} I_1 \\ I_2 \end{bmatrix}$$

$$\begin{bmatrix} I_1 \\ I_2 \end{bmatrix} = \begin{bmatrix} Y_{11} & Y_{12} \\ Y_{21} & Y_{22} \end{bmatrix} \begin{bmatrix} V_1 \\ V_2 \end{bmatrix} \tag{4.4}$$

ひと組のパラメータが求まれば,他のパラメータは容易に計算できるので,利用するパラメータは目的に応じて選択すればよい.なお,パラメータ $ABCD$ に関しては,出力側電流 I_2 に負符号がついている.これは,流出する電流を基準とする実用上の理由による.

二端子対回路が,抵抗のような線形素子のみで構成されている場合,これらの二端子対回路のパラメータは入出力電圧,電流や各端子に接続されている電源やインピーダンスに無関係な定数となる.したがって,これらのパラメータが等しい2つの二端子対回路は等価回路とみなすことができる.

4.1.3 小信号等価回路

前述したように,線形素子からなる二端子対回路のパラメータは入力信号に依存しない定数となる.しかし,ダイオードやトランジスタのような非線形素子を含んだ回路では,二端子対回路のパラメータは入力信号に依存して変化してしまう.そのため,非線形回路では,ある条件で求めた二端子対回路のパラメータをそのまま定数として取り扱うことはできない.

非線形回路における二端子対回路のパラメータを定数として扱うための方法を考えるため,図4.3に示すようなダイオードを含んだ非線形回路の動作を調べてみる.

この回路には入力として直流電圧 E_0 と交流信号電圧 v_i が印加されている.そこで,信号電圧 v_i の振幅が大きいときと小さいときの回路の動作について考えてみる.

図4.4(a) は信号電圧 v_i として振幅が v_L の大振幅信号を与えたときの回路の動作を示した図である.信号電圧 $v_i = 0$ で,直流電圧のみが印加されているときの動作点を P_0 とし,直流電圧と同相と逆相で最大振幅 v_L の信号電圧が与えられたときの動作点をそれぞれ P_1, P_2 とする.このとき,回路に流れる電流 I の信号電圧による変化分をみると,ダイオードの非線形性によって同相と逆相

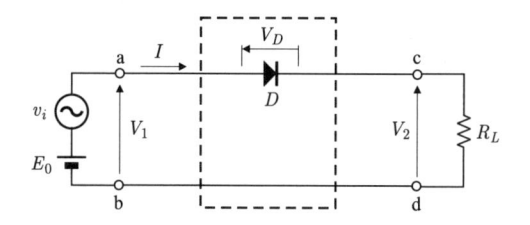

4.1. 二端子対回路による等価回路表現

図 4.3 非線形素子を含む二端子対回路

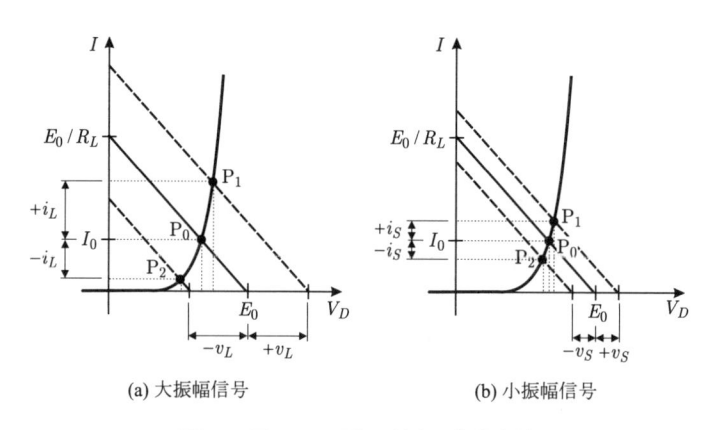

(a) 大振幅信号

(b) 小振幅信号

図 4.4 図 4.3 の回路に対する負荷直線

の場合で明らかに振幅が異なっていることがわかる。一方，信号電圧 v_i として最大振幅が v_S の小振幅信号を与えた場合，回路の動作は，図 4.4(b) に示したようになる。このとき，回路に流れる電流 I の信号電圧による変化分は，同相と逆相でほぼ等しくなっており，入力信号の振幅が小さければ，図 4.4(b) 中の P_1 と P_2 の間を直線で近似しても得られる特性はほぼ等しいと考えることができる。したがって，小振幅信号が入力されたときに生じる電流の変化分 i について着目した場合，図 4.3 に示した非線形回路の動作は図 4.5 に示した抵抗からなる線形回路と等しいとみなすことができる。ここで，抵抗 r_D は近似した直線の傾きの逆数として与えられ，動作抵抗あるいは交流抵抗と呼ばれる。動作点が異なれば動作抵抗の値も変化する。ここでは，着目しているのが小振幅信号に対する変化分であることを示すために，電圧，電流，抵抗などを示す記号には小文字を用いている。図 4.5 のような小振幅の信号によって生じる変化分にのみに着目した等価回路のことを小信号等価回路という。

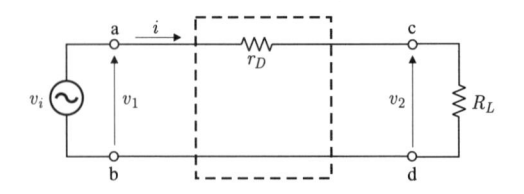

図 4.5 図 4.3 の小信号等価回路

　小信号等価回路は線形回路であるので，二端子対回路のパラメータを用いて回路の特性を表現することが可能である。

4.2 トランジスタ増幅回路の小信号等価回路

4.2.1 h パラメータを用いた小信号等価回路

　トランジスタを用いた非線形回路も，図 4.3 のダイオードを用いた非線形回路と同様に，小振幅信号が入力されたときの出力信号の変化分に着目することによって線形な小信号等価回路を得ることが可能である。そこで，トランジスタ回路を小信号等価回路で表現したときの二端子対回路のパラメータについて考える。

　まず，二端子対回路のパラメータとして，式 (4.4) のどのパラメータを用いることが適当であるかについて考える。このとき，二端子対回路のパラメータは実測によって求めるものであることから，実測が容易なパラメータを選択することが望ましいということになる。トランジスタ回路の入力電圧，電流の変化を v_1, i_1，出力電圧，電流の変化を v_2, i_2 とすると，二端子対回路のパラメータを実測する場合には，入力短絡（$v_1 = 0$），入力開放（$i_1 = 0$），出力短絡（$v_2 = 0$），出力開放（$i_2 = 0$）のうちのいずれか 2 つの条件下で測定を行う必要がある。ここで注意しなければいけないことは，小信号等価回路は動作点からの小さな変化を表す回路であるから，動作点を決定する直流成分については変化が生じないように測定を行う必要があるという点である。したがって，短絡とは大きな容量のコンデンサを接続することで交流成分のみを短絡するということであり，開放とは大きなインダクタンスのコイルを接続することで交流成分のみを開放するということを意味している。トランジスタ回路の場合，入力開放と出力短絡の条件は実現可能であるが，入力短絡と出力開放は実在す

4.2. トランジスタ増幅回路の小信号等価回路

るコンデンサやコイルでは実現が困難である．したがって，入力開放 ($i_1 = 0$) と出力短絡 ($v_2 = 0$) の条件下で，入出力端子の電圧変化 v_1, v_2 と電流変化 i_1, i_2 の関係を実測して求めることができる二端子対回路のパラメータを用いることが最も現実的となる．式 (4.4) に示した二端子対回路のパラメータの中で，この条件で求めることができるものは次式に示したパラメータである．

$$\begin{bmatrix} v_1 \\ i_2 \end{bmatrix} = \begin{bmatrix} h_{11} & h_{12} \\ h_{21} & h_{22} \end{bmatrix} \begin{bmatrix} i_1 \\ v_2 \end{bmatrix} \tag{4.5}$$

ここで，出力短絡 ($v_2 = 0$) の条件下における実測値から，

$$\begin{aligned} h_{11} &= v_1/i_1 \\ h_{21} &= i_2/i_1 \end{aligned} \tag{4.6}$$

さらに，入力開放 ($i_1 = 0$) の条件下における実測値から，

$$\begin{aligned} h_{12} &= v_1/v_2 \\ h_{22} &= i_2/v_2 \end{aligned} \tag{4.7}$$

をそれぞれ求めることができる．

ここで，式 (4.5) の二端子対回路のパラメータには様々な単位のものが混成していることから，hybrid の頭文字をとって h パラメータと呼ばれている．

トランジスタ増幅回路の場合，h_{11} を h_i, h_{12} を h_r, h_{21} を h_f, h_{22} を h_o と表記して，電圧，電流の変化が次の関係を満たす二端子対回路として小信号等価回路を表現することができる．

$$\begin{bmatrix} v_1 \\ i_2 \end{bmatrix} = \begin{bmatrix} h_i & h_r \\ h_f & h_o \end{bmatrix} \begin{bmatrix} i_1 \\ v_2 \end{bmatrix} \tag{4.8}$$

この二端子対回路は，電圧源，電流源，抵抗を用いた線形回路として，図 4.6 のようにかくことができる．ただし，この回路は，あくまで小信号に対する入

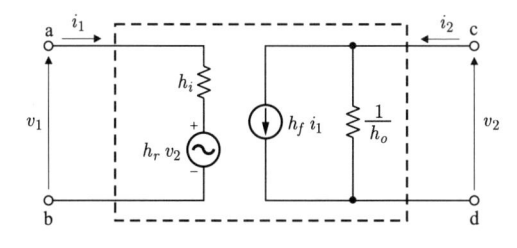

図 4.6 h パラメータを用いたトランジスタの小信号等価回路

出力の電圧,電流変化の関係がトランジスタ回路と等しくなる等価回路の一つの表現であり,トランジスタの内部構造がこのようになっているということを意味するものではない。

ここで,hパラメータの物理的な意味についてまとめると以下のようになる。

- $h_i = \left(\dfrac{v_1}{i_1}\right)_{v_2=0}$: 入力インピーダンス(出力端子を短絡した条件下での入力端子側からみたインピーダンス)

- $h_f = \left(\dfrac{i_2}{i_1}\right)_{v_2=0}$: 電流増幅率(出力端子を短絡した条件下での出力短絡電流と入力電流の比)

- $h_r = \left(\dfrac{v_1}{v_2}\right)_{i_1=0}$: 電圧帰還率(入力端子を開放した条件下での入力開放電圧と出力電圧の比)

- $h_o = \left(\dfrac{i_2}{v_2}\right)_{i_1=0}$: 出力アドミタンス(入力端子を開放した条件下での出力端子側からみたアドミタンス)

トランジスタ増幅回路の接地方式が異なると,hパラメータも異なる値をとることが多い。そこで,hパラメータがどの接地方式の小信号等価回路に対するものかを表現するために,接地を示す添字をつけて記述する。例えばh_iの場合,エミッタ接地ならばh_{ie},ベース接地ならばh_{ib},コレクタ接地ならばh_{ic}と表記する。ただし,ある接地形式に対するhパラメータが分かっていれば他の接地に対するhパラメータは計算によって求めることができる。表 4.1 はエミッタ接地のhパラメータから他の接地形式に対するhパラメータへの換算式をまとめたものである。また,表 4.2 はトランジスタの各接地形式に対するh

表 4.1 エミッタ接地のhパラメータから他の接地形式のhパラメータへの換算

ベース接地	コレクタ接地
$h_{ib} = \dfrac{h_{ie}}{1+h_{fe}}$	$h_{ic} = h_{ie}$
$h_{rb} = \dfrac{h_{ie}h_{oe}}{1+h_{fe}} - h_{re}$	$h_{rc} = 1 - h_{re}$
$h_{fb} = -\dfrac{h_{fe}}{1+h_{fe}}$	$h_{fc} = -(1+h_{fe})$
$h_{ob} = \dfrac{h_{oe}}{1+h_{fe}}$	$h_{oc} = h_{oe}$

4.2. トランジスタ増幅回路の小信号等価回路

表 4.2 各接地方式における h パラメータの例

h パラメータ	エミッタ接地	ベース接地	コレクタ接地
h_i	7 kΩ	63 Ω	7 kΩ
h_r	40×10^{-6}	460×10^{-6}	0.99996
h_f	110	-0.991	-111
h_o	8 μS	0.07 μS	8 μS

パラメータの一例を示したものである。

図 4.7 は，エミッタ接地のトランジスタ増幅回路とその小信号等価回路を示したものである。各 h パラメータにはエミッタ接地を表す添字 e がつけられている。小信号等価回路は，入力信号 v_i に対する動作点からの変化を表す等価回路であるから，トランジスタ増幅回路中に存在する動作点を決定するための直流電源（E_{BE}, E_{CE}）に対応する素子は，小信号等価回路中には存在していない。

(a) エミッタ接地回路

(b) h パラメータを用いた小信号等価回路

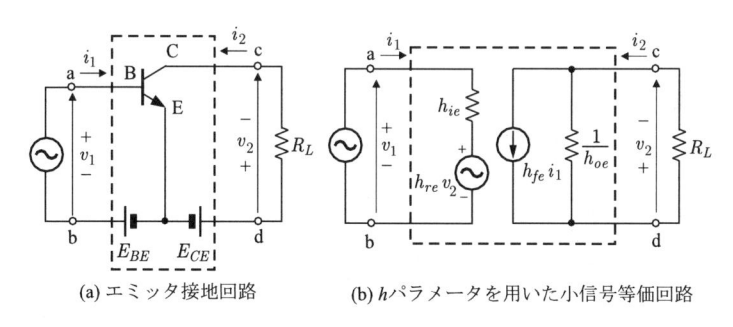

図 4.7 h パラメータを用いたエミッタ接地回路の小信号等価回路

図 4.7 に示したエミッタ接地回路の小信号等価回路の出力側をみると，負荷抵抗 R_L と出力抵抗 $1/h_{oe}$ が並列接続になっていることがわかる。通常，出力抵抗 $1/h_{oe}$ は 100kΩ 以上あるのに対して，負荷抵抗 R_L は数 kΩ 程度のものが用いられることが多い。したがって，出力抵抗と負荷抵抗の並列合成抵抗の値は，負荷抵抗の値とほとんど等しいとみなすことができ，出力抵抗 $1/h_{oe}$ に流れる電流を無視しても回路の動作解析にはほとんど影響しない。一方，入力側に帰還される電圧 $h_{re}v_2$ は，$v_2 = -h_{fe}R_L i_1$ なので，

$$h_{re}v_2 = -h_{re}h_{fe}R_L i_1 \tag{4.9}$$

と表される。ここで，エミッタ接地で，負荷抵抗 R_L が数 kΩ 程度の場合，

$$h_{re}h_{fe}R_Li_1 \ll h_{ie}i_1 \tag{4.10}$$

となっている。したがって，このとき入力側帰還電圧 $h_{re}v_2$ は入力側電流 i_1 にほとんど影響していない。以上の2つの関係が成立する条件下では，図 4.8 に示したように，$1/h_{oe}$ と $h_{re}v_2$ を取り除いて簡略化した小信号等価回路によってエミッタ接地回路の動作を解析することができる。

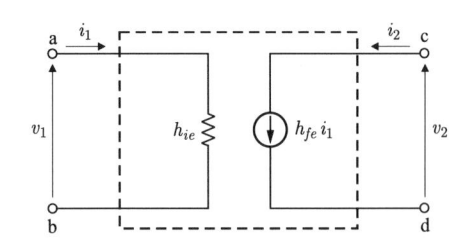

図 **4.8** 簡略化したエミッタ接地小信号等価回路

4.2.2 高域周波数におけるトランジスタの小信号等価回路

トランジスタの小信号等価回路は電流源，電圧源，抵抗，コンダクタンスで構成されている。低域周波数や中域周波数の信号に対しては h パラメータに対する周波数の影響は考える必要がなく，一定値として扱うことが可能である。しかし，高域周波数の信号の場合には，トランジスタの各端子間に存在する分布容量やトランジスタの電流増幅率の周波数特性がおよぼす影響を考慮する必要が生じる。

まず，トランジスタの端子間に存在する分布容量の影響を考慮した小信号等価回路について考える。分布容量は全ての端子間に存在するが，コレクターベース間に存在する分布容量 C_{CB} の影響が最も大きい。そこで，図 4.9(a) に示すようなコレクターベース間の分布容量 C_{CB} のみを考えた回路の小信号等価回路について検討する。入力側の端子 a-b 間に電圧 v_b がかかっているとき，端子 a からベースに向かって電流 i_{b0} が流れる。電流 i_{b0} は，ベース電流 i_b と分布容量 C_{CB} へ流れる電流 i_{cb} の和として与えられる。ここで，分布容量 C_{CB} に流れる電流 i_{cb} は，分布容量 C_{CB} の端子間電圧を v_{cb} とすると，$i_{cb} = j\omega C_{cb}v_{cb}$ で与えられる。この回路の電圧増幅度を A_v とし，出力側の端子 c-d 間の電圧

4.2. トランジスタ増幅回路の小信号等価回路

を v_c とすると，分布容量 C_{CB} にかかる端子間電圧は，

$$v_{cb} = v_b - v_c = v_b + A_v v_b = (1 + A_v)v_b \tag{4.11}$$

となる．したがって，分布容量に流れる電流 i_{cb} は次式で表される．

$$i_{cb} = j\omega C_{cb} v_{cb} = j\omega C_{cb}(1 + A_v)v_b \tag{4.12}$$

ここで，図 4.8 に示した簡略化された小信号等価回路では，電圧増幅度は，$A_v = h_{fe}(R_L/h_{ie})$ となるため，コレクター-ベース間に存在する分布容量 C_{CB} の影響は，図 4.9(b) に示すように，容量 C_M が，

$$C_M = C_{cb}(1 + A_v) \tag{4.13}$$

となるコンデンサが入力側に並列接続されたことと等価になる．この現象をミラー効果といい，C_M をミラー容量という．

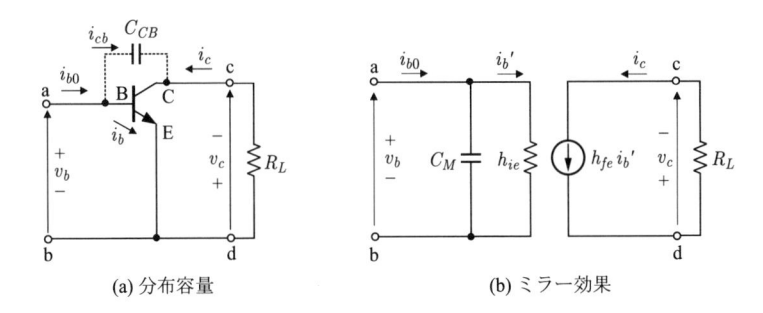

(a) 分布容量   (b) ミラー効果

図 4.9 高域周波数における分布容量の影響

つぎに，トランジスタの電流増幅率の周波数特性がおよぼす影響を考慮した小信号等価回路について考える．エミッタ接地電流増幅率 $|\beta|$ は，高域周波数では周波数が高くなるとともに減少する傾向を示し，次式で近似表現されることが知られている．

$$\beta = \frac{\beta_0}{1 + j\dfrac{f}{f_T/\beta_0}} \tag{4.14}$$

ここで，β_0 は低・中域周波数における電流増幅率，f_T はトランジション周波数と呼ばれ，$|\beta| = 1$ となる周波数である．したがって，簡略化された小信号等価回路で電流増幅率の周波数特性をそのまま表現すると，図 4.10(a) に示すように，h_{fe} が周波数に依存して変化することになる．しかし，このような h_{fe}

が周波数に依存する等価回路によって回路の動作解析をおこなうことは困難である。そこで，出力側の電流源の電流値が h_{fe} とベース電流 i_b の積で与えられることを利用して，次式のように h_{fe} の周波数特性を i_b に肩がわりさせることで，h_{fe} を一定とする等価回路を考えることができる。

$$h_{fe}(f)i_b = \frac{h_{fe0}i_b(f)}{1+j\dfrac{f}{f_T/h_{fe0}}} = h_{fe0}i_b'(f) \qquad (4.15)$$

ここで，h_{fe0} は低・中域周波数における h_{fe} の値，$i_b'(f)$ はトランジスタの電流増幅率の周波数特性に対応して変化するベース電流を表している。したがって，ベース電流の周波数特性が，

$$\frac{i_b'(f)}{i_b} = \frac{1}{1+j\dfrac{f}{f_T/h_{fe0}}} \qquad (4.16)$$

のようになる等価回路を考えればよく，これは，図 4.10(b) に示すような，入力側に容量 C_T のコンデンサを並列接続することによって実現できる。ここで，

$$C_T = \frac{h_{fe0}}{2\pi f_T h_{ie}} \qquad (4.17)$$

である。

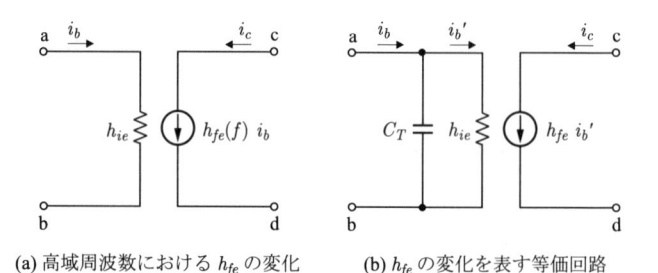

(a) 高域周波数における h_{fe} の変化　　(b) h_{fe} の変化を表す等価回路

図 4.10 高域周波数における h_{fe} の周波数特性の影響

4.2.3　小信号等価回路による入出力インピーダンスの計算

二端子対回路を用いて増幅回路の基本構成を表現すると，図 4.11 のようになる。入力側の端子 a-b には入力信号が与えられるが，これは電圧源 e_g と内部抵抗 r_g を直列接続した信号源として表すことができる。一方，出力側の端子 c-d 間には負荷抵抗 R_L が接続されている。トランジスタ増幅回路の動作を

4.2. トランジスタ増幅回路の小信号等価回路

解析する際にまず重要となるのは，入力信号と出力信号の関係であり，これは電圧増幅度，電流増幅度，電力増幅度として求めることができる。また，増幅回路は，入力信号を信号源から受け取り，出力信号を負荷抵抗に供給する回路であるから，どのような条件のときに増幅回路が信号源から受け取る電力と負荷抵抗に与える電力が最大になるかということも重要である。負荷抵抗に供給される電力は，信号源の内部抵抗と負荷抵抗の関係に依存して変化するので，入力インピーダンスと出力インピーダンスは増幅回路の重要なパラメータである。ここで，図 4.11 の回路における入力インピーダンス Z_i とは入力端子対 a-b から右側をみたときのインピーダンス，出力インピーダンス Z_o とは電源 e_g を取り除いて短絡したときに出力端子対 c-d から左側をみたときのインピーダンスのことをいう。したがって，入力インピーダンスと出力インピーダンスは図 4.12(a), (b) の回路を用いて計算すればよい。ここでは，小信号等価回路を用いて，トランジスタ増幅回路の入出力インピーダンスを求めてみる。ただし，信号は低・中域周波数のものを仮定し，図 4.6 に示した小信号等価回路を用いることとする。このとき，入出力インピーダンスは純抵抗とみなすことができ，入力抵抗，出力抵抗を呼ばれる。

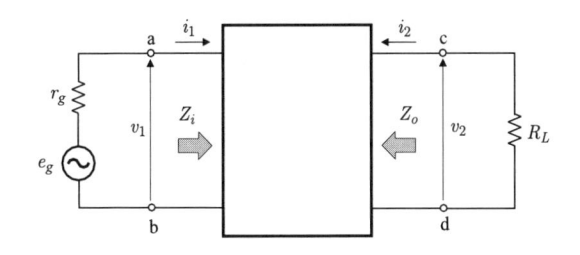

図 4.11 二端子対回路による増幅回路の基本表現

(a) 入力抵抗の計算   (b) 出力抵抗の計算

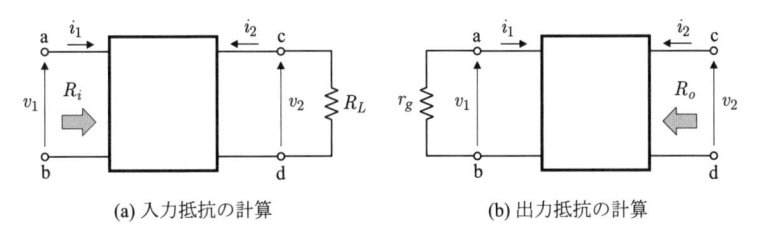

図 4.12 入力抵抗と出力抵抗の計算

まず入力抵抗 R_i に関しては，図 4.12(a) の回路から，

$$R_i = v_1/i_1 \tag{4.18}$$

$$v_2 = -R_L i_2 \tag{4.19}$$

の関係が得られる。この式に，小信号等価回路の入出力関係，

$$\begin{bmatrix} v_1 \\ i_2 \end{bmatrix} = \begin{bmatrix} h_i & h_r \\ h_f & h_o \end{bmatrix} \begin{bmatrix} i_1 \\ v_2 \end{bmatrix} \tag{4.20}$$

を用いると，入力抵抗 R_i は次式のように求まる。

$$R_i = h_i - \frac{h_r h_f}{h_o + \dfrac{1}{R_L}} \tag{4.21}$$

一方出力抵抗 R_o に関しては，図 4.12(b) の回路から，

$$\begin{aligned} R_o &= v_2/i_2 \\ v_1 &= -r_g i_1 \end{aligned} \tag{4.22}$$

の関係が得られる。同様にして，出力抵抗 R_o を計算すると，

$$R_o = \frac{1}{h_o - \dfrac{h_f h_r}{h_i + r_g}} \tag{4.23}$$

となる。

ただし，図 4.8 に示したエミッタ接地の簡略化した等価回路を用いる場合には，回路図から明白なように，入力抵抗は $R_i = h_{ie}$，出力抵抗は $R_o = \infty$ となる。

信号源から負荷に供給することができる最大の電力を有能電力というが，信号源の内部抵抗と負荷抵抗の値が等しいときに有能電力が供給される。たとえば，図 4.11 の入力側では入力インピーダンスが負荷抵抗に相等する。このときの電力は，

$$P_{max} = \frac{E_0^2}{4r_g} \tag{4.24}$$

であり，E_0 は信号源の電圧の実効値，r_g は信号源の内部抵抗である。有能電力を供給するために，負荷抵抗の値を信号源の内部抵抗と等しく設定することをインピーダンス整合（マッチング）という。

ここで，トランジスタの接地形式の差異による入出力抵抗の違いについて比較しておく。入力抵抗は，ベース接地回路では小さく，コレクタ接地回路では

4.2. トランジスタ増幅回路の小信号等価回路 65

大きくなっている。また，出力抵抗は，ベース接地回路では大きく，コレクタ接地回路では小さくなっている。エミッタ接地回路は，入出力抵抗ともベース接地回路とコレクタ接地回路の中間の値をとる。入力抵抗が大きい場合，入力電圧 v_1 は信号源の内部抵抗にあまり依存しなくなる。また，出力抵抗が小さい場合，出力電圧 v_2 は負荷抵抗にあまり依存しなくなる。したがって，内部抵抗が異なる信号源に接続しても入力電圧が一定になるようにしたい場合には入力抵抗を大きくし，負荷抵抗が異なる場合でも出力電圧が一定になるようにしたい場合には出力抵抗を小さくすればよい。このような目的にはコレクタ接地回路が適していることがわかる。コレクタ接地回路は電圧増幅作用はないが，入力抵抗が小さく出力抵抗が大きいという特長があるため，回路と回路の間に接続して相互の影響を取り除くバッファ回路として用いられることが多い。

4.2.4 増幅度と利得

図 4.6 に示した小信号等価回路の出力端子に負荷抵抗 R_L が接続されているときの電圧増幅度，電流増幅度，電力増幅度を求めてみる。

まず，電圧増幅度について考えると，入力側の電圧 v_1 と電流 i_1 は，前項で求めた入力抵抗 R_i を用いると，

$$i_1 = \frac{v_1}{R_i} \tag{4.25}$$

となる。一方，出力側の電圧 v_2 は，$1/h_o$ と R_L の並列合成抵抗にかかる電圧となるので，

$$v_2 = \frac{R_L}{1 + h_o R_L} h_f i_1 \tag{4.26}$$

となる。ここで，式 (4.26) を式 (4.25) に代入することで，電圧増幅度が次式のように求まる。

$$A_v = \frac{v_2}{v_1} = \frac{h_f}{1 + h_o R_L} \frac{R_L}{R_i} \tag{4.27}$$

一方，電流増幅度は，R_L を流れる電流 i_2 が，

$$i_2 = \frac{1}{1 + h_o R_L} h_f i_1 \tag{4.28}$$

であることから，

$$A_i = \frac{i_2}{i_1} = \frac{h_f}{1 + h_o R_L} \tag{4.29}$$

と求めることができる。

したがって，電力増幅度は

$$A_p = A_v A_i = A_i^2 \frac{R_L}{R_i} \tag{4.30}$$

となる．

増幅回路の増幅度は一般にデシベル (dB) という単位を用いて表されることが多い．デシベルで表した増幅度のことを利得と呼び，以下のように定義されている．

- 電圧利得：$G_v = 20 \log A_v$
- 電流利得：$G_i = 20 \log A_i$
- 電力利得：$G_p = 10 \log A_p$

ここで，A_v は電圧増幅度，A_i は電流増幅度，A_p は電力増幅度である．電圧利得と電流利得は係数が 20 であるが，電力利得は係数が 10 であることに注意する必要がある．デシは 1/10，ベルは電力に対する単位であり，電流，電圧の 2 乗が電力に対応することに起因する．デシベル表示は対数であるので，電力増幅度が 10 倍，100 倍のとき電力利得は 10 dB，20 dB となり，電力増幅度が 0.1 倍，0.01 倍のとき電力利得は-10 dB，-20 dB となる．また，電圧増幅度 100 倍の回路の次段に 1000 倍の電圧増幅度の回路を接続したときの回路全体の増幅度は $A_v = 100 \times 1000 = 100000$ 倍と掛け算になるが，電圧利得 40 dB の回路の次段に電圧利得 60 dB の回路を接続したときの回路全体の利得は，$G_v = 40 + 60 = 100\text{dB}$ のように足し算になる．また，一般に増幅度と利得は同じ意味で用いられていることが多く，両者の意味はさほど厳密には使い分けられていない．

4.3 小信号等価回路によるトランジスタ増幅回路の解析

4.3.1 CR 結合増幅回路

ここではトランジスタの小信号等価回路を用いて，図 4.13 に示した CR 結合増幅回路の解析をおこなう．CR 結合増幅回路は音声や通信機器における数十 Hz～数百 kHz 程度の比較的低い周波数信号の増幅に広く用いられている．CR 結合増幅回路は，入力端子 a とトランジスタのベースの間とトランジスタのコレクタと出力端子 c の間に結合コンデンサ C_{C0}，C_{C1} が挿入されている．直流電圧成分は結合コンデンサを通過できないため，CR 結合増幅回路では直流成

4.3. 小信号等価回路によるトランジスタ増幅回路の解析

分を増幅することはできない。また，トランジスタのエミッタにはエミッタ安定抵抗 R_{E1} が接続されているが，この抵抗を介して信号周波数の電圧がベースに負帰還されると増幅度が低下するという問題が生じる。そのため，抵抗 R_{E1} と並列にバイパスコンデンサ C_{E1} を挿入することで信号周波数の電圧に対して抵抗 R_{E1} が短絡するようにされている。CR 結合増幅回路は同じ形の回路を継続に多段接続することによって利得が高い増幅回路を構成することができるという特長がある。

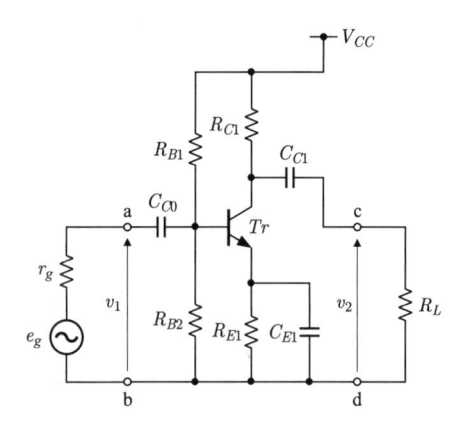

図 4.13 CR 結合増幅回路

増幅回路を解析する上で重要となるのは，

- 入出力信号の関係（利得）
- その利得が得られる周波数帯域（周波数特性）

の 2 点である。ここで，CR 結合増幅回路は電圧増幅をおこなう増幅回路であるから，利得とは電圧利得のことであると考える。また，CR 結合増幅回路では，通常，増幅する信号の周波数帯域を低域，中域，高域の 3 つに分けて解析をおこなう。低域とは，結合コンデンサ，バイパスコンデンサのインピーダンスが大きくなって，これらのコンデンサが信号周波数に対して短絡しているという仮定が成立しなくなる周波数帯域のことである。一方，高域とは，信号周波数が高くなることでトランジスタの特性や分布容量などの影響を考慮しなければならない周波数帯域のことである。低域と高域の中間が中域であり，この帯域では利得はほぼ一定である。

4.3.2 中域周波数における利得

図 4.13 に示した CR 結合増幅回路の中域周波数における利得を小信号等価回路を用いて解析する.まず,中域周波数の定義から結合コンデンサ C_{C0}, C_{C1}, およびバイパスコンデンサ C_{E1} は短絡されているものと考える.したがって,バイパスコンデンサ C_{E1} と並列に接続されている抵抗 R_{E1} も短絡されていると考えてよい.ここで,小信号等価回路は動作点からの変化に対する等価回路であるので,回路中の直流成分に関しては小信号等価回路中では考慮しない.したがって,電源 V_{CC} を取り外して短絡した状態にしたうえで,トランジスタの部分を小信号等価回路に置き換えればよいことになる.小信号等価回路として図 4.8 に示した簡略化した等価回路を用いると,CR 結合増幅回路の中域周波数における小信号等価回路は,図 4.14 に示したようになる.

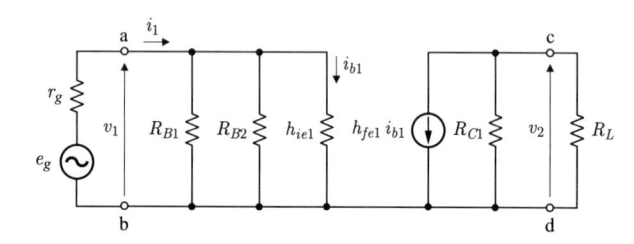

図 4.14 中域周波数における CR 結合増幅回路の小信号等価回路

ここで,入力端子 a-b 間の電圧 v_1 はトランジスタのベース電流 i_{b1} と h_{ie1} の積として与えられる.

$$v_1 = h_{ie1} i_{b1} \tag{4.31}$$

一方,出力端子 c-d 間の電圧 v_2 は,抵抗 R_{C1} と負荷抵抗 R_L の合成抵抗にコレクタ電流 $h_{fe1} i_{b1}$ をかけることで求められる.

$$v_2 = h_{fe1} i_{b1} \left(\frac{1}{R_{C1}} + \frac{1}{R_L} \right)^{-1} \tag{4.32}$$

したがって,電圧増幅度は,

$$A_v = -\frac{v_2}{v_1} = \frac{h_{fe1}}{h_{ie1}} \left(\frac{1}{R_{C1}} + \frac{1}{R_L} \right)^{-1} \tag{4.33}$$

となり,電圧利得は,

$$G_v = 20 \log A_v \tag{4.34}$$

となる.

4.3.3 低域周波数における結合コンデンサの影響

　低域周波数では，結合コンデンサとバイパスコンデンサのインピーダンスの増加が利得の低下を招く．そこで，信号周波数がどの程度低くなると利得がどの程度低下するかということを解析する必要があるが，結合コンデンサとバイパスコンデンサの影響を一度に解析するのは厄介であるので，まず，結合コンデンサの影響について考えることとする．

　結合コンデンサのインピーダンスが大きくなると，ベース電流が減少し，利得の低下が生じる．ここでは，結合コンデンサの影響のみ考えるので，バイパスコンデンサに関しては中域周波数での解析と同様に短絡した状態であると考える．このとき，CR 結合増幅回路の小信号等価回路は，図 4.15 のようになる．

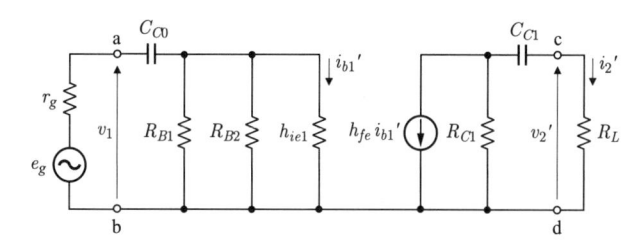

図 4.15 低域周波数における結合コンデンサの影響を考慮した CR 結合増幅回路の小信号等価回路

　結合コンデンサ C_{C0}，C_{C1} の影響によって，入力端子 a-b 間に入力電圧 v_1 が与えられたとき，中域周波数では i_{b1} であったベース電流が低域周波数では i'_{b1} に，中域周波数では v_2 であった出力端子 c-d 間電圧が v'_2 になったとする．ここで，結合コンデンサ C_{C0} の影響による i'_{b1} の周波数特性と C_{C1} の影響による v'_2 の周波数特性を別々に考えることとする．これらの二つの周波数特性を掛け合わせたものが，結合コンデンサの影響による CR 結合増幅回路の周波数特性となる．

　まず，結合コンデンサ C_{C0} の影響による i'_{b1} の周波数特性について考える．入力端子 a を流れる電流を i_1 とし，抵抗 R_{B1}，R_{B2} と h_{ie1} の並列合成抵抗を R_1 とすると，

$$i'_{b1} = \frac{R_1}{h_{ie1}} i_1$$
$$\text{ただし，} R_1 = \left(\frac{1}{R_{B1}} + \frac{1}{R_{B2}} + \frac{1}{h_{ie1}} \right)^{-1} \quad (4.35)$$

の関係がある．したがって，i'_{b1} の周波数特性は i_1 の周波数特性に等しい．そこで，信号源の内部抵抗 r_g，結合コンデンサ C_{C0} および合成抵抗 R_1 が直列接続された回路に流れる電流を考えることで i'_{b1}/i_{b1} の周波数特性を考えると，

$$\frac{i'_{b1}}{i_{b1}} = \frac{r_g + R_1}{r_g + R_1 + \dfrac{1}{j\omega C_{C0}}} \tag{4.36}$$

が得られ，絶対値を求めると，

$$\left|\frac{i'_{b1}}{i_{b1}}\right| = \frac{r_g + R_1}{\sqrt{(r_g + R_1)^2 + \left(\dfrac{1}{\omega C_{C0}}\right)^2}} \tag{4.37}$$

となる．

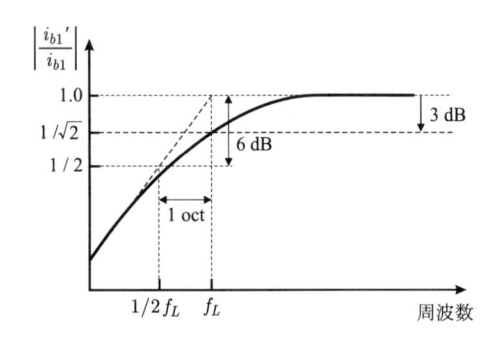

図 4.16 低域周波数におけるベース電流の周波数特性

この特性をグラフにしたものが，図 4.16 であり，周波数の低下とともに利得は低下し，周波数が十分低い帯域では図中に破線で示したような $|i'_{b1}/i_{b1}| \propto f$ の傾向がみられる．この破線は，周波数が 1/2 になると $|i'_{b1}/i_{b1}|$ も 1/2 になる関係を示しており，この傾きを 6 dB/oct という．6dB ≃ 20 log 2 であり，oct はオクターブの略で周波数が倍増または半減することを表している．ここで，利得が中域周波数に対して 3 dB 低下する，すなわち $1/\sqrt{2}$ 倍になる周波数を遮断周波数という．式 (4.37) より，結合コンデンサ C_{C0} の影響による遮断周波数 f_{LC0} は，

$$r_g + R_1 = \frac{1}{\omega C_{C0}} \tag{4.38}$$

となる周波数であり，

$$f_{LC0} = \frac{1}{2\pi C_{C0}(r_g + R_1)} \tag{4.39}$$

4.3. 小信号等価回路によるトランジスタ増幅回路の解析　　　　　　　　　　71

となる。

つぎに，結合コンデンサ C_{C1} の影響による v_2' の周波数特性について考える。実際にはコレクタ電流 $h_{fe1}i_{b1}'$ は入力側の結合コンデンサ C_{C0} の影響を受けている。しかし，C_{C1} の影響のみを検討するため，ここではコレクタ電流は C_{C0} の影響は受けていないものと仮定し，中域周波数の場合と同じく $h_{fe1}i_{b1}$ であると考えることとする。ここで，R_{C1} をコレクタ電流の電流源 $h_{fe1}i_{b1}$ の内部抵抗に見立て，図 4.17 に示したような電流源と電圧源の変換をおこなう。このとき，図 4.17(b) の回路は，入力側の結合コンデンサ C_{C0} の影響を解析した回路と同じ形になっていることがわかる。出力端子 c-d 間電圧 $v_2' = R_L i_2'$ であるので，$|v_2'/v_2|$ が 3dB 低下する遮断周波数 $f_L C1$ は，$|i_2'/i_2| = 1/\sqrt{2}$ となる周波数であり，f_{LC1} を求める式は式 (4.39) と同じ形となる。

$$f_{LC1} = \frac{1}{2\pi C_{C1}(R_{C1} + R_L)} \tag{4.40}$$

となる。

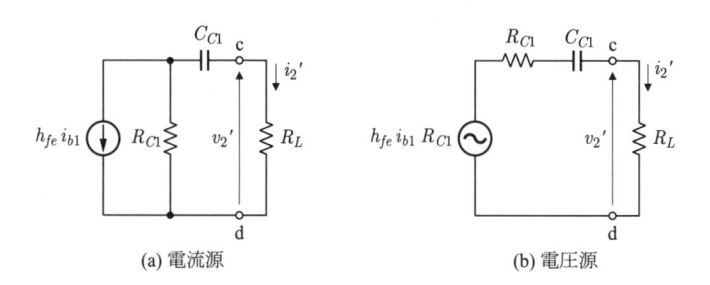

(a) 電流源　　　　　　　　　(b) 電圧源

図 4.17 出力側電流源の電圧源への変換

4.3.4 低域周波数におけるバイパスコンデンサの影響

バイパスコンデンサは抵抗 R_{E1} を短絡することで負帰還が生じることを防ぐために挿入されているが，周波数が低くなると短絡の効果が小さくなるため負帰還が発生し，利得の低下が生じる。まず，バイパスコンデンサを CR 結合増幅回路の小信号等価回路の中でどのように表現すればよいかを考える。図 4.18(a) の回路は CR 結合増幅回路のバイパスコンデンサの部分をとり出したものである。ここで，抵抗 R_E とバイパスコンデンサ C_E の合成インピーダンスを Z_E と表すこととする。トランジスタの部分を簡略化した小信号等価回路で表すと，図 4.18(b) の回路が得られる。ここで，Z_E には i_b と $h_{fe}i_b$ が流入し

ているので,
$$v_b = h_{ie}i_b + Z_E(i_b + h_{fe}i_b) \tag{4.41}$$
となっている．よって，この回路をベース側からみた入力インピーダンスは,
$$Z_i = \frac{v_b}{i_b} \simeq h_{ie} + h_{fe}Z_E \tag{4.42}$$
となる．一方，出力側については電流源の内部抵抗を無限大とみなせることから，Z_E の影響を無視することができる．これらのことから，入出力を分離した，図 4.18(c) の回路を得ることができる．

(a) バイパスコンデンサを含む回路

(b) 小信号等価回路　　(c) 入出力を分離した小信号等価回路

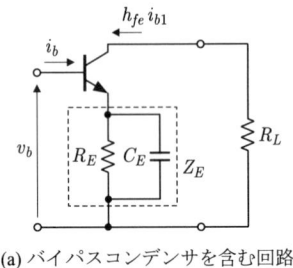

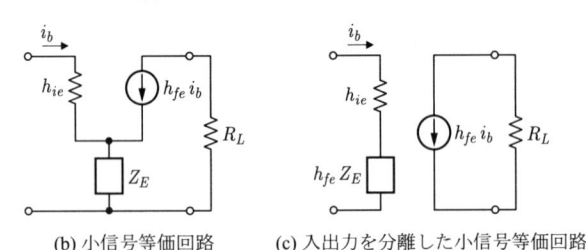

図 4.18 低域周波数におけるバイパスコンデンサの等価回路表現

バイパスコンデンサの影響のみを考えるため，結合コンデンサに関しては中域周波数での解析と同様に短絡した状態であるとすると，以上の結果から CR 結合増幅回路の小信号等価回路として図 4.19 が得られる．

ここで，入力端子 a-b に接続されている電圧源 e_g を電流源 e_g/r_g に変換すると，図 4.20 に示した回路が得られる．ここで，中域周波数でバイパスコンデンサが短絡されていると考えられるとき，すなわち $Z_E = 0$ のときのベース電流

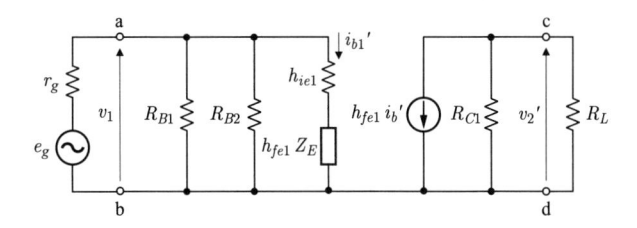

4.3. 小信号等価回路によるトランジスタ増幅回路の解析

図 4.19 低域周波数におけるバイパスコンデンサの影響を考慮した CR 結合増幅回路の小信号等価回路

を i_{b1} として，Z_E の影響を受けたときのベース電流 i'_{b1} との比を求めると，

$$\frac{i'_{b1}}{i_{b1}} = \frac{R'_1 + h_{ie1}}{R'_1 + h_{ie1} + \dfrac{h_{fe1} R_{E1}}{1 + j\omega C_{E1} R_{E1}}} \quad (4.43)$$

$$\text{ただし，} R'_1 = \left(\frac{1}{r_g} + \frac{1}{R_{B1}} + \frac{1}{R_{B2}} \right)^{-1}$$

となる。

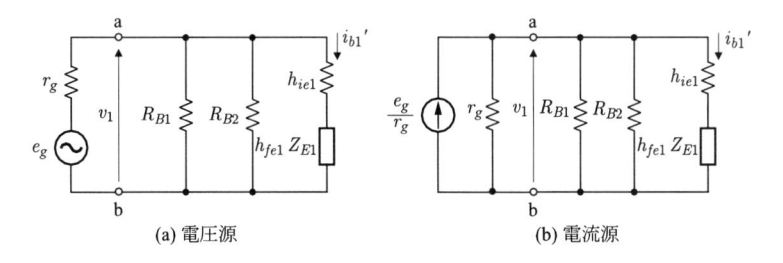

図 4.20 入力側の電圧源と電流源の変換

(a) 電圧源　　(b) 電流源

この式は，結合コンデンサがベース電流に及ぼす影響を計算する式 (4.36) と同じ形をしており，バイパスコンデンサーの影響によって $|i'_{b1}/i_{b1}|$ が 3 dB 低下する遮断周波数 f_{LE1} は，

$$f_{LE1} = \frac{1}{2\pi C_{E1} R_{E1}} \left(1 + \frac{h_{fe1} R_{E1}}{R'_1 + h_{ie1}} \right) \quad (4.44)$$

で与えられる。

バイパスコンデンサによる遮断周波数 f_{LE1} を求める式 (4.44) を結合コンデンサによる遮断周波数 f_{LC0}，f_{LC1} を求める式 (4.39) (4.40) を比較すると，バイパスコンデンサ C_{E1} の容量を結合コンデンサ C_{C0}，C_{C1} と等しくした場

合，バイパスコンデンサによる遮断周波数 f_{LE1} の方が高くなることが分かる。CR 結合増幅回路の低域周波数における特性は，結合コンデンサとバイパスコンデンサのいずれかの高い方の遮断周波数で決定される。

4.3.5 高域周波数における特性

高域周波数においては，結合コンデンサ，バイパスコンデンサは短絡していると考えてよいが，4.2.2 項で述べたようにトランジスタの分布容量の影響や h_{fe} が周波数特性を有する効果を考慮する必要が生じる。図 4.9，図 4.10 に示したように，トランジスタの分布容量や高域周波数における h_{fe} の変化は，入力側にコンデンサ C_M，C_T を並列接続することによって表すことができる。したがって，図 4.13 に示した CR 結合増幅回路の高域周波数における特性を解析する小信号等価回路は，図 4.21 に示したようになる。ここで入力側のコンデンサ C_{S1} はトランジスタの分布容量の影響に対する C_{M1} と高域周波数における h_{fe} の特性変化を表す C_{T1} を並列接続したものである。

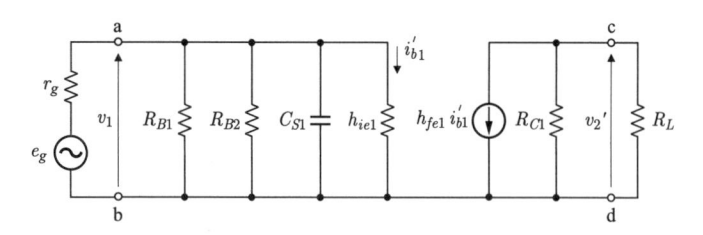

図 4.21 高域周波数における CR 結合増幅回路の小信号等価回路

中域周波数では i_{b1} であったベース電流が，高域周波数ではトランジスタの分布容量や h_{fe} の周波数特性によって i'_{b1} になる。小信号等価回路では，信号周波数が高くなることで C_{S1} のインピーダンスが小さくなり，C_{S1} 側へ流れる電流が多くなることで，この現象が表現されている。そこで，i'_{b1}/i_{b1} の周波数特性を考えると，

$$\frac{i'_{b1}}{i_{b1}} = \frac{1}{1 + j\omega C_{S1} R''_1}$$

$$\text{ただし,}\ R''_1 = \left(\frac{1}{r_g} + \frac{1}{R_{B1}} + \frac{1}{R_{B2}} + \frac{1}{h_{ie1}}\right)^{-1} \tag{4.45}$$

4.3. 小信号等価回路によるトランジスタ増幅回路の解析　　75

が得られ，絶対値を求めると，

$$\left|\frac{i'_{b1}}{i_{b1}}\right| = \frac{1}{\sqrt{1+(\omega C_{S1} R''_1)^2}} \tag{4.46}$$

となる。

したがって，高域周波数において $|i'_{b1}/i_{b1}|$ が 3 dB 低下する遮断周波数 f_{H1} は，

$$f_{H1} = \frac{1}{2\pi C_{S1} R''_1} \tag{4.47}$$

となる。

ここで，式 (4.46) は式 (4.47) を用いると，

$$\left|\frac{i'_{b1}}{i_{b1}}\right| = \frac{1}{\sqrt{1+\left(\dfrac{f}{f_{H1}}\right)^2}} \tag{4.48}$$

とかき換えられる。

4.3.6 多段 CR 結合増幅回路

CR 結合増幅回路は同じ形の回路を継続に多段接続することによって高利得の増幅回路を構成することができるという特長がある。図 4.22 は 2 段の CR 結合増幅回路の例である。1 段目は端子 a-b が入力，端子 c-d が出力になっており，2 段目は端子 c-d が入力，端子 e-f が出力になっている。

多段 CR 結合増幅回路の解析は 1 段の CR 結合増幅回路の場合と全く同じ方

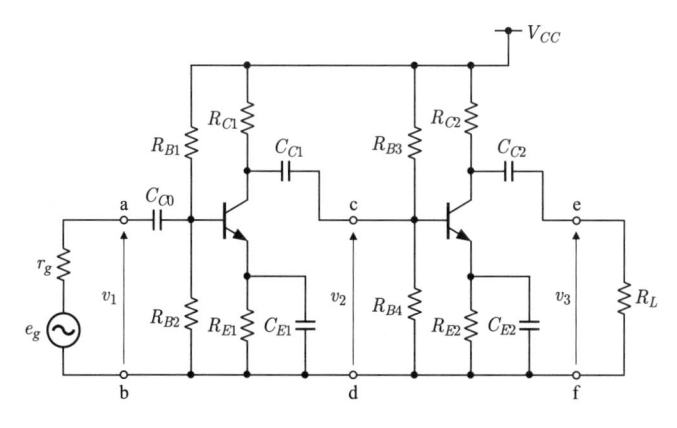

図 **4.22** 2 段 CR 結合増幅回路

法でおこなうことができる．図 4.23 は中域周波数における 2 段 CR 結合増幅回路の小信号等価回路である．

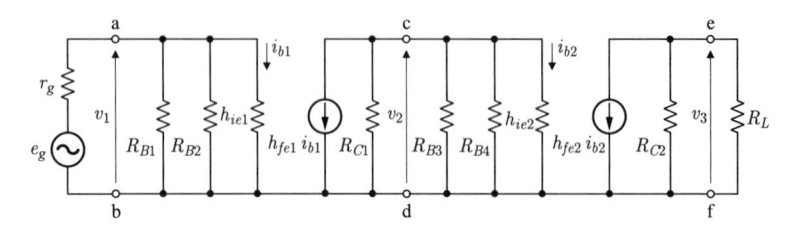

図 4.23 2 段 CR 結合増幅回路の中域周波数における小信号等価回路

この回路の 1 段目は，図 4.14 に示した小信号等価回路と基本的には同じであるが，図 4.14 に示した回路では，出力側の抵抗が R_{C1} と R_L であるのに対し，図 4.23 の回路では，1 段目の出力側の抵抗は R_{C1}, R_{B3}, R_{B4}, h_{ie2} が並列に接続されている．したがって 1 段目の中域周波数における電圧増幅度は，

$$A_{v1} = -\frac{v_2}{v_1} = \frac{h_{fe1}}{h_{ie1}} \left(\frac{1}{R_{C1}} + \frac{1}{R_{B3}} + \frac{1}{R_{B4}} + \frac{1}{h_{ie2}} \right)^{-1} \quad (4.49)$$

で与えられる．

2 段目に関しても，1 段目と同様に考えることができるので，2 段目の電圧増幅度は，

$$A_{v2} = -\frac{v_3}{v_2} = \frac{h_{fe2}}{h_{ie2}} \left(\frac{1}{R_{C2}} + \frac{1}{R_L} \right)^{-1} \quad (4.50)$$

となる．

したがって，この 2 段 CR 結合増幅回路の中域周波数における電圧増幅度は，

$$A_v = A_{v1} A_{v2} = \frac{h_{fe1}}{h_{ie1}} \left(\frac{1}{R_{C1}} + \frac{1}{R_{B3}} + \frac{1}{R_{B4}} + \frac{1}{h_{ie2}} \right)^{-1} \frac{h_{fe2}}{h_{ie2}} \left(\frac{1}{R_{C2}} + \frac{1}{R_L} \right)^{-1} \quad (4.51)$$

となる．

周波数特性についても，低域周波数と高域周波数において同様に解析をおこなうことで，図 4.24 に示したような図を得ることができる．ここで，f_L は低域遮断周波数，f_H は高域遮断周波数である．また，$f_H - f_L$ を回路の帯域幅という．

ここで，一段の CR 結合増幅回路の低域遮断周波数が f_{L0}，高域遮断周波数が f_{H0} であったとする．これと同じ周波数特性をもつ CR 結合増幅回路を接続

4.4. MOSFET 増幅回路の小信号等価回路

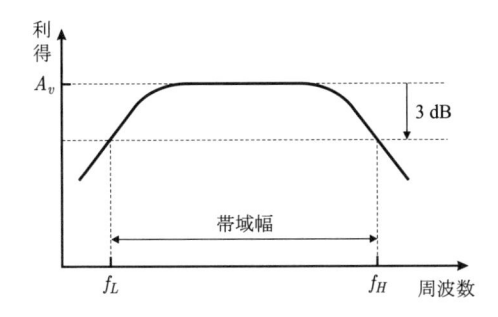

図 4.24 CR 結合増幅回路の小信号等価回路の周波数特性

すると，回路全体の低域遮断周波数は f_{L0} よりも高くなり，高域遮断周波数は f_{H0} よりも低くなる，つまり帯域幅が狭くなるという現象を生じる。低域遮断周波数が f_{L0} の CR 結合増幅回路を n 段接続したときの回路全体の低域遮断周波数 f_L は，

$$\frac{f_{L0}}{f_L} = \sqrt{2^{\frac{1}{n}} - 1} \tag{4.52}$$

で与えられる。一方，高域遮断周波数が f_{H0} の CR 結合増幅回路を n 段接続したときの回路全体の低域遮断周波数 f_H は，

$$\frac{f_H}{f_{H0}} = \sqrt{2^{\frac{1}{n}} - 1} \tag{4.53}$$

となる。

4.4 MOSFET 増幅回路の小信号等価回路

4.4.1 MOSFET の小信号等価回路

MOSFET についてもトランジスタと同様に小信号等価回路を考えることができる。ただし，トランジスタがベース電流によってコレクタ電流を制御しているのに対して，MOSFET はゲート電圧によってドレイン電流を制御している素子である。また，MOSFET はゲートと半導体基板との間に絶縁体の酸化膜があるため，ゲートから基板に電流がほとんど流入しないという特徴がある。

直流電源によって適当な動作点を決定し，そこからの信号の変化分に着目する小信号等価回路の考え方を図 4.25(a) に示した MOSFET 回路に適用すると，

$$i_d = g_m v_{gs} + \frac{v_{ds}}{r_d} + g_{mb} v_{sb} \tag{4.54}$$

の関係が成立している。

ここで，i_d はドレイン電流の変化，v_{gs} はゲート−ソース間電圧の変化，v_{ds} はドレイン−ソース間電圧の変化，v_{sb} はソース−サブストレート間電圧の変化，g_m，g_{mb} は相互コンダクタンス，r_d はドレイン抵抗をそれぞれ表している。相互コンダクタンス g_m と g_{mb} はそれぞれ，

$$g_m = \left. \frac{i_d}{v_{gs}} \right|_{v_{ds}=0}$$
$$g_{mb} = \frac{i_d}{v_{sb}} \tag{4.55}$$

と定義され，ドレイン抵抗 r_d は，

$$r_d = \frac{1}{\left. \dfrac{i_d}{v_{ds}} \right|_{v_{gs}=0}} \tag{4.56}$$

と定義されている。

(a) MOSFET (b) MOSFETの小信号等価回路

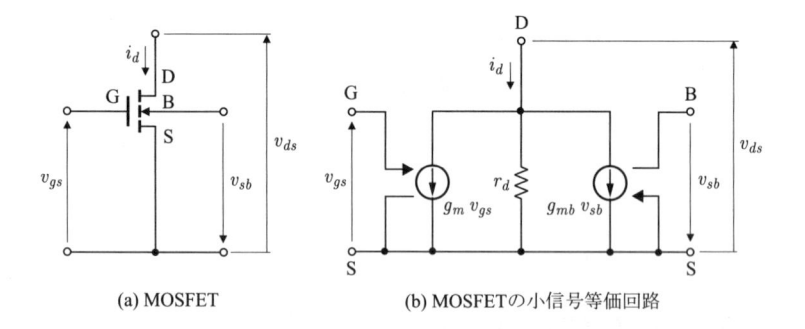

図 4.25 MOSFET の小信号等価回路

この関係を小信号等価回路の形でかいたものが，図 4.25(b) である。

MOSFET は，図 4.26(a) に示したようにソース−サブストレート間を短絡することで $V_{SB} = 0$ の条件で使用することも多い。このとき，式 (4.54) の関係は，

$$i_d = g_m v_{gs} + \frac{v_{ds}}{r_d} \tag{4.57}$$

または，

$$v_s + \mu v_{gs} = i_d r_d \tag{4.58}$$

4.4. MOSFET 増幅回路の小信号等価回路

となる。ここで，μ は電圧増幅率であり，

$$\mu = \frac{v_{ds}}{v_{gs}} = g_m r_d \tag{4.59}$$

である。したがって，ソース－サブストレート間を短絡して使用するときの MOSFET の小信号等価回路は，図 4.26(b) に示したようになる。

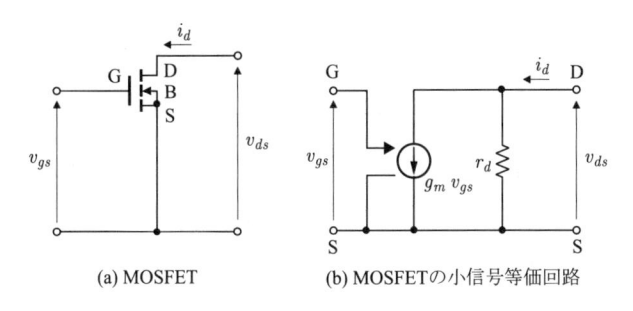

図 4.26 ソースとサブストレートを接続したときの MOSFET の小信号等価回路

4.4.2 高域周波数における MOSFET の小信号等価回路

MOSFET の小信号等価回路は，低域周波数や中域周波数の信号に対しては各パラメータに対する周波数の影響は考える必要がなく，一定値として扱うことが可能である。しかし信号が高域周波数の場合には，トランジスタと同様に，各部の分布容量を考慮した小信号等価回路を用いなければならない。MOSFET はゲートと半導体基板で絶縁体を挟んでいるので，この部分に分布容量 C_{gb} が存在している。また，ソースとドレインの一部はゲートと重なる構造になっているため，ゲート－ソース間，ゲート－ドレイン間にも分布容量 C_{gs}，C_{gd} がある。さらに，ソース－サブストレート間，ベース－サブストレート間の pn 接合には，空乏層によって生じる分布容量 C_{sb}，C_{db} がある。図 4.27 はこれらの影響を考慮した高域周波数における MOSFET の小信号等価回路である。

ここで，ソース－サブストレート間を短絡して使用する場合，ソースとサブストレート間の容量 C_{sb} は考慮する必要がなくなる。また，C_{gs} と C_{gb} は並列に接続されていることになるので，$C_g = C_{gs} + C_{gb}$ とひとつにまとめて考えることができる。これらのことから，図 4.28(a) に示したソースとサブストレートを接続したときの高域周波数における MOSFET の等価回路を得ることがで

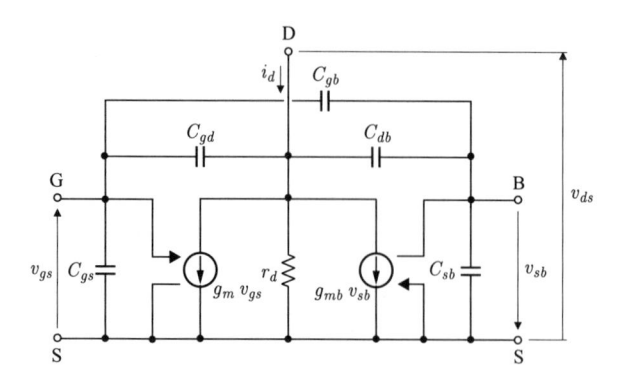

図 4.27 高域周波数における MOSFET の小信号等価回路

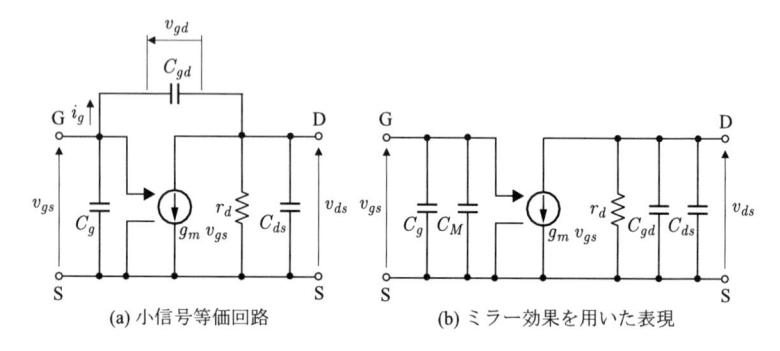

(a) 小信号等価回路   (b) ミラー効果を用いた表現

図 4.28 ソースとサブストレートを接続したときの高域周波数における MOSFET の小信号等価回路

きる。

ここで，ゲートには電流は流入しないため，図 4.28(a) 中に示した電流 i_g が分布容量 C_{gd} に流入していると考える。分布容量 C_{gd} の両端の電位差 v_{gd} は，

$$v_{gd} = v_{gs} - v_{ds} = v_{gs} - (-\mu v_{gd}) = (1+\mu)v_{gs} \tag{4.60}$$

である。ここで，μ は電圧増幅度である。したがって，電流 i_g は，

$$i_g = j\omega C_{gd} v_{gd} = j\omega(1+\mu)C_{gd}v_{gs} \tag{4.61}$$

となる。したがって，ゲート－ソース間からみると，C_{gd} はゲート－ソース間に $C_M = (1+\mu)C_{gd}$ のコンデンサが接続されていることと等価になる。これをミラー効果という。一方，ドレイン－ソース間からみると，分布容量 C_{gd} へ

4.5. 小信号等価回路による MOSFET 増幅回路の解析　　　　　　　　　　　81

流れる電流 i_{dg} は，

$$i_{dg} = j\omega C_{gd}(v_{ds} - v_{gs}) = j\omega C_{gd}\left(1 - \frac{1}{\mu}\right)v_{gs} \simeq j\omega C_{gd}v_{gs} \quad (4.62)$$

であり，ドレイン－ソース間にコンデンサ C_{gd} が接続されたことと等価になっている。これらのことを考慮すると小信号等価回路は，図 4.28(b) のように表すことができる。この高域周波数における小信号等価回路は入出力間が分離された形になっているため，取扱が容易である。

4.5 小信号等価回路による MOSFET 増幅回路の解析

4.5.1 CR 結合増幅回路

ここでは MOSFET の小信号等価回路を用いて，図 4.29 に示した CR 結合増幅回路の解析をおこなう。図 4.13 に示したトランジスタを用いた CR 結合増幅回路と図 4.29 を比較すると，トランジスタが MOSFET に置き換わった以外は回路の基本構成は同じであることが分かる。入力端子 a と MOSFET のゲートの間と MOSFET のドレインと出力端子 c の間に結合コンデンサ C_{C0}，C_{C1} が挿入されている。直流電圧成分は結合コンデンサを通過できないため，CR 結合増幅回路では直流成分を増幅することはできない点もトランジスタを用いた回路と同様である。また，MOSFET のソースにはバイパスコンデンサ C_{S1} が接続されている。

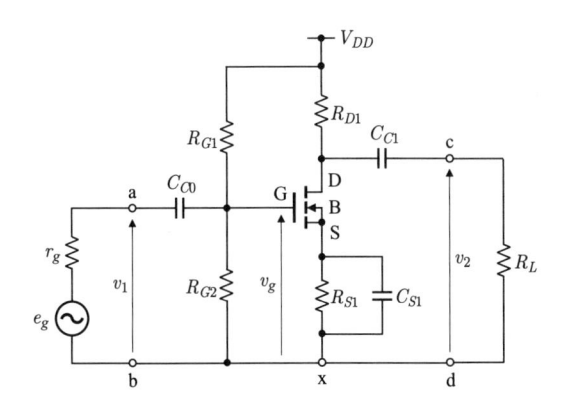

図 4.29 MOSFET を用いた CR 結合増幅回路

トランジスタを用いた CR 結合増幅回路と同様に，小信号等価回路を用いて
- 中域周波数における利得
- 周波数特性

について解析をおこなう。CR 結合増幅回路は電圧増幅をおこなう増幅回路であるから，利得とは電圧利得のことであること，増幅する信号の周波数帯域を低域，中域，高域の 3 つに分けて解析をおこなう点もトランジスタを用いた CR 結合増幅回路と同様である。

4.5.2 中域周波数における利得

図 4.29 に示した CR 結合増幅回路の中域周波数における利得を小信号等価回路を用いて解析する。まず，中域周波数の定義から，結合コンデンサ C_{C0}, C_{C1}, およびバイパスコンデンサ C_{S1} は短絡されているものと考える。したがって，抵抗 R_{S1} も短絡されていると考えてよい。ここで，小信号等価回路は動作点からの変化に対する等価回路であるので，回路中の直流成分に関しては等価回路中では考慮しない。したがって，電源 V_{DD} を取り外して短絡した状態にしたうえで，MOSFET の部分を小信号等価回路に置き換えればよいことになる。小信号等価回路として，図 4.26 に示した回路を用いると，CR 結合増幅回路の中域周波数における小信号等価回路は，図 4.30 に示したようになる。

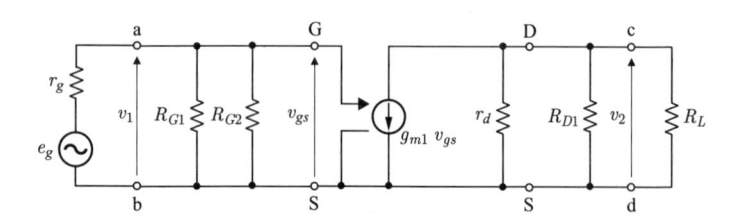

図 4.30 中域周波数における MOSFET を用いた CR 結合増幅回路の小信号等価回路

MOSFET ではゲートに電流が流れないため，入力電流は常に零であり，入力インピーダンスは ∞ である。したがって，入力端子 a-b 間の電圧 v_1 はゲート-ソース間電圧 v_{gs} と等しくなっている。一方，出力端子 c-d 間の電圧 v_2 は，ドレイン抵抗 r_d, 抵抗 R_{D1}, 負荷抵抗 R_L の並列合成抵抗に電流源からの電流

4.5. 小信号等価回路による MOSFET 増幅回路の解析

$g_{m1}v_{gs}$ をかけることで求められる．

$$v_2 = -g_{m1}v_{gs}\left(\frac{1}{r_d} + \frac{1}{R_{D1}} + \frac{1}{R_L}\right)^{-1} \tag{4.63}$$

したがって，電圧増幅度は，

$$A_{v1} = -\frac{v_2}{v_1} = g_{m1}\left(\frac{1}{r_d} + \frac{1}{R_{D1}} + \frac{1}{R_L}\right)^{-1} \tag{4.64}$$

と求められる．

4.5.3 低域周波数における結合コンデンサの影響

低域周波数では，結合コンデンサとバイパスコンデンサのインピーダンスの増加が利得の低下を招く．そこで，信号周波数がどの程度低くなると利得がどの程度低下するかということを解析する必要があるが，結合コンデンサとバイパスコンデンサの影響を一度に解析するのは厄介であるので，まず，結合コンデンサの影響について考えることとする．

結合コンデンサのインピーダンスが大きくなると，利得の低下が生じる．ここでは，結合コンデンサの影響のみ考えるので，バイパスコンデンサに関しては中域周波数での解析と同様に短絡した状態であると考える．このとき，CR 結合増幅回路の小信号等価回路は，図 4.31 のようになる．

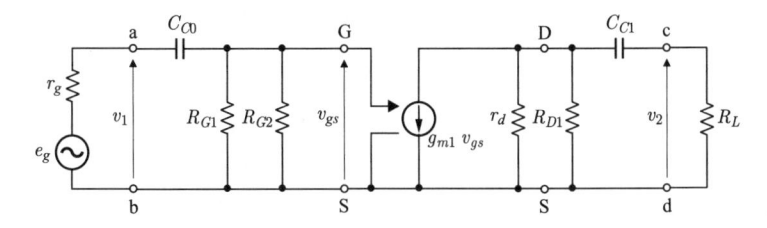

図 4.31 低域周波数における結合コンデンサの影響を考慮した MOSFET を用いた CR 結合増幅回路の小信号等価回路

ここで，MOSFET の入力インピーダンスが ∞ であることから，結合コンデンサ C_{C0} のインピーダンス増加はゲートーソース間電圧 v_{gs} にはあまり影響を及ぼさないと考え，結合コンデンサ C_{C1} のインピーダンス増加による利得の低下について考えることとする．電流源 $g_{m1}v_{gs}$ からの電流は，ドレイン抵抗 r_d と抵抗 R_{D1} が並列接続された部分と結合コンデンサ C_{C1} と負荷抵抗 R_L が直

列接続された部分に分流する．出力端子 c-d 間電圧 v_2 は，負荷抵抗 R_L に流れる電流に負荷抵抗 R_L の値をかけたものであることから，次式のように求めることができる．

$$v_2 = -g_{m1}v_{gs}\frac{R_1}{R_1 + \dfrac{1}{j\omega C_{C1}} + R_L}R_L \tag{4.65}$$

$$ただし，R_1 = \left(\frac{1}{r_d} + \frac{1}{R_{D1}}\right)^{-1}$$

したがって，中域周波数における出力電圧を v_2 としたときに，結合コンデンサの影響を受けた出力電圧を v_2' とおいて，v_2'/v_2 の周波数特性を計算すると，

$$\frac{v_2'}{v_2} = \frac{1}{1 + \dfrac{1}{j\omega C_{C1}(R_1 + R_L)}} \tag{4.66}$$

となる．利得が中域周波数に対して 3 dB 低下する，すなわち $1/\sqrt{2}$ 倍になる遮断周波数を求めると，式 (4.66) より，結合コンデンサ C_{C1} の影響による遮断周波数 f_{LC1} は，

$$\omega C_{C1}(R_1 + R_L) = 1 \tag{4.67}$$

となる周波数であり，

$$f_{LC1} = \frac{1}{2\pi C_{C1}(R_1 + R_L)} \tag{4.68}$$

となる．この式はトランジスタを用いた CR 結合増幅回路における結合コンデンサの影響を表す式 (4.40) と同じ形になっていることが分かる．

4.5.4 低域周波数におけるバイパスコンデンサの影響

つぎにバイパスコンデンサによる低域周波数での利得の低下について考える．図 4.32(a) の回路は CR 結合増幅回路のバイパスコンデンサの部分を小信号等価回路を用いてかいたものである．この回路の電流源 $g_{m1}v_{gs}$ を電圧源 $g_{m1}r_dv_{gs}$ に変換したものが，図 4.32(b) である．ここで，抵抗 R_{S1} とバイパスコンデンサ C_{S1} の合成インピーダンスを Z_{S1} で表している．

このことから，バイパスコンデンサの影響を解析するために結合コンデンサの影響を無視した小信号等価回路は，図 4.33 のようになる．ここで図中の点 x をアースとすると，ゲート-アース間電圧 v_g は，ゲート-ソース間電圧 v_{gs} とソース-アース間電圧 v_s の和として与えられる．

$$v_g = v_{gs} + v_s = v_{gs} + Z_{S1}i_d' \tag{4.69}$$

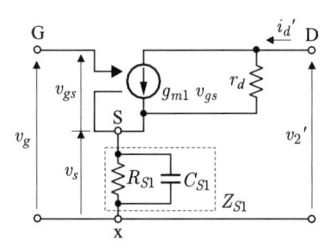

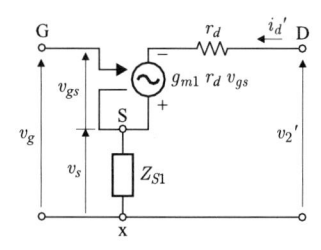

4.5. 小信号等価回路による MOSFET 増幅回路の解析

(a) バイパスコンデンサを考慮した等価回路

(b) 電圧源に変換した回路

図 4.32 低域周波数におけるバイパスコンデンサの等価回路表現

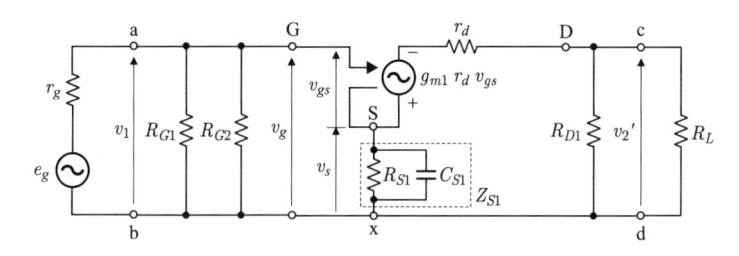

図 4.33 低域周波数におけるバイパスコンデンサの影響を考慮した MOSFET を用いた CR 結合増幅回路の小信号等価回路

の関係が成立している．したがって，ドレイン電流 i'_d は

$$i'_d = \frac{g_{m1} r_d v_{gs}}{r_d + R_2 + Z_{S1}}$$
$$\text{ただし，} R_2 = \left(\frac{1}{R_{D1}} + \frac{1}{R_L}\right)^{-1} \quad (4.70)$$

となる．出力電圧 v'_2 は $-i'_d R_2$ なので，

$$v'_2 = \frac{g_{m1} r_d v_{gs}}{r_d + R_2 + (1 + g_{m1} r_d) Z_{S1}} \quad (4.71)$$

となる．

出力端子 c-d 間電圧 v'_2 は信号周波数が低くなるにしたがい，Z_{S1} が増大することによって小さくなってゆく．中域周波数，すなわち $Z_{S1} = 0$ のときの出力端子 c-d 間電圧を v_2 とすると，

$$\frac{v'_2}{v_2} = \frac{r_d + R_2}{r_d + R_2 + (1 + g_{m1} r_d) Z_{S1}} \quad (4.72)$$

となる．ここで，

$$Z_{S1} = \frac{R_{S1}}{1 + j\omega C_{S1} R_{S1}} \quad (4.73)$$

なので，

$$\frac{v_2'}{v_2} = \frac{r_d + R_2}{r_d + R_2 + (1 + g_{m1}r_d)\dfrac{R_{S1}}{1 + j\omega C_{S1}R_{S1}}} \qquad (4.74)$$

となる．したがって，バイパスコンデンサーの影響によって $|v_2'/v_2|$ が 3 dB 低下する遮断周波数 f_{LS1} は，

$$f_{LS1} = \frac{1}{2\pi C_{S1}R_{S1}}\left(1 + \frac{(1 + g_{m1}r_d)R_{S1}}{r_d + R_2}\right) \qquad (4.75)$$

で与えられる．MOSFET の場合，トランジスタと比べるとバイパスコンデンサ C_{S1} による利得の低下は比較的少ない．

4.5.5 高域周波数における特性

高域周波数では結合コンデンサとバイパスコンデンサは短絡と考えてよいが，MOSFET 各部の分布容量が無視できなくなるため，これらを考慮した小信号等価回路を用いなければならない．そこで，図 4.28 に示した高域周波数における MOSFET の小信号等価回路を用いて，図 4.29 の CR 結合増幅回路の小信号等価回路をかいたものが，図 4.34 である．

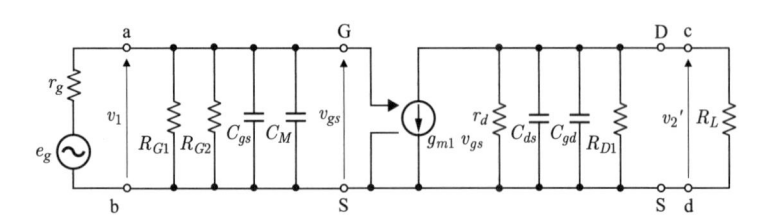

図 4.34 高域周波数における MOSFET を用いた CR 結合増幅回路の小信号等価回路

この回路の出力側は，ドレイン抵抗 r_d，抵抗 R_{D1} 分布容量 C_{ds}, C_{dg}，負荷抵抗 R_L が並列に接続されている．そこで，分布容量の並列合成インピーダンスを，

$$C_2 = C_{ds} + C_{dg} \qquad (4.76)$$

並列合成抵抗 R_2' を

$$R_2' = \left(\frac{1}{r_d} + \frac{1}{R_{D1}} + \frac{1}{R_L}\right)^{-1} \qquad (4.77)$$

とおくと，出力側の並列合成インピーダンス Z_2 は，

$$Z_2 = \frac{R_2'}{1 + j\omega C_2 R_2'} \tag{4.78}$$

となる．

したがって，出力端子 c-d 間電圧 v_2' は，

$$v_2' = -g_{m1}v_{ds}Z_2 = -g_{m1}v_{ds}\frac{R_2'}{1 + j\omega C_2 R_2'} \tag{4.79}$$

となる．ここで，中域周波数のときの出力端子 c-d 間電圧を v_2 とすると，

$$\frac{v_2'}{v_2} = \frac{1}{1 + j\omega C_2 R_2'} \tag{4.80}$$

の関係が得られる．この式の絶対値を求めると，

$$\left|\frac{v_2'}{v_2}\right| = \frac{1}{\sqrt{1 + (\omega C_2 R_2')^2}} \tag{4.81}$$

となる．

したがって，高域周波数において $|v_2'/v_2|$ が 3 dB 低下する遮断周波数 f_{H1} は，

$$f_{H1} = \frac{1}{2\pi C_2 R_2"} \tag{4.82}$$

となる．

ここで，式（4.81）は式（4.82）を用いると，

$$\left|\frac{v_2'}{v_2}\right| = \frac{1}{\sqrt{1 + (\frac{f}{f_{H1}})^2}} \tag{4.83}$$

とかき換えることができる．

□□ 第 4 章の章末問題 □□

問 1. 図 4.35 に示した回路について以下の問いに答えなさい．
　　1) この回路の小信号等価回路を h パラメータを用いた簡略化した小信号等価回路を用いてかきなさい．
　　2) トランジスタの $h_{fe} = 120$，$h_{ie} = 4k\Omega$ としたときの，この回路の電圧増幅度 A_v と電力増幅度 A_p を求めなさい．

問 2. エミッタ接地の h パラメータが，$h_{ie} = 4k\Omega$，$h_{re} = 120 \times 10^{-6}$，$h_{fe} = 150$，$h_{oe} = 10\mu S$ のトランジスタのベース接地の h パラメータ $h_{ib}, h_{rb}, h_{fb}, h_{ob}$ を求めなさい．

図 4.35

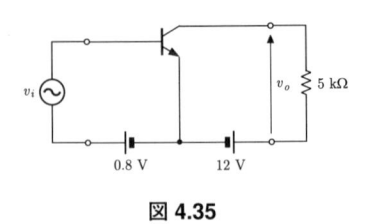

問 3. 図 4.36 に示した回路について以下の問いに答えなさい。

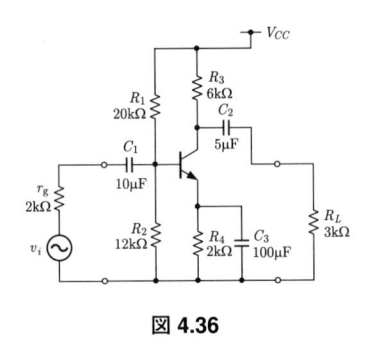

図 4.36

1) この回路の中域周波数における小信号等価回路を h パラメータを用いた簡略化した小信号等価回路を用いてかきなさい。h パラメータは, $h_{ie} = 5k\Omega, h_{fe} = 150$ を用いなさい。
2) この回路の中域周波数における入力インピーダンスを求めなさい。
3) この回路の中域周波数における電圧増幅度 A_v を求めなさい。
4) 高域周波数においてこの回路の利得が低下する要因を2つ挙げなさい。

問 4. 図 4.36 に示した回路について以下の問いに答えなさい。

1) バイパスコンデンサが, この回路の低域周波数における利得に与える影響を解析するための小信号等価回路を書きなさい。ただし, トランジスタには h パラメータを用いた簡略化した小信号等価回路を用いることとし, h パラメータは, $h_{ie} = 5k\Omega, h_{fe} = 150$ を用いなさい。
2) バイパスコンデンサの影響によって低域周波数で利得が 3dB 低下する周波数を求めなさい。

問 5. 電圧利得が 20dB, 低域遮断周波数 $f_{L0} = 20Hz$, 高域遮断周波数 $f_{H0} = 800Hz$ の増幅回路を3段接続した回路の電圧利得, 低域遮断周波数, 高域遮断周波数を求めなさい。

問 6. 図 4.37 に示した回路の小信号等価回路を求め, 回路の電圧増幅度 A_v, 電流増幅度 A_i, 入力インピーダンス Z_i, 出力インピーダンス Z_o を, 小信号等価回路から求めなさい。小信号等価回路のパラメータは, $r_d = 100\ k\Omega$, $g_m = 5\ mS$ を用いなさい。

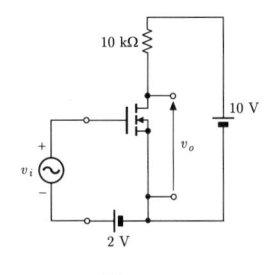

図 **4.37**

問 7. 図 4.38 に示した回路の小信号等価回路を求め，回路の電圧増幅度 A_v，電流増幅度 A_i，入力インピーダンス Z_i，出力インピーダンス Z_o を，小信号等価回路から求めなさい。小信号等価回路のパラメータは，$r_d = 100$ kΩ, $g_m = 5$ mS を用いなさい。

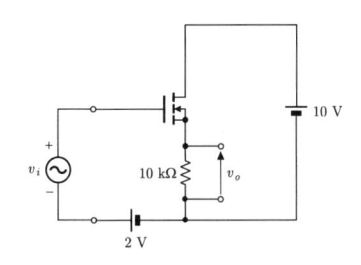

図 **4.38**

問 8. 図 4.39 に示した回路について以下の問いに答えなさい。

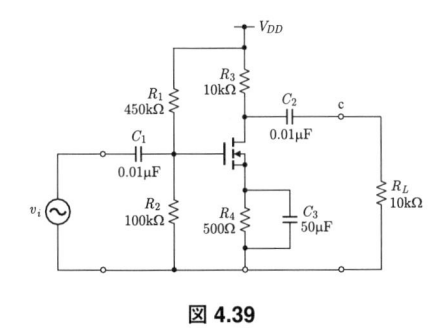

図 **4.39**

1) この回路の中域周波数における小信号等価回路をかきなさい。小信号等価回路のパラメータは，$r_d = 100$ kΩ, $g_m = 5$ mS を用いなさい。
2) この回路の中域周波数における入力インピーダンスを求めなさい。
3) この回路の中域周波数における電圧増幅度 A_v を求めなさい。

5
オペアンプ

5.1 オペアンプの性質と等価回路

5.1.1 オペアンプとは

 オペアンプ（演算増幅器）とは利得と入力抵抗がきわめて大きい差動増幅回路のことであり，アナログ計算機の構成要素として利用されていたことからこの名称がつけられた。オペアンプは，抵抗やコンデンサなどの外部素子を接続することによって容易に各種の演算をおこなう回路が構成できるため，アナログ信号を取り扱う回路に非常によく用いられている。オペアンプは汎用性があるため IC 化されており，図 5.1(a) のような三角形の記号で表される。図中のオペアンプから引き出されている線は入力（正相入力 V_i^+，逆相入力 V_i^-），出力（V_o），電源（V_{cc}^+, V_{cc}^-），オフセット調整（出力電圧の零点調整）などの端子を表している。オペアンプの基本動作を考える場合には，電源やオフセット調整などは省略して考えることができるため，図 5.1(b) のように簡単化してオペアンプの入出力端子だけを表記することも多い。

5.1.2 差動増幅回路

 まず，オペアンプの動作の基本となる差動増幅回路について簡単に説明する。差動増幅回路は特性が同一のトランジスタを 2 個組み合わせて，図 5.2(a) に示すように構成した増幅回路のことである。ここで B_1, B_2 端子は入力，C_1, C_2 端子は出力である。2 個のトランジスタのエミッタ端子は結合されており，電

5.1. オペアンプの性質と等価回路

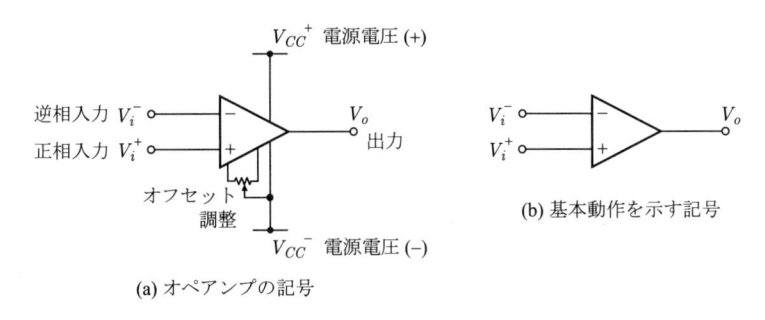

図 5.1 オペアンプの記号

流源のマイナス側に接続されている。

入力 B_1 と B_2 に，電圧の絶対値が同じで極性が逆転している逆相の信号 $v_{i1} = -v_{i2} = v_i$ が印加されている場合を考える。このとき，一方の入力に印加される電圧が増加すると他方の入力に印加されている電圧は減少する。このことによって，一方のトランジスタのコレクタ電流が増加するときには他方のトランジスタのコレクタ電流は減少することになる。エミッタ端子を結合した E 点は，電流源に接続されているため，常に一定の電流が流れるようになっている。電源電圧や温度が変化すると，トランジスタのコレクタ電流は変化する。このような入力の変動に原因しない電流の変動をドリフトと呼ぶ。差動増幅回路では，トランジスタのコレクタ電圧の差を出力としていることと，電流源によってコレクタ電流の和が一定に抑えられているため，ドリフトの影響を受けずに増幅がおこなえる。差動増幅回路における 2 つのトランジスタのベース間を等価回路で表すと図 5.2(b) のようになる。ここで，2 つのトランジスタの h_{fe} と h_{ie} が等しく，$R_1 = R_2 = R$ であり，入力電圧 v_{i1}, v_{i2} が 0 V のときのコレクタ電圧が V_C であるとする。2 つの出力端子 C_1, C_2 の出力電圧が v_{o1}, v_{o2} であると，$V_c - v_{o1} = v_{o2} - V_c = v_o$ となる。したがって，逆相入力に対する電圧増幅度 A_{dv} は

$$A_{dv} = \frac{v_o}{v_i} = \frac{h_{fe}}{h_{ie}}R \tag{5.1}$$

となる。

一方，入力 B_1 と B_2 に同相の信号 $v_{i1} = v_{i2} = v_i$ が印加された場合，2 つのトランジスタのコレクタ電流の和は一定値を保持するため，2 つのトランジスタとも信号によるコレクタ電流の変化はなく，$v_{o1} = v_{o2} = 0$ となる。したがっ

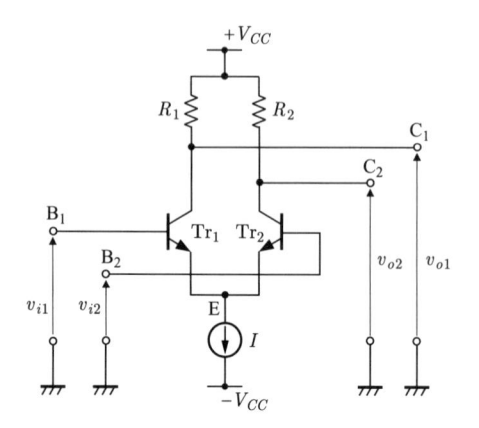

(a) 差動増幅回路

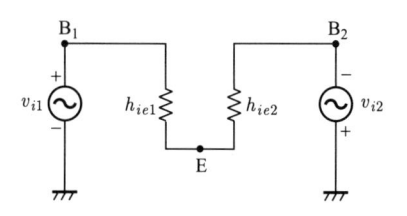

(b) 逆相入力に対する等価回路

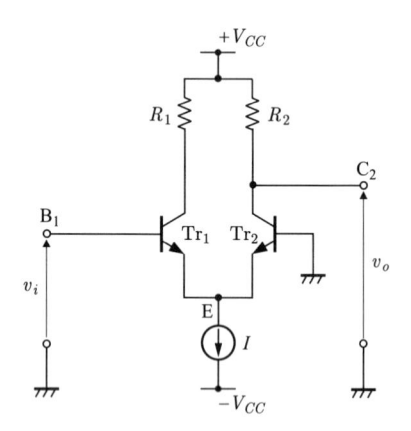

(c) 差動増幅回路（片側入力が接地されているとき）

図 5.2 差動増幅回路

5.1. オペアンプの性質と等価回路

て，同相入力に対する電圧増幅度 A_{cv} は

$$A_{cv} = 0 \tag{5.2}$$

となる．ただし，実際の回路では完全に特性が同じトランジスタを用いることや理想的な定電流源を実現することはできないため，A_{cv} は完全には 0 にならない．差動増幅回路は，逆相入力に対しては大きい利得をもち，同相入力に対しては利得ができるだけ小さいことが望ましい．そこで，差動増幅回路の性能を表す指標として，同相除去比 (CMRR: Common Mode Rejection Ratio) が次式で定義されている．

$$\text{CMRR} = \frac{A_{dv}}{A_{cv}} \tag{5.3}$$

ここで，2 つの入力端子に印加される信号電圧を逆相にするのは面倒であるので，図 5.2(c) に示したように入力の一方を接地し，入力端子 B_1 に入力電圧 v_i を与え，出力端子 C_2 の電圧 v_o を出力とする差動増幅回路を考える．この回路のトランジスタ Tr_1 のベースには入力電圧 v_i，Tr_2 のベースは接地されているので 0 V が印加されている．これらのベース電圧は以下のように考えることができる．

$$\text{Tr}_1 : v_i = \frac{v_i}{2} + \frac{v_i}{2} \tag{5.4}$$

$$\text{Tr}_2 : 0 = -\frac{v_i}{2} + \frac{v_i}{2} \tag{5.5}$$

ここで，右辺第 1 項は逆相入力に対応し，第 2 項は同相入力に対応している．差動増幅回路では，逆相入力に対する電圧増幅度は A_{dv} であり，同相入力に対しては出力が得られない．したがって，図 5.2(c) に示した回路の出力電圧は $v_o = A_{dv} v_i / 2$ となり，電圧増幅度は逆相入力を与えたときの半分になっていることがわかる．入力の一方に信号電圧を印加した場合でも，トランジスタ Tr_1, Tr_2 のコレクタ電流の和は一定に維持されているため，差動増幅回路の出力がドリフトの影響を受けない点については変わりない．

5.1.3 オペアンプの特性と等価回路

実際のオペアンプは多数のトランジスタで構成されており，内部構造は複雑であるが，オペアンプの基本動作は図 5.3 に示した等価回路を用いて考えることができる．ここで，Z_{in} は入力インピーダンス，Z_{out} は出力インピーダンス，A_d は差動電圧利得を表している．オペアンプは，2 つの入力端子（正相入力 V_i^+ と逆相入力 V_i^-）に与えられた電圧の差（差動入力電圧 V_i）が増幅される

差動増幅回路であり，差動入力電圧 V_i と出力電圧 V_o の間には，

$$V_o = A_d(V_i^+ - V_i^-) = -A_d(V_i^- - V_i^+) = -A_d V_i \tag{5.6}$$

の関係が成立している。

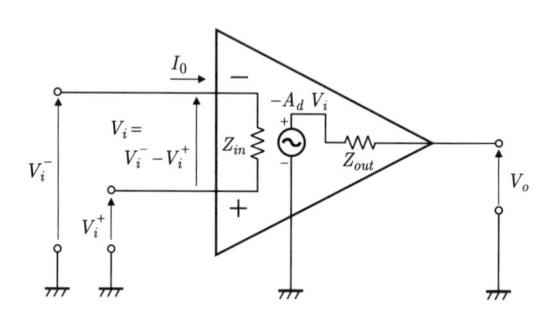

図 5.3 オペアンプの等価回路

オペアンプの動作を理解する上で重要な特性には以下のようなものがある。
(1) 差動電圧利得 A_d
差動電圧利得 A_d は図 5.4(a) に示したように，出力電圧 V_o と差動入力電圧 V_i の比で表される。

$$A_d = \left|\frac{V_o}{V_i}\right| = \left|\frac{V_o}{V_i^- - V_i^+}\right| \tag{5.7}$$

理想的なオペアンプの差動電圧利得は $A_d = \infty$ であるが，実際は 100 dB 程度である。ここで注意すべきことは，オペアンプに供給されている電源電圧より大きな出力電圧を得ることはできない事実である。したがって，差動入力電圧に利得をかけた値が，正負の電源電圧 (V_{cc}^+, V_{cc}^-) を越えた場合，図 5.4(b) に示したように出力電圧は飽和することになる。

(2) 同相電圧利得 A_c

同相電圧利得 A_c は，図 5.5 に示したように，正相入力 V_i^+ と逆相入力 V_i^- に同相の入力，すなわち $V_i^+ = V_i^-$ の入力をおこなったときの電圧利得である。理想的には同相電圧利得は $A_c = 0$ であるが，実際には 0 にはならない。

オペアンプは差動増幅回路の一種であるので，差動入力に対して大きな利得をもち，同相入力に対しては利得が小さいことが望ましい。そこで，他の差動増幅回路と同様に，差動入力に対する利得と同相入力に対する利得の比をとっ

5.1. オペアンプの性質と等価回路

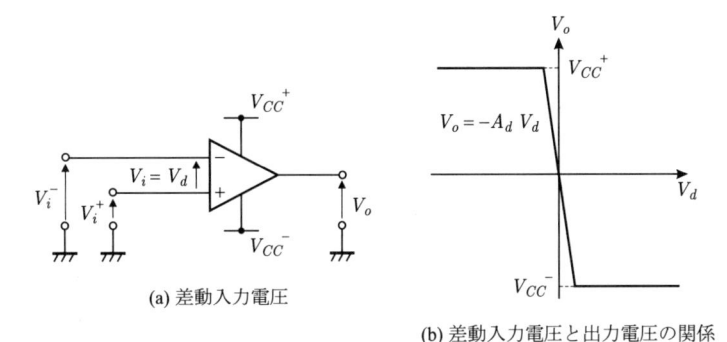

(a) 差動入力電圧

(b) 差動入力電圧と出力電圧の関係

図 5.4 差動電圧利得

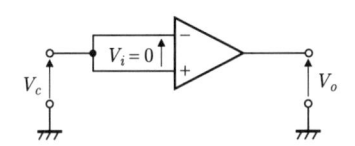

図 5.5 同相電圧利得

た同相除去比 (CMRR) をオペアンプの性能を表す指標として用いている。

$$\mathrm{CMRR} = \frac{A_d}{A_c} \tag{5.8}$$

同相除去比は理想的には無限大 CMRR= ∞ であるが，実際には 100dB 程度である。

(3) 入力インピーダンス Z_{in}

オペアンプの入力インピーダンス Z_{in} は理想的には $Z_{in} = \infty$ であることが望ましい。このときオペアンプの入力端子からは電流が流入しないことになる。実際の入力インピーダンスは数 MΩ 程度であるが，入力段に FET を用いたオペアンプでは TΩ 程度になる。

(4) 出力インピーダンス Z_{out}

オペアンプの出力インピーダンス Z_{out} は理想的状態では $Z_{out} = 0$ であるが，実際には数十 Ω 程度である。

(5) 入力オフセット電圧 V_{i0}

オペアンプは差動増幅回路であるので，正相入力 V_i^+ と逆相入力 V_i^- を短絡すれば，差動入力電圧は 0 となり，出力電圧も 0 になるはずである。しかし，実際にはオペアンプ内部のトランジスタの特性がばらついているため，出力は

完全には0にはならない。これを入力オフセット電圧 V_{i0} と呼び，実際には数 mV 程度である。オフセット調整端子を利用することで，入力オフセット電圧をほぼ0に調整することは可能である。

(6) 利得の周波数特性

オペアンプの差動電圧利得は非常に大きいが，図 5.6 に示したように入力電圧の周波数が高くなるにしたがって差動電圧利得は急激に低下する。直流に対する差動電圧利得に対して -3 dB となる周波数を遮断周波数 f_c という。遮断周波数より高い周波数において，利得はおおよそ -6 dB/oct (-20 dB/dec) の割合で低下する。

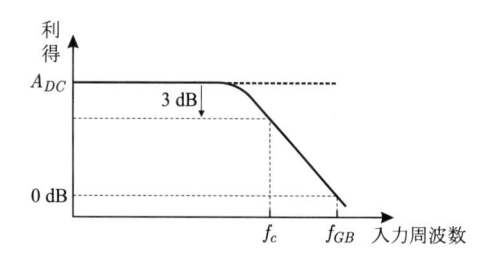

図 5.6 利得の周波数特性

オペアンプの周波数特性は，一般にオペアンプの利得が 1 (0 dB)，つまり増幅がおこなわれなくなってしまう周波数で記述される。これを利得帯域幅積 f_{GB} と呼んでいる。オペアンプの直流に対する差動電圧利得 A_{d0}，遮断周波数 f_c と利得帯域幅積 f_{GB} の間には以下の関係が成立する。

$$f_{GB} \simeq A_{d0} f_c \qquad (5.9)$$

利得帯域幅積はオペアンプに対して固有の値をとり，理想的には無限大であることが望ましいが，実際は数 MHz 程度である。利得帯域幅積 f_{GB} は一定なので，利得と遮断周波数をそれぞれ独立に設定することはできないということがわかる。オペアンプは，通常，負帰還をかけて使用するが，負帰還をおこなうことによって利得は低下するが周波数特性は逆に向上する。

(7) スルーレート

図 5.6 に示した周波数特性は信号の振幅が十分に小さい場合に関するものであり，信号の振幅が大きくなるとオペアンプ回路中における電圧の変化速度の最大値が出力の応答に影響を及ぼすことになる。スルーレートとは，入力信号

の急激な変化に対してどの程度出力が追従できるかとうことを示す指標であり，図 5.7 に示すように入力信号として大きな振幅の矩形波を与えたときの出力波形の傾き $\Delta V/\Delta t$ によって与えられる．

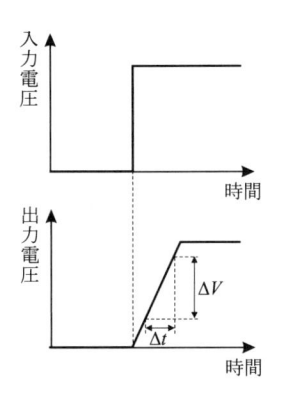

図 5.7 スルーレート

スルーレートは理想的には無限大であることが望ましいが，実際には数 V/μs 程度である．周波数特性は負帰還によって改善されるが，スルーレートは負帰還によっても改善されない．

ここで，理想的オペアンプが有している特性についてまとめておく．

- 差動電圧利得：無限大
- 同相電圧利得：0
- 入力インピーダンス：無限大
- 出力インピーダンス：0
- 入力オフセット電圧：0
- 周波数特性：直流から無限大
- スルーレート：無限大

5.2 オペアンプを用いた基本回路

5.2.1 負帰還回路

オペアンプは非常に利得が大きいため，そのまま増幅回路として使用する場合には，出力を飽和させないために差動入力電圧はきわめて小さくしなければ

ならない。理想的なオペアンプでは差動増幅利得は無限大であるため、差動入力電圧を0にしなければならず、これでは増幅回路としての意味をなさなくなってしまう。

そこで、オペアンプのように非常に利得が大きい増幅回路は、一般に負帰還をおこなって利用することが多い。負帰還とは、図5.8(a)に示すように、出力を帰還回路を介して入力側に戻し、入力電圧と帰還回路の出力電圧の差が増幅回路へ入力されるようにすることをいう。

(a) 負帰還の原理

(b) オペアンプにおける負帰還回路

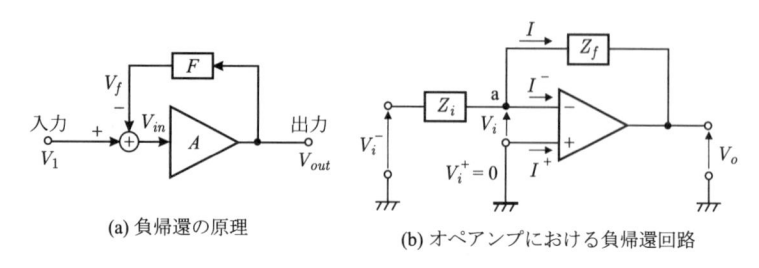

図 5.8 負帰還回路

帰還回路がない場合、入力電圧 V_1 がそのまま増幅回路への入力電圧 V_{in} となるため、増幅回路の電圧増幅度を A とすると、出力電圧 V_{out} と入力電圧 V_1 の関係は以下のようになる。

$$V_{in} = V_1 \tag{5.10}$$

$$V_{out} = AV_{in} = AV_1 \tag{5.11}$$

これに対して、帰還回路があると、出力 V_o を F 倍した電圧 V_f が入力電圧 V_1 に逆相で加わることになる。ここで F を帰還率と呼ぶ。このとき、

$$V_{in} = V_1 - V_f \tag{5.12}$$

$$V_{out} = AV_{in} = A(V_1 - V_f) \tag{5.13}$$

$$V_f = FV_{out} \tag{5.14}$$

となるため、図5.8(a)の負帰還回路の電圧増幅度 A_v は、

$$A_v = \frac{V_o}{V_1} = \frac{A}{1 + FA} \tag{5.15}$$

となる。ここで、$FA \gg 1$ の場合には、

$$A_v = \frac{1}{F} \tag{5.16}$$

となり，負帰還回路全体の電圧増幅度は使用している増幅回路の電圧増幅度 A には依存しなくなる。また，$F < 0$ の場合，入力電圧 V_1 と帰還電圧 V_f の和が増幅回路に入力されるため，ますます出力電圧 V_{out} が増大することになる。このような状態を正帰還という。第 6 章で説明する発振回路は正帰還を利用するが，増幅回路に発振現象が生じると動作が不安定になるため，増幅回路において正帰還で回路を構成することはない。

オペアンプでは，入力端子のうちの逆相入力 V_i^- を利用することで負帰還回路を構成することができる。図 5.8(b) は，オペアンプに負帰還をかける回路の基本構成を示している。オペアンプの出力が帰還インピーダンス Z_f を介して逆相入力へ接続されることで負帰還がかけられている。オペアンプを用いた負帰還回路では，入力側インピーダンス Z_i と帰還インピーダンス Z_f の組み合わせを変えることによって，様々な演算回路を構成することができる。ここで，理想的なオペアンプでは入力インピーダンスが無限大であるため，2 つの入力端子からオペアンプへは電流は流れず，$I^+ = I^- = 0$ となる。したがって，入力側インピーダンス Z_i を流れる電流は全て帰還インピーダンス Z_f を通ってオペアンプの出力側へ流れると考えることができる。

5.2.2 反転増幅回路

オペアンプを用いた回路の最も基本となるのが図 5.9 に示した反転増幅回路である。反転増幅回路では，入力側インピーダンス Z_i と帰還インピーダンス Z_f としてそれぞれ抵抗 R_i, R_f を用いている。

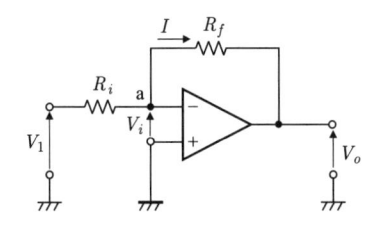

図 **5.9** 反転増幅回路

反転増幅回路への入力電圧を V_1, オペアンプの差動入力電圧を V_i, 出力電圧を V_o, 帰還抵抗を流れる電流を I とすると，次の関係が成り立っている。

$$V_1 - V_i = IR_i \tag{5.17}$$

$$V_i - V_o = IR_f \tag{5.18}$$

$$V_o = -A_d V_i \tag{5.19}$$

ここで，A_d はオペアンプの差動電圧利得であり，正相入力電圧 V_i^+ に対する逆相入力電圧 V_i^- を差動入力電圧 V_i としているため，出力電圧 V_o は差動入力電圧の $-A_d$ 倍になる．上式から V_i と I を消去すると，反転増幅回路の入出力特性としてが次式で与えられる．

$$V_o = -\cfrac{1}{1+\cfrac{1}{A_d}\left(1+\cfrac{R_f}{R_i}\right)}\cfrac{R_f}{R_i}V_1 \tag{5.20}$$

ここで，オペアンプの差動電圧利得が十分大きく，

$$A_d \gg 1+\frac{R_f}{R_i} \tag{5.21}$$

ならば，式 (5.20) に示した反転増幅回路の入出力関係は，次式で与えられる．

$$V_o = -\frac{R_f}{R_i}V_1 \tag{5.22}$$

すなわち，この回路ではオペアンプの差動電圧利得に関係なく，入力電圧 V_1 を $-R_f/R_i$ 倍した出力電圧が得られることになる．反転増幅回路と呼ばれるのは，入力電圧と出力電圧の極性が反転するためである．

オペアンプの差動電圧利得 A_d はきわめて大きいため，出力電圧 V_o が有限の大きさの場合，差動入力電圧 V_i はほとんど 0 になっている．したがって，オペアンプの正相入力 V_i^+ と逆相入力 V_i^- の間に電位差はほとんどないと考えてよい．ここで，反転増幅回路では正相入力 V_i^+ が接地されているため，逆相入力 V_i^- の電位も 0 であると考えてよい．このように，接地点に接続されていないのに逆相入力 V_i^- も常に零電位に保たれている．これを仮想接地と呼んでいる．

反転増幅回路の入力インピーダンスは V_1/I で与えられるが，図 5.9 の a 点は仮想接地で電位が 0 であるため，$V_1/I = R_i$ となる．したがって，反転増幅回路の入力インピーダンスは入力側抵抗の値 R_i で決まり，オペアンプ自体の入力インピーダンスよりも低下することになる．

5.2.3 非反転増幅回路

反転増幅回路は入力と出力の電圧の極性が反転してしまうが，図 5.10 に示すように正相入力 V_i^+ に入力信号を与え，逆相入力 V_i^- を接地した回路を構成す

5.2. オペアンプを用いた基本回路

ると、入出力電圧の極性を反転させずに増幅をおこなうことができる。この回路は、非反転増幅回路と呼ばれている。

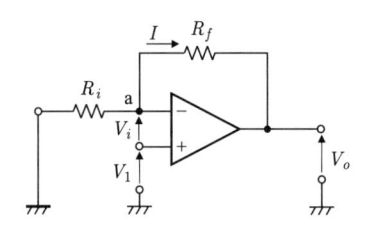

図 5.10 非反転増幅回路

非反転増幅回路においても、オペアンプの正相入力 V_i^+ と逆相入力 V_i^- の間に電位差はほとんどないので、a 点の電位 V_i^- は常に入力電圧 V_1 と等しくなっていると考えることができる。また、オペアンプの入力インピーダンスが大きいため、R_i と R_f には同じ電流 I が流れていると考えてよい。

$$I = \frac{V_1 + V_i}{R_i} = \frac{V_1}{R_i} \tag{5.23}$$

$$V_o = (V_1 + V_i) + IR_f = V_1 + IR_f \tag{5.24}$$

これらの関係から非反転増幅回路の入出力関係を求めると、

$$V_o = (1 + \frac{R_f}{R_i})V_i \tag{5.25}$$

となる。

非反転増幅回路の入力インピーダンスは、オペアンプの入力インピーダンスによって決まるため、非反転増幅回路の入力インピーダンスは非常に大きな値をもつ。

5.2.4 ボルテージホロアー回路

図 5.11 の回路は、非反転増幅回路の入力側抵抗 R_i を取り除き、帰還抵抗 $R_f = 0$ としたもので、ボルテージホロアー回路と呼ばれている。オペアンプの正相入力と逆相入力の間には電位差はなく、また逆相入力がそのまま出力に接続されているため、この回路の出力電圧 V_o は常に入力電圧 V_1 に追随することになる。ボルテージホロアー回路は、増幅度が 1 のため、増幅回路としての意味はないが、非反転増幅回路と同様に入力インピーダンスが大きくなるため、

インピーダンス変換回路として外部から信号を入力するときの初段の回路として利用されることが多い。

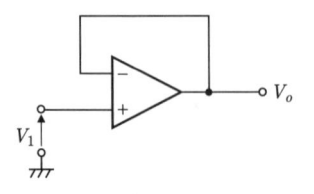

図 5.11 ボルテージホロアー

5.3 オペアンプを用いた演算回路

5.3.1 加算回路

反転増幅回路の入力側抵抗を，図 5.12 に示すように並列にすることで加算演算をおこなう回路を構成することができる。

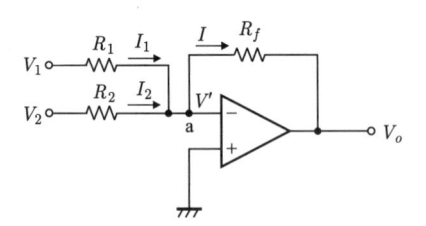

図 5.12 加算回路

オペアンプが理想的なものであるとすると，a 点は仮想接地であるので電位 V' が 0 V になっている。また，オペアンプに電流は流入しないため，帰還抵抗 R_f を流れる電流 I は，入力側の 2 つの抵抗 R_1，R_2 を流れる電流 I_1，I_2 の和になっている。

$$V_1 = I_1 R_1 \tag{5.26}$$

$$V_2 = I_2 R_2 \tag{5.27}$$

$$V_o = -I R_f \tag{5.28}$$

5.3. オペアンプを用いた演算回路

$$I = I_1 + I_2 \tag{5.29}$$

上式から I, I_1, I_2 を消去すると，入出力関係が以下のように得られる．

$$V_o = -\left(\frac{R_f}{R_1}V_1 + \frac{R_f}{R_2}V_2\right) \tag{5.30}$$

ここで，全ての入力側抵抗と帰還抵抗が等しくなるように選択すると，式 (5.30) は，以下のようになる．

$$V_o = -(V_1 + V_2) \tag{5.31}$$

このとき，各入力端子に与えられた電圧 V_1, V_2 の和をとり符号を反転させたものが出力電圧 V_o として得られ，図 5.12 の回路は加算回路として動作する．

5.3.2 減算回路

減算回路は 2 つの入力電圧の差を出力する回路で，差動増幅回路とも呼ばれ，図 5.13 に示すように構成される．

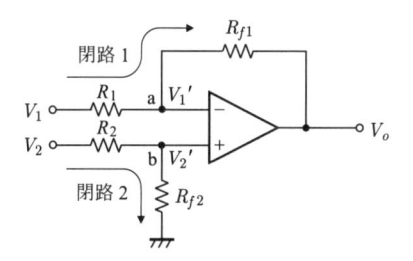

図 5.13 減算回路

この回路の動作を解析するため図 5.13 に示すような閉路 1 と閉路 2 を考え，それぞれの閉路における a 点と b 点の電圧 V_1', V_2' を求めると以下のようになる．

$$[閉路 1]\ V_1' = \frac{R_{f1}V_1 + R_1 V_o}{R_1 + R_{f1}} \tag{5.32}$$

$$[閉路 2]\ V_2' = \frac{R_{f2}}{R_2 + R_{f2}}V_2 \tag{5.33}$$

オペアンプが理想的なものであるとすると，a 点と b 点の電位は等しくなるため，出力電圧 V_o は次式で与えられる．

$$V_o = \frac{R_1 + R_{f1}}{R_1}\left(\frac{R_{f2}}{R_2 + R_{f2}}V_2 - \frac{R_{f1}}{R_1 + R_{f1}}V_1\right) \tag{5.34}$$

ここで，

$$\frac{R_{f1}}{R_1} = \frac{R_{f2}}{R_2} \equiv \frac{R_f}{R_i} \tag{5.35}$$

とすると，回路の入出力関係は，

$$V_o = \frac{R_f}{R_i}(V_2 - V_1) \tag{5.36}$$

となり，2 つの入力端子間の電圧差を R_f/R_i 倍に増幅する差動増幅回路として動作することがわかる．さらに，$R_f = R_i$ とすると出力電圧は

$$V_o = (V_2 - V_1) \tag{5.37}$$

となり，入力電圧の差が出力される減算回路として動作する．

5.3.3 定数倍回路

図 5.14 に示すように，反転増幅回路の入力側抵抗を帰還抵抗 R_f の 1/k 倍に設定すると，出力電圧 V_o は入力電圧 V_1 の $-k$ 倍となり，定数倍回路として動作する．入力側抵抗を帰還抵抗と等しく設定すれば符号反転回路になる．

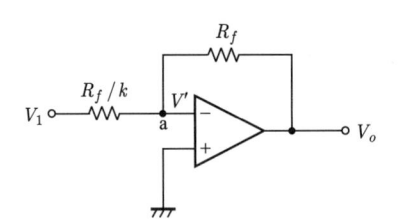

図 5.14 定数倍回路

5.3.4 積分回路

反転増幅回路の帰還抵抗をコンデンサーに置き換え，図 5.15 のような回路を構成することで積分演算をおこなうことができる．

オペアンプが理想的なものであれば，入力抵抗 R_i を流れる電流は全てコンデンサ C に流入する．したがって，入力に電圧 V_1 を与えると，電流 $I = V_1/R_i$ がコンデンサ C に流入してコンデンサ充電することになる．このとき，コンデンサの両端の電圧 V_C は，

$$V_C = \frac{q}{C} = \frac{1}{C}\int_0^t I dt + V_{init} = \frac{1}{CR_i}\int_0^t V_1 dt + V_{init} \tag{5.38}$$

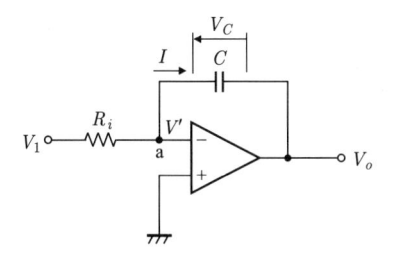

5.3. オペアンプを用いた演算回路

図 5.15 積分回路

となる。ここで，q はコンデンサに蓄積されている電荷，V_{init} は入力電圧 V_1 を加え始めた時刻 $t=0$ におけるコンデンサの両端の初期電圧である。理想的なオペアンプでは，a 点は仮想接地で $V'=0$ となるので，出力電圧 V_o は，

$$V_o = -V_C = -\frac{1}{CR_i}\int_0^t V_1 dt - V_{init} \tag{5.39}$$

となり，入力電圧 V_1 の積分値に比例する。この回路に図 5.16(a) に示したような矩形波状の入力電圧 V_1 を与えたとする。時刻 $t=0$ においてコンデンサに電荷が蓄積していない場合，出力電圧 V_o としては図 5.16(b) に示したような三角波が得られる。

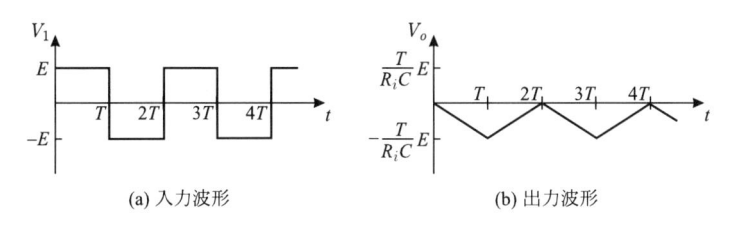

(a) 入力波形　　　　　　　　(b) 出力波形

図 5.16 積分回路の動作

5.3.5 微 分 回 路

図 5.17 のように積分回路のコンデンサと抵抗を入れ替えることによって，微分演算を行う回路を構成することができる。

コンデンサ C に流れる電流 I は，コンデンサに蓄積される電荷 q の微分値に等しくなるため，入力電圧を V_1 とすると，コンデンサを流れる電流 I は次式で与えられる。

$$I = \frac{dq}{dt} = C\frac{dV_1}{dt} \tag{5.40}$$

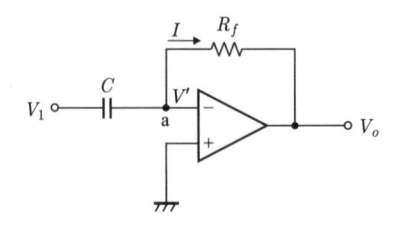

図 5.17 微 分 回 路

この電流 I は全て帰還抵抗 R_f へと流れ，また a 点は仮想接地で $V'=0$ となる．したがって，出力電圧 V_o は，

$$V_o = 0 - IR_f = -CR_f \frac{dV_1}{dt} \tag{5.41}$$

となり，入力電圧 V_1 の微分値に比例する．この回路に図 5.18(a) に示した三角波状の入力電圧 V_1 を与えたとする．このとき，出力電圧 V_o としては図 5.18(b) に示したような矩形波が得られる．ただし，実際に微分回路を構成して動作させると発振現象を生じることが多いため，微分回路を安定して用いるためには，C, R_f の設定などに細心の注意が必要となる．

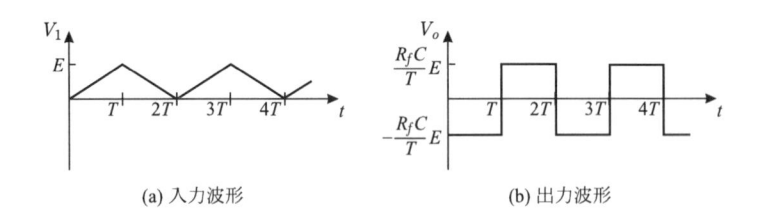

(a) 入力波形

(b) 出力波形

図 5.18 微分回路の動作

5.3.6 対数増幅回路

入力電圧 V_1 の対数値を出力する回路を，対数増幅回路（ログアンプ）といい，振幅が大きく変化する信号を処理する場合に用いる．対数増幅回路では，図 5.19 に示したように帰還インピーダンスの位置にバイポーラトランジスタを接続する．

半導体の pn 接合における電圧電流特性は，微小電流領域では対数特性を示す．バイポーラトランジスタの場合，微小電流領域のベース−エミッタ間電圧

5.3. オペアンプを用いた演算回路

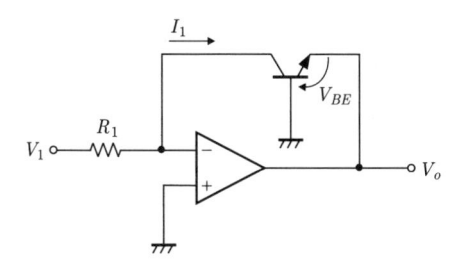

図 5.19 対数増幅回路

V_{BE} とコレクタ電流 I_c の間には以下の理論式が成立している．

$$V_{BE} = \frac{kT}{q} \ln \frac{I_c}{I_s} \tag{5.42}$$

ここで，k はボルツマン定数，T は絶対温度，q は電子電荷，そして Is はトランジスタの特性で決まるエミッタ飽和電流である．図 5.19 に示した回路において，I_1 がトランジスタのコレクタ電流 I_c になっており，$I_1 = V_1/R_1$ の関係がある．また，$V_o = -V_{BE}$ なので，対数増幅回路の入出力関係は，次式で表される．

$$V_o = -V_{BE} = -\frac{kT}{q} \ln \frac{I_c}{I_s} = -K_1 \ln \left(\frac{1}{I_s} \frac{V_i}{R_i} \right) \tag{5.43}$$

ここで，K_1 はボルツマン定数，絶対温度，および電子電荷によって定まる定数である．$\ln X = \ln 10 \log X = 2.303 \log X$ なので，

$$V_o = -2.303 K_1 \log \left(\frac{1}{I_s} \frac{V_i}{R_i} \right) = -K_1' \log \left(\frac{1}{I_s} \frac{V_i}{R_i} \right) \tag{5.44}$$

となる．この回路では，入力電圧が 1 mV から 1 V に 1000 倍変化したとき，出力電圧の変化は対数信号となるので 3 倍になる．

対数信号をもとの信号に戻すためには逆対数増幅回路（アンチログアンプ）を用いる．逆対数増幅回路では，図 5.20 に示したように入力側インピーダンスの位置にバイポーラトランジスタを接続してある．

この回路において，帰還抵抗 R_f を流れる電流がトランジスタのコレクタ電流 I_c になっており，$I_c = V_o/R_f$ の関係が成立している．また，$V_i = -V_{BE}$ なので，逆対数増幅回路の入出力関係は次式で表され，

$$V_o = R_f I_c = R_f I_s \exp\left(-\frac{q}{kT} V_{BE}\right) = R_f I_s \exp\left(-\frac{1}{K_1} V_{BE}\right) \tag{5.45}$$

$$= R_f I_s 10^{-\frac{1}{K_1/2.303} V_{BE}} = R_f I_s 10^{-\frac{1}{K_1'} V_{BE}} \tag{5.46}$$

出力電圧 V_o は，入力電圧 V_i の逆対数値に比例して増幅される。

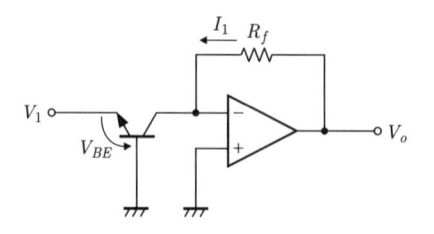

図 5.20 逆対数増幅回路

□□ 第 5 章の章末問題 □□

問 1. オペアンプが理想的なものであるとして，図 5.21 の回路について以下の問いに答えなさい。
  1) V_1 が 1V のときの V_o の値を求めなさい。
  2) V_1 が 1V のときの I_1 の値を求めなさい。
  3) V_1 が 2V のときの a 点の電位を求めなさい。
  4) V_1 が 2V のときの I_2 の値を求めなさい。

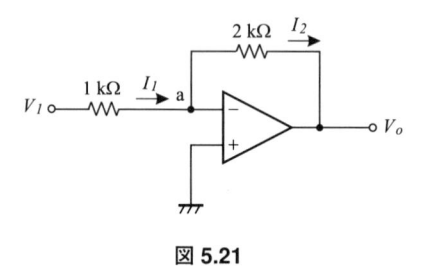

図 5.21

問 2. オペアンプが理想的なものであるとして，図 5.22 の回路について以下の問いに答えなさい。
  1) a 点からみた回路の入力インピーダンスを求めなさい。
  2) V_1 が 1V，V_2 が 2V のときの V_o の値を求めなさい。
  3) V_1 が 2V，V_2 が 2V のときの I の値を求めなさい。

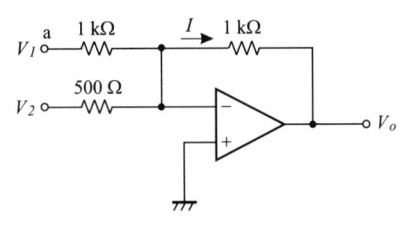

図 5.22

問 3. オペアンプが理想的なものであるとして，図 5.23 の回路について以下の問いに答えなさい．
　1) a 点からみた回路の入力インピーダンスを求めなさい．
　2) V_1 が 1V のときの V_o の値を求めなさい．
　3) V_1 が 1V のときの I の値を求めなさい．

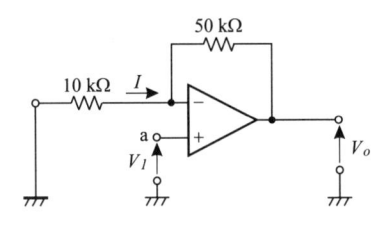

図 5.23

問 4. オペアンプが理想的なものであるとして，図 5.24 の回路について以下の問いに答えなさい．
　1) V_1 が 2V，V_2 が 4V のときの V_o の値を求めなさい．
　2) V_1 が 2V，V_2 が 2V のときの V_o の値を求めなさい．

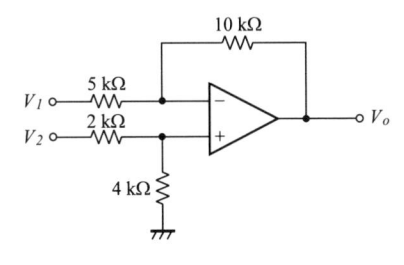

図 5.24

問 5. 図 5.25 の回路に図中に示すような入力信号 V_1 を与えた。このときの出力信号 V_o を図示しなさい。オペアンプは理想的なものであると考えてよい。

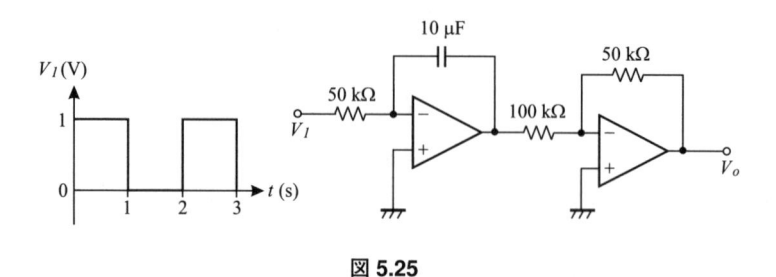

図 5.25

6
発振回路

6.1 発振回路と発振条件

　発振回路とは，外部からの入力なしで信号（電気的振動）を作り出す回路のことである。発振回路では，どのような条件で回路を構成すると発振が生じるかということと，出力される信号の周波数がどうなるかということが重要となる。発振回路は帰還増幅回路の一種と考えることができ，正帰還をおこなうことによって，外部からの入力なしで電気的な振動が出力されるものである。図 6.1 は，発振の原理図で，出力が帰還回路を介して入力側へ戻されている。5 章では帰還回路のひとつとして負帰還回路について説明した。正帰還回路が負帰還回路と異なる点は，外部入力電圧 V_1 と帰還回路の出力電圧 V_f を同位相で足し合わせたものが増幅回路の入力 V_{in} になっているという点である。

　増幅回路の電圧増幅度を A，帰還回路の帰還率を F とすると，図 6.1 に示した正帰還回路の電圧増幅度 A_v は，

$$A_v = \frac{V_{out}}{V_1} = \frac{A}{1-FA} \tag{6.1}$$

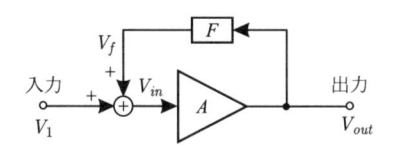

図 6.1 発振回路の原理

となる。ここで FA は，入力が増幅回路と帰還回路を一巡したときの増幅度を表しており，ループ利得と呼ばれている。ループ利得が $FA>1$ の場合，外部から入力がなくても出力電圧 V_{out} は増大してゆく可能性がある。また，ループ利得が $FA=1$ のとき回路は安定し，常に一定の出力電圧を保つ条件を与える。したがって発振回路は，図 6.2 に示すように，発振の初期においては $FA>1$ の条件で出力電圧の振幅が時間と共に増大し，ある振幅に到達すると $FA=1$ となって出力電圧の振幅が一定値を維持するように動作している。したがって，発振が始まりかつ持続する条件は，次式のように与えられる。

$$FA \geq 1 \tag{6.2}$$

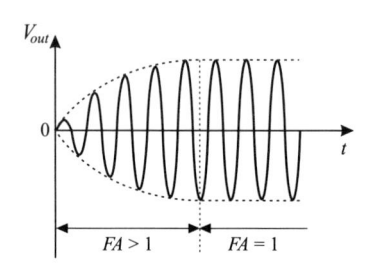

図 **6.2** 発振回路の出力波形

ここで，発振が持続する $FA=1$ を式 (6.1) に代入すると，図 6.1 に示した正帰還回路の電圧増幅度 A_v が ∞ になっていることがわかる。発振回路は外部からの入力が存在しない回路であるので，このことは外部入力電圧 $V_1=0$ であっても，出力電圧が $V_{out} \neq 0$ であることを意味している。一方，外部から入力がある一般の増幅回路では，発振現象が生じて $A_v = \infty$ となることは重大な問題となることを意味している。増幅回路の増幅度 A や帰還率 F は一般に複素数で表される。したがって，発振条件 $FA \geq 1$ は，以下に示すように実部と虚部に分けて考えることができる。

$$\Re e(FA) \geq 1 \tag{6.3.1}$$

$$\Im m(FA) = 0 \tag{6.3.2}$$

実部に関する発振条件（式 (6.3.1)）を振幅条件，虚部に関する発振条件（式 (6.3.2)）を周波数条件という。

6.2 CR 発振回路

CR 発振回路は，帰還回路が抵抗とコンデンサによって構成されており，主として低周波の信号を発振するときに利用される．図 6.3 は CR 発振回路のひとつであるウィーンブリッジ発振回路の基本構成を示している．

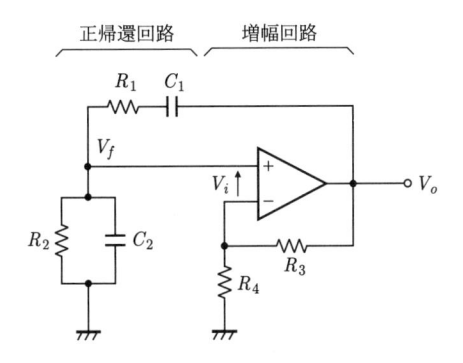

図 6.3 ウィーンブリッジ発振回路

この回路では増幅回路にオペアンプを利用している．オペアンプの逆相入力は抵抗 R_4 を介して接地されるとともに，抵抗 R_3 を介して出力電圧が帰還されている．このことで非反転増幅回路が構成されており，増幅回路の電圧増幅度は，

$$A = 1 + \frac{R_3}{R_4} \tag{6.4}$$

となっている．一方，帰還回路は抵抗 R_1, R_2，コンデンサ C_1, C_2 で構成されており，帰還率 F は，

$$\begin{aligned}
F = \frac{V_f}{V_o} &= \cfrac{1}{R_1 + \cfrac{1}{j\omega C_1} + \cfrac{1}{\cfrac{1}{R_2} + j\omega C_2}} \cfrac{1}{\cfrac{1}{R_2} + j\omega C_2} \\
&= \cfrac{1}{\left(R_1 + \cfrac{1}{j\omega C_1}\right)\left(\cfrac{1}{R_2} + j\omega C_2\right) + 1} \\
&= \cfrac{1}{1 + \cfrac{R_1}{R_2} + \cfrac{C_2}{C_1} + j\left(\omega C_2 R_1 - \cfrac{1}{\omega C_1 R_2}\right)}
\end{aligned} \tag{6.5}$$

となる．

したがって，ウィーンブリッジ発振回路のループ利得 FA は，次式で与えられる。

$$FA = \frac{1 + \dfrac{R_3}{R_4}}{1 + \dfrac{R_1}{R_2} + \dfrac{C_2}{C_1} + j\left(\omega C_2 R_1 - \dfrac{1}{\omega C_1 R_2}\right)} \tag{6.6}$$

式 (6.6) の実部から振幅条件は次式のように求まる。

$$\Re e(FA) = \frac{1 + \dfrac{R_3}{R_4}}{1 + \dfrac{R_1}{R_2} + \dfrac{C_2}{C_1}} \geq 1 \tag{6.7}$$

増幅回路部の電圧増幅度は $A = 1 + (R_3/R_4)$ なので，振幅条件はウィーンブリッジ発振回路が発振するためには，非反転増幅回路の電圧増幅度が以下の条件を満たさなければならないということを示している。

$$A = 1 + \frac{R_3}{R_4} \geq 1 + \frac{C_2}{C_1} + \frac{R_1}{R_2} \tag{6.8}$$

一方，式 (6.6) の虚部から求まる周波数条件は次式のようになる。

$$\Im m(FA) = \omega C_2 R_1 - \frac{1}{\omega C_1 R_2} = 0 \tag{6.9}$$

周波数条件からウィーンブリッジ発振回路が発振したときの出力信号の周波数 f_0 を次式のように求めることができる。

$$f_0 = \frac{\omega_0}{2\pi} = \frac{1}{2\pi\sqrt{R_1 R_2 C_1 C_2}} \tag{6.10}$$

6.3 LC 発振回路

LC 発振回路は，帰還回路がインダクタンスとコンデンサによって構成されており，主として高周波の信号を発振するときに利用される。ここでは，代表的な LC 発振回路である三素子型発振回路の構成法について説明する。

6.3.1 トランジスタを用いた三素子型発振回路

図 6.4(a) は，トランジスタを用いた三素子型発振回路の原理図である。三素子型発振回路では，帰還回路が 3 つの素子 Z_1, Z_2, Z_3 で構成されている。回路の動作を解析するためにトランジスタの部分を簡略化した等価回路で置き換えたものが，図 6.4(b) である。

6.3. LC 発振回路

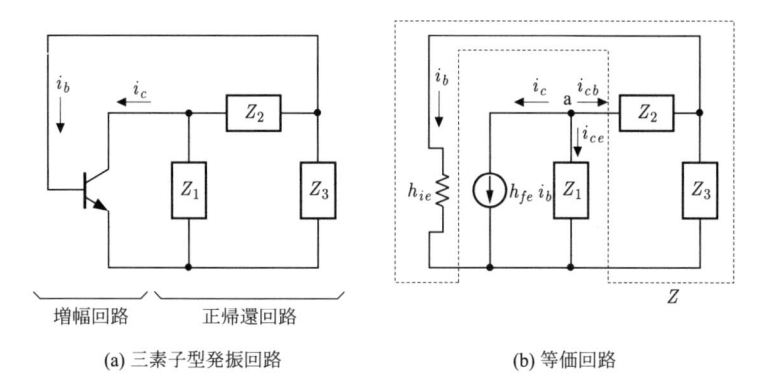

(a) 三素子型発振回路 　　　 (b) 等価回路

図 6.4 トランジスタを用いた三素子型発振回路の等価回路

この回路の増幅回路部分の電流増幅度はトランジスタの h_{fe} で与えられる。

$$A = h_{fe} = \frac{i_c}{i_b} \tag{6.11}$$

また帰還率 F は，コレクタ電流 i_c が Z_2 を通って帰還され，ベース電流 i_b となる割合である。そこで，帰還率を計算するために，まず図 6.4(b) 中の a 点から点線で示した枠内を見たときのインピーダンス Z を求める。

$$Z = Z_2 + \frac{Z_3 h_{ie}}{Z_3 + h_{ie}} \tag{6.12}$$

ここで，図 6.4 中に示した方向に i_{cb} を考えると，Z_2 を流れる電流 i_{cb} は，

$$i_{cb} = -\frac{Z_1}{Z + Z_1} i_c \tag{6.13}$$

とあらわすことができ，ベース電流 i_b は，

$$i_b = \frac{Z_3}{Z_3 + h_{ie}} i_{cb} = -\frac{Z_3}{Z_3 + h_{ie}} \frac{Z_1}{Z + Z_1} i_c \tag{6.14}$$

となる。したがって，i_c が Z_2 を通って帰還される i_b となる割合（F）は，

$$F = \frac{i_b}{i_c}$$
$$= -\frac{Z_3}{Z_3 + h_{ie}} \frac{Z_1}{Z + Z_1} \tag{6.15}$$

ここで，Z は式 (6.12) で与えられるので，帰還率が次式のように求まる。

$$F = -\frac{Z_3}{Z_3 + h_{ie}} \frac{Z_1}{Z_1 + Z_2 + \dfrac{Z_3 h_{ie}}{Z_3 + h_{ie}}} = \frac{-Z_1 Z_3}{h_{ie}(Z_1 + Z_2 + Z_3) + Z_3(Z_1 + Z_2)} \tag{6.16}$$

発振回路の発振条件は,
$$FA = Fh_{fe} \geq 1 \tag{6.17}$$
であるから,
$$\frac{-h_{fe}Z_1Z_3}{h_{ie}(Z_1+Z_2+Z_3)+Z_3(Z_1+Z_2)} \geq 1 \tag{6.18}$$
を満たせばよいことになる.ここで,Z_1, Z_2, Z_3 を純リアクタンス(コンデンサまたはインダクタンス)として,jX_1, jX_2, jX_3 とおくと,式 (6.18) は以下のように書きかえることができる.
$$X_1X_3h_{fe} \geq jh_{ie}(X_1+X_2+X_3) - X_3(X_1+X_2) \tag{6.19}$$

したがって,この式の実部と虚部がそれぞれトランジスタを用いた三素子型発振回路の振幅条件と周波数条件になる.

振幅条件($\Re e(FA) \geq 1$):$X_1X_3h_{fe} \geq -X_3(X_1+X_2)$
$$h_{fe} \geq -\frac{X_1+X_2}{X_1} \tag{6.20.1}$$

周波数条件($\Im m(FA) = 0$):$X_1 + X_2 + X_3 = 0 \tag{6.20.2}$

ここで,周波数条件から $X_1 + X_2 = -X_3$ の関係が成立するため,振幅条件は,
$$h_{fe} \geq \frac{X_3}{X_1} \tag{6.21}$$
と表すこともできる.トランジスタの電流増幅率は $h_{fe} > 0$ なので,X_1 と X_3 は必ず同符合となるリアクタンス素子でなければならない.また,周波数条件を満たすためには,X_2 は X_1, X_3 とは異符合になるリアクタンス素子でなければならない.したがって,三素子型発振回路の基本構成は,図 6.5 に示すように,Z_1, Z_3 にコンデンサ,Z_2 にインダクタンスを用いたものと Z_1, Z_3 にインダクタンス,Z_2 にコンデンサを用いたものの 2 種類が考えられることになる.前者をコルピッツ型,後者をハートレー型と呼んでいる.

ここで,コルピッツ発振回路の発振条件を求めてみる.コルピッツ型では,$X_1 = -1/\omega C_1$, $X_2 = \omega L_2$, $X_3 = -1/\omega C_3$ となるので,式 (6.21) からコルピッツ発振回路の振幅条件は,
$$h_{fe} \geq \frac{C_1}{C_3} \tag{6.22}$$
となる.また,式 (6.20.2) から,
$$\frac{-1}{\omega C_1} + \omega L_2 + \frac{-1}{\omega C_3} = 0 \tag{6.23}$$

6.3. LC 発振回路

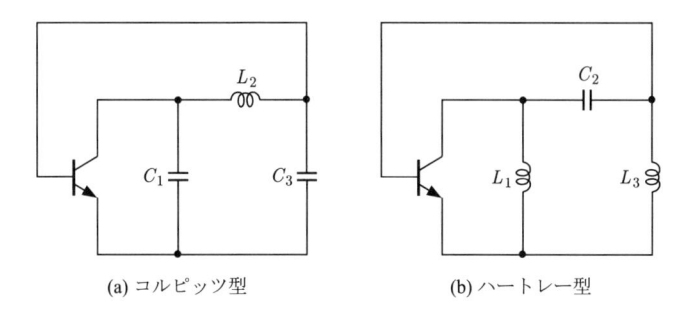

(a) コルピッツ型　　**(b) ハートレー型**

図 6.5 トランジスタを用いた三素子型発振回路の基本構成

の関係が得られるので，周波数条件は，次式のように求まる．

$$f_0 = \frac{\omega_0}{2\pi} = \frac{1}{2\pi\sqrt{L_2(\frac{C_1 C_3}{C_1 + C_3})}} \tag{6.24}$$

ハートレー発振回路の発振条件も，$X_1 = \omega L_1$, $X_2 = -1/\omega C_2$, $X_3 = \omega L_3$ とおくことで同様に求めることができ，振幅条件は，

$$h_{fe} \geq \frac{L_3}{L_1} \tag{6.25}$$

周波数条件は，

$$f_0 = \frac{\omega_0}{2\pi} = \frac{1}{2\pi\sqrt{(L_1 + L_3)C_2}} \tag{6.26}$$

となる．

実際に三素子型発振回路を動作させるためには，図 6.5 に示した基本回路に加えてトランジスタの動作点を決定するための直流電源等を接続して回路を構成する必要がある．図 6.6 は，トランジスタを用いたコルピッツ発振回路の構成例である．

6.3.2　MOSFET を用いた三素子型発振回路

三素子型発振回路はトランジスタの代わりに MOSFET を利用しても構成することが可能である．図 6.7(a) は MOSFET を用いた三素子型発振回路の基本構成を示したものであり，トランジスタが MOSFET に置き換わった以外は，図 6.4(a) と全く同様の構成になっていることが分かる．回路の動作を解析するために MOSFET の部分を等価回路で置き換えたものが，図 6.7(b) である．MOSFET の場合，ゲートと半導体基板の間に絶縁体の酸化膜層があるため，

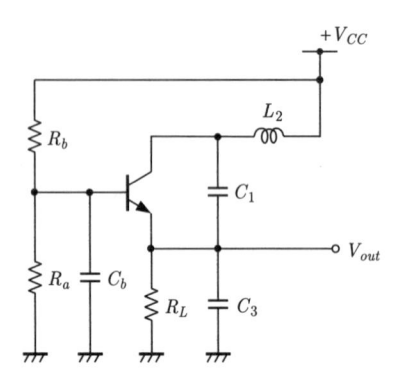

図 6.6 トランジスタを用いたコルピッツ発振回路

ゲートから基板への電流はほとんど流れてない。したがって，図 6.7(a) の増幅回路部分の入力インピーダンスは非常に高く，a 点が開放されているものとして回路を解析することができる。

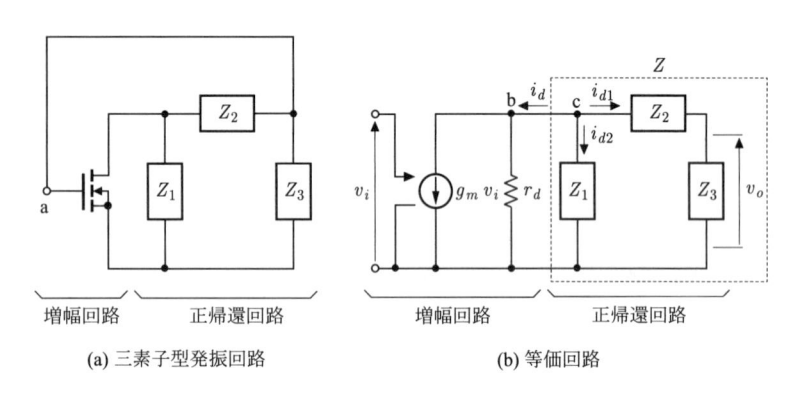

(a) 三素子型発振回路

(b) 等価回路

図 6.7 MOSFET を用いた三素子型発振回路の等価回路

このとき，図 6.7 に示した三素子型発振回路のループ利得 FA は，

$$FA = \frac{v_o}{v_i} \tag{6.27}$$

で与えられる。

図 6.7(b) 中の b 点から点線で示した枠内を見たときのインピーダンスを Z

6.3. LC 発振回路

とおき，Z から b 点へ流入する電流を i_d，Z_3 を流れる電流を i_{d1} とすると，

$$v_o = i_{d1}$$
$$i_{d1} = \frac{Z_1}{Z_1 + Z_2 + Z_3} i_d Z_3$$
$$i_d = -g_m v_i \frac{r_d}{Z + r_d} \qquad (6.28)$$
$$= -\frac{Z_1 + Z_2 + Z_3}{Z_1(Z_2 + Z_3) + r_d(Z_1 + Z_2 + Z_3)} r_d g_m v_i$$

の関係が成立している。このことから，MOSFET を用いた三素子型発振回路のループ利得は，

$$FA = \frac{v_o}{v_i} = \frac{Z_1 Z_3}{Z_1(Z_2 + Z_3) + r_d(Z_1 + Z_2 + Z_3)} r_d g_m \qquad (6.29)$$

となる。

発振回路の発振条件は，

$$FA \geq 1 \qquad (6.30)$$

であるから，

$$\frac{Z_1 Z_3}{Z_1(Z_2 + Z_3) + r_d(Z_1 + Z_2 + Z_3)} r_d g_m \geq 1 \qquad (6.31)$$

を満たせばよいことになる。ここで，Z_1，Z_2，Z_3 を純リアクタンス（コンデンサまたはインダクタンス）として，jX_1，jX_2，jX_3 とおくと，式 (6.31) は以下のように書きかえることができ，

$$X_1 X_3 r_d g_m \geq j r_d (X_1 + X_2 + X_3) - X_1(X_2 + X_3) \qquad (6.32)$$

この式の実部と虚部がそれぞれ振幅条件と周波数条件になる。

振幅条件 $(\Re e(FA) \geq 1)$：$r_d g_m \geq -\dfrac{X_2 + X_3}{X_3}$ （6.33.1）

周波数条件 $(\Im m(FA) = 0)$：$X_1 + X_2 + X_3 = 0$ （6.33.2）

ここで，周波数条件から $X_1 + X_2 = -X_3$ の関係が成立するため，振幅条件は，

$$r_d g_m \geq \frac{X_1}{X_3} \qquad (6.34)$$

と表すこともできる。MOSFET の電圧増幅率 $r_d g_m$ は正なので，X_1 と X_3 は必ず同符合となるリアクタンス素子でなければならない。また，周波数条件を満たすためには，X_2 は X_1，X_3 とは異符合になるリアクタンス素子でなければならない。したがって，MOSFET を用いた三素子型発振回路もトランジスタを用いた場合と同様に，図 6.8 に示したような，Z_1，Z_3 にコンデンサ，Z_2

にインダクタンスを用いたコルピッツ型と Z_1, Z_3 にインダクタンス，Z_2 にコンデンサを用いたハートレー型の 2 種類の構成が考えられる。

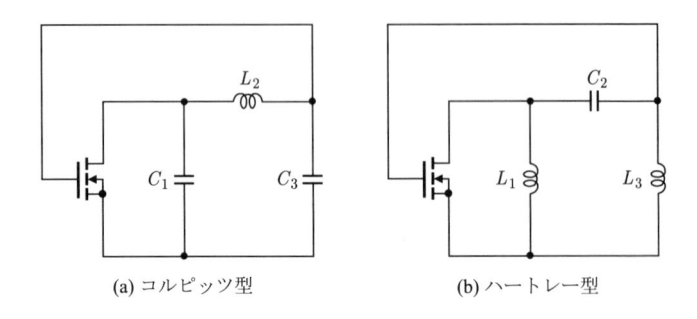

(a) コルピッツ型　　　　(b) ハートレー型

図 6.8 MOSFET を用いた三素子型発振回路の基本構成

コルピッツ発振回路の発振条件は，$X_1 = -1/\omega C_1$, $X_2 = \omega L_2$, $X_3 = -1/\omega C_3$ を，式 (6.33), (6.34) に代入することで求めることができる。コルピッツ発振回路の振幅条件は，

$$r_d g_m \geq \frac{C_3}{C_1} \tag{6.35}$$

周波数条件は，

$$f_0 = \frac{\omega_0}{2\pi} = \frac{1}{2\pi\sqrt{L_2\left(\dfrac{C_1 C_3}{C_1 + C_3}\right)}} \tag{6.36}$$

となる。

ハートレー発振回路の発振条件も，$X_1 = \omega L_1$, $X_2 = -1/\omega C_2$, $X_3 = \omega L_3$ とおくことで同様に求めることができ，振幅条件は，

$$r_d g_m \geq \frac{L_1}{L_3} \tag{6.37}$$

周波数条件は，

$$f_0 = \frac{\omega_0}{2\pi} = \frac{1}{2\pi\sqrt{(L_1 + L_3) C_2}} \tag{6.38}$$

となる。

MOSFET を用いた三素子型発振回路も実際に動作させるためには，図 6.8 の基本回路に加えて動作点を決定するための直流電源等を接続して回路を構成する必要がある。図 6.9 は，MOSFET を用いたコルピッツ発振回路の構成例である。

6.4. 水晶振動子を用いた発振回路　　　　　　　　　　　　　　　　　　　121

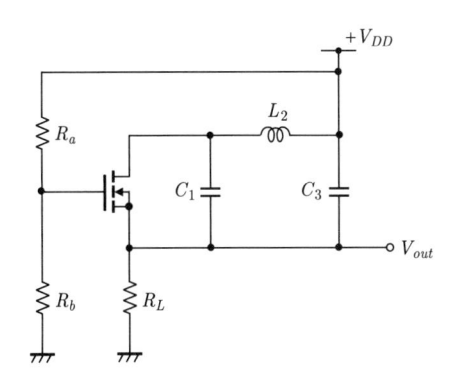

図 **6.9** MOSFET を用いたコルピッツ発振回路

6.4 水晶振動子を用いた発振回路

6.4.1 水晶振動子

　発振回路から出力される信号の周波数は常に一定であることが望ましい。こ
こまで述べてきた発振回路は，インダクタンスやコンデンサによって発振周波
数を決定しているが，インダクタンスやコンデンサの素子値は電源電圧，負荷，
環境温度などに依存して変化してしまうことが知られている。そこで，より安
定した発振周波数を得るために水晶振動子が用いられている。

　水晶の薄板に電圧をかけると圧電現象によって機械的振動を生じる。水晶振
動子には固有振動数があり，外部から与える電圧の周波数と固有振動数が一致
すると圧電現象が最大となり，このとき水晶振動子を流れる電流も最大となる。
したがって，水晶振動子は，図 6.10 に示したような LC 共振回路として等価
回路表現することができる。また，水晶振動子の固有振動数は環境温度などに
よってほとんど変化しないため，水晶振動子を発振回路に利用することによっ
て，電源電圧や環境温度等の変化に対する周波数安定性を格段に向上させるこ
とが可能となる。

　水晶振動子は，図 6.11 に示すようなリアクタンスの周波数特性を有してい
る。図中の f_s, f_p はそれぞれ，図 6.10 に示した等価回路における直列共振周

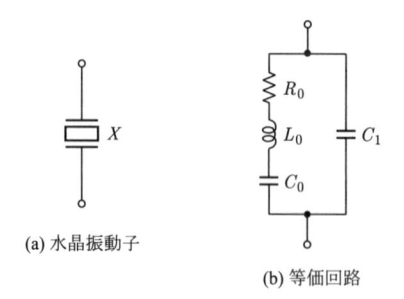

図 6.10 水晶振動子の等価回路

波数,並列共振周波数を表しており,

$$f_s = \frac{\omega_s}{2\pi} = \frac{1}{2\pi\sqrt{L_0 C_0}}$$
$$f_p = \frac{\omega_p}{2\pi} = \frac{1}{2\pi\sqrt{L_0 \dfrac{C_0 C_1}{C_0 + C_1}}} \quad (6.39)$$

となる。ここで,$C_0 \ll C_1$ の場合には,

$$f_p \simeq f_s \sqrt{1 + \frac{C_0}{C_1}} \quad (6.40)$$

となるので,並列共振周波数 f_p と直列共振周波数 f_s は非常に近い値をとる。このとき,水晶振動子は,図 6.11 に示されているように f_p と f_s の間の周波数でのみリアクタンスが正の値をとる。水晶振動子は,リアクタンスが正のときは誘導性(インダクタンス),負のときは容量性(コンデンサ)の素子として動作している。

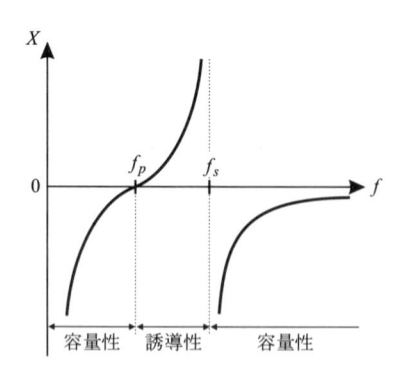

図 6.11 水晶振動子のリアクタンス特性

6.4.2 水晶振動子を用いた三素子型発振回路

水晶振動子は並列共振周波数 f_p と直列共振周波数 f_s が接近しており，f_p と f_s の間の周波数でのみ誘導性の素子として動作する．このことは，水晶振動子を誘導性の素子として動作させれば，インダクタンスの変化に対する周波数の変化が非常に小さく，出力周波数が安定した発振回路が実現できることを意味している．水晶振動子を用いて構成した三素子型発振回路の基本構成を図 6.12 に示す．図 6.12(a) のピアス CB 発振回路は，図 6.5(a) のコルピッツ発振回路のインダクタンス L_2 を水晶振動子に置き換えたものである．一方，図 6.12(b) のピアス BE 発振回路は，図 6.5(b) のハートレー発振回路のインダクタンス L_3 を水晶振動子に置き換えたものである．水晶振動子を用いた発振回路の発振周波数 f_0 は，水晶振動子の共振周波数で決まると考えてよく，

$$f_p < f_0 < f_s \tag{6.41}$$

となる．ここで，f_s と f_p は非常に近いので，実用上 $f_0 \simeq f_s \simeq f_p$ と考えても差し支えない．

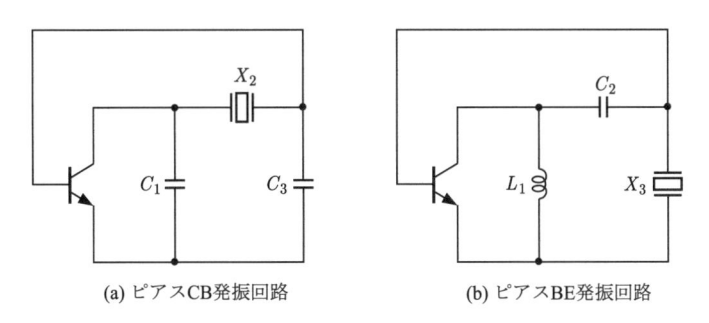

図 6.12 水晶振動子を用いた三素子型発振回路の基本構成

図 6.13 は，水晶振動子を用いたピアス CB 発振回路をトランジスタの動作点を決定する直流電源等も含めて表示したものである．この回路では，図 6.12(a) の基本構成図のコンデンサ C_1 の代わりに，コンデンサ C_1 とインダクタンス L_1 からなる同調回路が接続されている．この同調回路の同調周波数を調整することで振動を生じさせることができるが，ピアス CB 発振回路では同調周波数を水晶振動子の共振周波数よりもやや低めに調整し，同調回路が容量性に見えるようにしなければならない．一方，ピアス BE 発振回路でインダクタンス L_1 の代わりに同調回路を接続した場合，同調周波数が水晶振動子の共振周波数

よりもやや高めになるように調整し、同調回路が誘導性に見えるようにする必要がある。

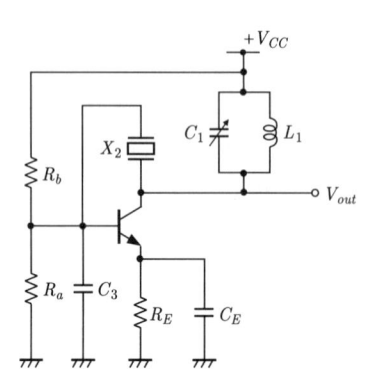

図 6.13 ピアス CB 発振回路

□□ 第 6 章の章末問題 □□

問 1. 図 6.14 に示した回路について，
1) 発振させるためには R の値をどのように設定すればよいか。
2) 発振したときの出力信号の周波数はいくらか。

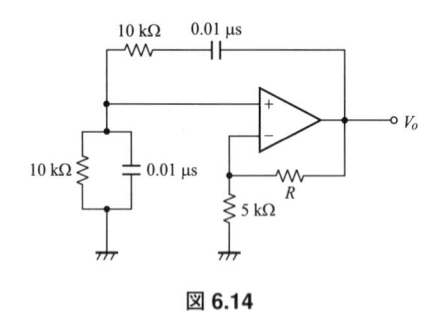

図 6.14

問 2. 図 6.15 に示した発振回路の振幅条件と周波数条件を求めよ。

図 6.15

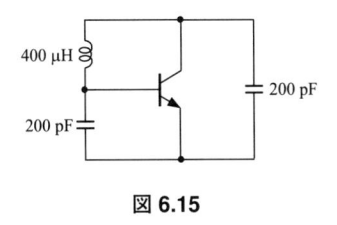

問 3. 図 6.16 に示した発振回路の出力信号の周波数を 16MHz にするためには，C の値をいくらに設定すればよいか．また，発振を生じさせるためにはこの回路の増幅部分の電圧増幅度がいくら以上である必要があるか．

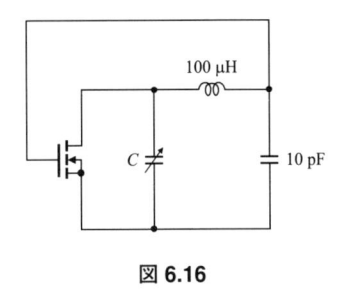

図 6.16

問 4. 等価回路が図 6.17 のようになる水晶振動子の直列共振周波数 f_s と並列共振周波数 f_p を求めよ．

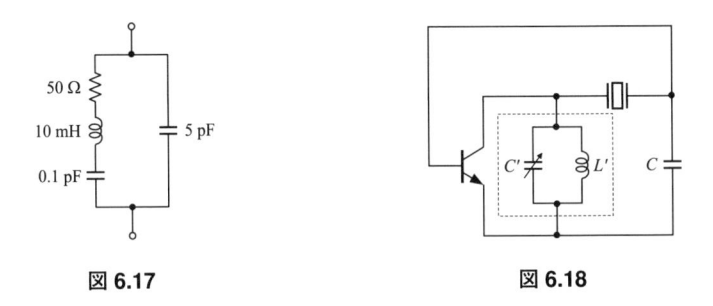

図 6.17

図 6.18

問 5. 図 6.18 に示した発振回路において，C' と L' で構成された同調回路の同調周波数を水晶振動子の共振周波数に対してどのように調整すると発振が生じるか．このとき，同調回路の動作は誘導性と容量性のどちらになっているか．

7
ディジタル回路とブール代数

7.1 ブール代数

　我々が日常生活において用いている数体系は，時間表現に 12 進法や 60 進法を用いているような例外はあるが，ほとんどが 10 進法であるといってよい。しかし，1 章で述べたように，ディジタル回路では電圧が H レベルか L レベルかという 2 つの状態で回路の動作をとらえているため，ディジタル回路に対応する数体系は 2 進法である。ディジタル回路の解析や設計をおこなうための数学的基礎となるのがブール代数である。ブール代数は論理代数とも呼ばれ，19 世紀に G. Boole によって記号論理学が体系化されたのが始まりである。20 世紀になり，ブール代数はリレーとスイッチから成る回路の数学表現をおこなう方法に応用され，この方法はディジタル回路のデバイスが TTL や C-MOS に変わった現在に受け継がれている。むしろ，複雑な回路を解析，設計する必要がある現在では，回路の設計には CAD（Computer Aided Design：コンピュータ支援による設計）が用いられており，コンピュータで処理することが可能なブール代数を基礎とした回路表現の重要性は大きくなっているといえる。

7.1.1　ブール代数の公理

　ブール代数は変数が "0" と "1" しかとらない点は 2 進数の算術代数と同様である。しかし，ブール代数の基本演算は論理和（OR），論理積（AND），否定（NOT）であり，算術演算のような負数表現や桁あふれなどという概念はない。

7.1. ブール代数

ブール代数の公理には以下のものがある。
1) **2値変数** 論理代数で扱うのは0と1だけであるから，変数も0と1の2つの値しかもちえない。したがって，変数 x が1でなければ変数 x は0, 変数 x が0でなければ変数 x は1であることになる。

$$x \neq 1 ならば x = 0$$
$$x \neq 0 ならば x = 1$$

2) **論理和 (OR)** 論理和 (OR) は記号「+」で表し，$x + y = z$ という論理式において，x と y のいずれか一方または両方が1のとき z が1となる演算である。$x + y = z$ の関係には，次の4通りが考えられる。

$$0 + 0 = 0$$
$$0 + 1 = 1$$
$$1 + 0 = 1$$
$$1 + 1 = 1$$

3) **論理積 (AND)** 論理積 (AND) は記号「·」で表し，$x \cdot y = z$ という論理式において，x と y の両方が1のときのみ z が1となる演算である。$x \cdot y = z$ の関係には，次の4通りが考えられる。

$$0 \cdot 0 = 0$$
$$0 \cdot 1 = 0$$
$$1 \cdot 0 = 0$$
$$1 \cdot 1 = 1$$

4) **論理否定 (NOT)** 論理否定 (NOT) は，記号「‾」で表す。論理代数で扱うのは0と1のみであるから，1の否定は0，0の否定は1である。

$$\bar{1} = 0$$
$$\bar{0} = 1$$

7.1.2 ブール代数の定理

前項で示した公理のほかに，ブール代数の定理として以下のようなものがある。算術代数と同様に交換則，結合則，分配則などが成立する。また，ド・モルガンの定理は重要なブール代数の定理である。

A) 1 変数の場合
   1) 恒等則 $x + 0 = x$
                           $x \cdot 1 = x$
   2) 帰無則 $x + 1 = 1$
                           $x \cdot 0 = 0$
   3) 補元則 $x + \bar{x} = 1$
                           $x \cdot \bar{x} = 0$
   4) 同一則 $x + x = x$
                           $x \cdot x = x$
   5) 二重否定 $\bar{\bar{x}} = x$

B) 2 変数以上の場合
   1) 交換則 $x + y = y + x$
                           $x \cdot y = y \cdot x$
   2) 結合則 $(x + y) + z = x + (y + z)$
                           $(x \cdot y) \cdot z = x \cdot (y \cdot z)$
   3) 吸収則 $x + (x \cdot y) = x$
                           $x \cdot (x + y) = x$
   4) 分配則 $x + (y \cdot z) = (x + y) \cdot (x + z)$
                           $x \cdot (y + z) = (x \cdot y) + (x \cdot z)$
   5) ド・モルガン (DeMorgan) 則
                           $\overline{x + y} = \bar{x} \cdot \bar{y}$
                           $\overline{x \cdot y} = \bar{x} + \bar{y}$

1)〜5) の論理式はすべて対になっており，AND と OR，0 と 1 を互いに入れ替えることによって他方の式を得ることができる．この性質を双対性という．

7.1.3 真理値表

ディジタル回路の入力を A, B として論理演算をおこなった結果の出力を X とする．このとき，A, B は 0 と 1 のいずれかの値しかとれないため，入力の組合せは有限個となり，すべての入出力関係をかくことができる．入力 A, B のすべての組合せに対する出力 X の値を示した表を真理値表という．論理代数の定理を右辺と左辺の論理式の真理値表を作成することで証明することができる．たとえば，吸収則 $x + (x \cdot y) = x$ を証明するために，入力 A, B に対して

7.1. ブール代数

出力 $X = A + (A \cdot B)$ として，真理値表をかくと，表 7.1 のようになる。真理値表から，常に $X = A$ が成立しており，$x + (x \cdot y) = x$ の左辺と右辺が等しいことから吸収則が証明できる。

表 7.1 真理値表の例

A	B	X
0	0	0
0	1	0
1	0	1
1	1	1

7.1.4 論理式の簡単化

論理式が与えられたとき，前述したブール代数の定理を用いることで論理式を短くすることができる。これを論理式の簡単化という。

例えば，$f(x, y, z) = x \cdot y + \bar{x} \cdot z + y \cdot z$ を簡単化してみる。

$$
\begin{aligned}
f(x, y, z) &= x \cdot y + \bar{x} \cdot z + y \cdot z \\
&= x \cdot y + \bar{x} \cdot z + y \cdot z \cdot 1 & \text{（恒等則）} \\
&= x \cdot y + \bar{x} \cdot z + y \cdot z \cdot (x + \bar{x}) & \text{（補元則）} \\
&= x \cdot y + \bar{x} \cdot z + y \cdot z \cdot x + y \cdot z \cdot \bar{x} & \text{（分配則）} \\
&= x \cdot y + \bar{x} \cdot z + x \cdot y \cdot z + \bar{x} \cdot y \cdot z & \text{（交換則）} \\
&= x \cdot y \cdot 1 + \bar{x} \cdot z \cdot 1 + x \cdot y \cdot z + \bar{x} \cdot y \cdot z & \text{（恒等則）} \\
&= x \cdot y \cdot 1 + x \cdot y \cdot z + \bar{x} \cdot z \cdot 1 + \bar{x} \cdot z \cdot y & \text{（交換則）} \\
&= x \cdot y \cdot (1 + z) + \bar{x} \cdot z \cdot (1 + y) & \text{（分配則）} \\
&= x \cdot y + \bar{x} \cdot z & \text{（吸収則）}
\end{aligned}
$$

実際にディジタル回路を設計する場合，短い論理式を用いた方が回路に使用する IC の数や配線数が少なくなるので，論理式の簡単化は重要である。しかし，ここで述べたブール代数の定理を用いて簡単化する方法では，どのように論理式を変形してゆくかは直感的に決める必要がある。したがって，論理式の簡単化をコンピュータで自動化するような場合には，この方法は向いていない。また，簡単化の結果として得られた論理式がもっとも簡単なものであるという

保証もない．そのため，第9章に述べるカルノー図を用いる方法など，論理式を簡単化するためのアルゴリズムが考案されており，実際にディジタル回路を設計する場合には，確実で，計算機による自動化も可能なこちらの方法が用いられている．

7.2 基本論理ゲート

7.2.1 正論理と負論理

前節で述べたブール代数の論理演算を実行する電子回路がディジタル回路である．ディジタル回路は，1つ以上の入力信号に対して1つの出力信号を生じる論理ゲートと呼ばれるデバイスで構成されている．

ブール代数における論理変数の値 "0"，"1" は，ディジタル回路では論理ゲートの入・出力における電圧値として与えられる．電圧値の割りあて方として，電圧が高い状態（Hレベル）の信号を "1"，電圧が低い状態（Lレベル）の信号を "0" とみなすものを正論理，電圧が高い状態（Hレベル）の信号を "0"，電圧が低い状態（Lレベル）の信号を "1" とみなすものを負論理という．

7.2.2 論理ゲート

ディジタル回路の論理ゲートを表すための記法として1962年に米軍が定めた MIL 規格 (Military Standard) によるものが一般に用いられているので，本書でも MIL 規格を用いて回路を表現する．MIL 規格では，入力や出力が動作状態になることをアクティブな状態と呼んでいる．正論理では H レベルのときがアクティブな状態（アクティブ-H）であり，負論理では L レベルのときがアクティブな状態（アクティブ-L）となる．MIL 規格で制定された論理記号の主なものを，図 7.1 に示してある．

a) **OR ゲート** 入力のいずれか1つでもアクティブであれば出力がアクティブになる論理ゲートを OR ゲートといい，図 7.1 (a) の記号で表す．

b) **AND ゲート** 入力のすべてがアクティブのときのみ出力がアクティブになる論理ゲートを AND ゲートといい，図 7.1 (b) の記号で表す．

c) **状態表示記号** 図 7.1 (c) を状態表示記号という．状態表示記号がついている論理ゲートの入・出力端子では端子電圧が L レベルの状態のときがアクティブとなることを表している．一方，状態表示記号がついていない端

7.2. 基本論理ゲート

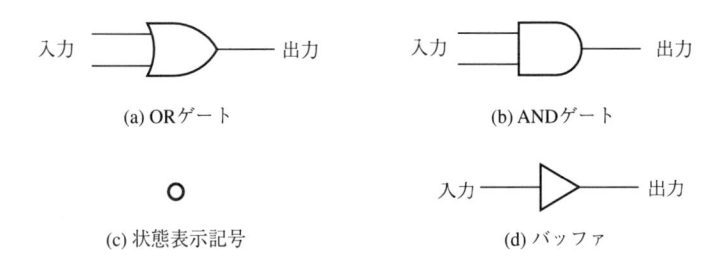

図 7.1 MIL 規格による論理記号

(a) OR ゲート
(b) AND ゲート
(c) 状態表示記号
(d) バッファ

子では端子電圧が H レベルの状態のときがアクティブとなる。このことを，正論理では H レベルのときに論理変数が "1" であるとし，負論理では L レベルのときに論理変数が "1" であるとしていることと対応づけると，状態表示記号がついていない端子は正論理，ついている端子は負論理で回路の動作を解釈していると考えることもできる。

d) バッファ　電気的駆動力をあげるバッファを，図 7.1 (d) の記号で表す。バッファには論理的な意味はない。

ここで，図 7.2 に示したような AND ゲートの出力に状態表示記号をつけた論理ゲートについて考えてみる。上述した MIL 規格の論理記号の解釈にしたがうと，この論理ゲートは入力のすべてがアクティブのときのみ出力がアクティブになるゲートであり，入力がアクティブ-H，出力がアクティブ-L になっている。このゲートの入出力の関係を電気的にとらえると，入力 A, B が両方ともアクティブすなわち H レベルのときのみ，出力 X がアクティブすなわち L レベルとなるように動作し，真理値表は，図 7.2 (a) に示されるようになる。この回路の動作を入出力ともに正論理でとらえたときの真理値表が，図 7.2 (b) であり，AND 演算の否定をとった NAND 演算を表している。MIL 規格は論理設計のために考えられたものであるため，上述した記号の意味に否定という概念は出てこなかった。しかし，入出力を両方とも正論理でとらえた場合，状態表示記号が否定に対応していることがわかる。これに対して，出力に状態表示記号がついていることに着目して，入力を正論理，出力を負論理でとらえた場合の真理値表が図 2.2(c) であり，これは AND 演算を示している。一方，図 7.2 (d) は OR ゲートの 2 つの入力に状態表示記号をつけたものであるが，この論理ゲートは電気的には，図 7.2 (a) に示した論理ゲートと同様な動作をする。この論理ゲートの入力を負論理，出力を正論理でとらえると，図 7.2 (d) の真

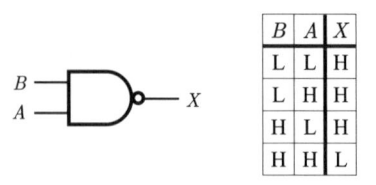

(a) 電気信号のレベルに関する真理値表

B	A	X
L	L	H
L	H	H
H	L	H
H	H	L

(b) 入力：正論理，出力：正論理の真理値表

B	A	X
0	0	1
0	1	1
1	0	1
1	1	0

(c) 入力：正論理，出力：負論理の真理値表

B	A	X
0	0	0
0	1	0
1	0	0
1	1	1

(d) 入力：負論理，出力：正論理の真理値表

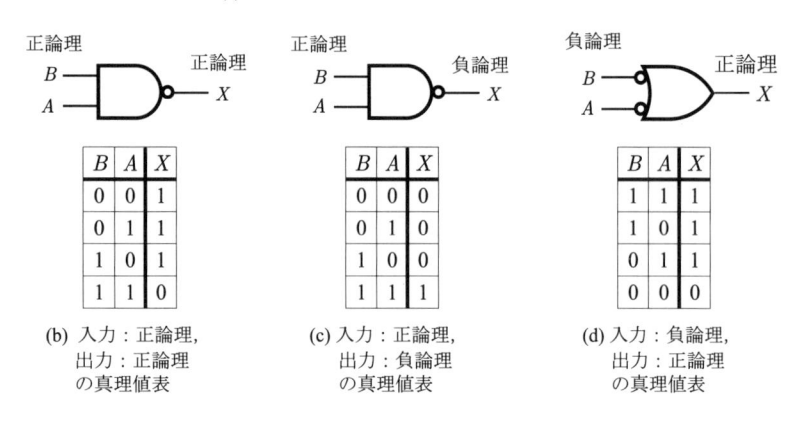

B	A	X
1	1	1
1	0	1
0	1	1
0	0	0

図 7.2 正論理，負論理と論理ゲートの動作との関係

理値表に示されるように OR として動作していることになる。このように電気的には全く同じ動作をする論理ゲートであっても，正論理，負論理の捉え方によって「正論理の NAND」，「入力正論理，出力負論理の AND」，「入力負論理，出力正論理の OR」といったように，呼び方が変わってきてしまう。基本的な論理ゲートの呼び方については統一的な規則がないため，本書では以上のことを理解したうえで，入出力ともに正論理でとらえたときの呼び方で論理ゲートを呼ぶことにする。つまり，図 7.2 (a)，図 7.2 (d) の両方とも NAND ゲートと呼ぶこととする。ただし，MIL 規格の意味からすれば，図 7.2 (a) は入力が両方 H レベルの場合に L レベルの出力をするということであり，図 7.2 (d) は入力の少なくとも一方が L レベルの場合に H レベルの出力をするということであるから，これらの記号の間には意味上の差異があることは覚えておかなければならない。

図 7.3 は，基本的な論理ゲートを MIL 規格にしたがって表現したものと，その電気的動作の真理値表である。ゲートの名称はすべて入・出力を正論理でとらえた呼び方に統一してあるが，記号における意味上の差異を明確にするため，

7.2. 基本論理ゲート

(a) OR

B	A	X
L	L	L
L	H	H
H	L	H
H	H	H

少なくとも一方の入力が H の場合，出力は H

両方の入力が L の場合，出力は L

(b) AND

B	A	X
L	L	L
L	H	L
H	L	L
H	H	H

両方の入力が L の場合，出力は L

少なくとも一方の入力が L の場合，出力は L

(c) NOT

A	X
L	H
H	L

入力が H の場合，出力は L

入力が L の場合，出力は H

(d) NOR

B	A	X
L	L	H
L	H	L
H	L	L
H	H	L

少なくとも一方の入力が H の場合，出力は L

両方の入力が L の場合，出力は H

(e) NAND

B	A	X
L	L	H
L	H	H
H	L	H
H	H	L

両方の入力が H の場合，出力は L

少なくとも一方の入力が L の場合，出力は H

(f) Exclusive OR

B	A	X
L	L	L
L	H	H
H	L	H
H	H	L

入力が不一致の場合，出力は H

(g) Coincidence (Exclusive NOR)

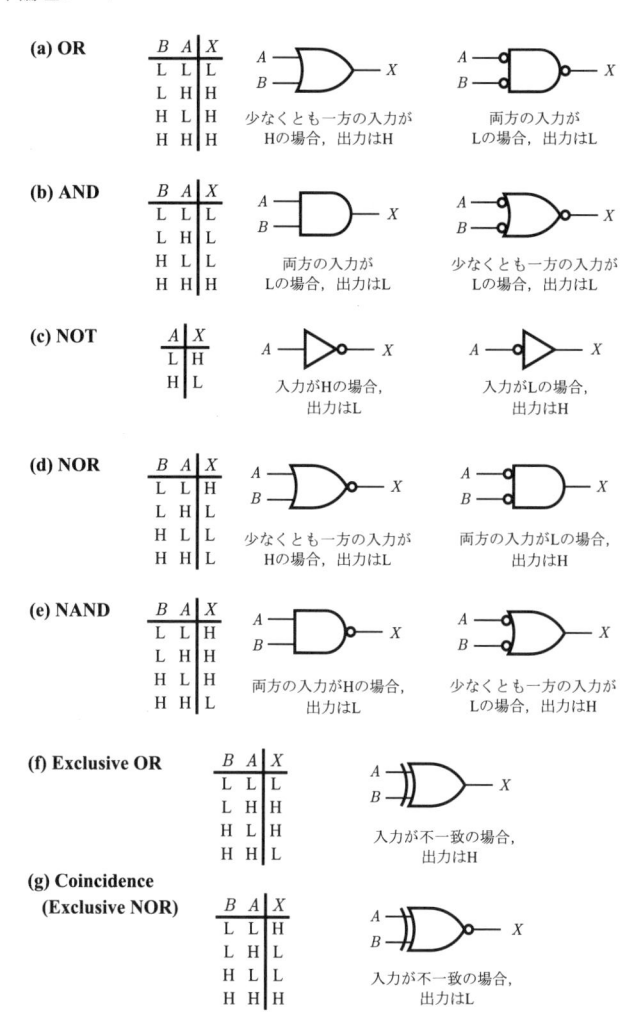

B	A	X
L	L	H
L	H	L
H	L	L
H	H	H

入力が不一致の場合，出力は L

図 7.3 代表的な論理ゲートの動作

(a)〜(e) については，左側には入力がアクティブ-H となる表記，右側には入力がアクティブ-L となる表記をそれぞれ示してある．ここで，左右の論理ゲートを見比べると，左図で OR ゲートを用いているときは右図では AND ゲートを，左図で AND ゲートを用いているときは右図で OR ゲートを用いていることがわかる．また，左図で状態表示記号がついている端子は右図では状態表示

記号がつかず,逆に左図で状態表示記号がついている端子には右図で状態表示記号がついていないことがわかる。このように,OR ゲートと AND ゲートを入れ替え,状態表示記号の有無を逆にした論理ゲートは全く同じ真理値表をもつことになる。また,図 7.3 (d) の NOR ゲートが表している論理式は,左図が $X = \overline{x+y}$ であり,右図が $X = \bar{x} \cdot \bar{y}$ である。これらの論理ゲートの関係はブール代数の定理であるド・モルガン則を示していることがわかる。同様に,図 7.3 (e) の NAND ゲートが表している論理式は,それぞれ $X = \overline{x \cdot y}$,$X = \bar{x} + \bar{y}$ であり,ド・モルガン則を示している。図 7.3 (f),(g) は,前節のブール代数では説明していない演算をおこなう論理ゲートで,排他的論理和 (Exclusive OR) と一致(Coincidence)を示している。排他的論理和は,ブール代数では記号「⊕」で表し,$x \oplus y = z$ という論理式において,x と y の一方のみが 1 のとき z が 1 となる演算である。論理ゲートの動作としては,2 つの入力の一方が H,他方が L のときに H が出力される。また,一致は排他的論理和の否定であり,2 つの入力が一致した場合に H が出力される。

7.2.3 回路における論理ゲートの表記

前項で述べた基本論理ゲートを組み合わせることによって,目的とする論理演算をおこなうディジタル回路の回路図をかくことができる。MIL 規格にしたがって回路図をかく場合には論理ゲートの表記に留意する必要がある。それは,ある論理ゲートの出力が他の論理ゲートの入力に接続されている信号線に着目したとき,その信号線が正論理(アクティブ-H)と考えているのか,負論理(アクティブ-L)と考えているのかを明確に表現する必要があるということである。これは,アクティブな信号をたどってゆくことで回路の動作が解析できるようにしておくと,回路図が読み易くなるためである。具体的には,論理ゲート間を接続する信号線が正論理であれば両端に状態表示記号がつかないように接続し,負論理であれば両端に状態表示記号がつくように接続すればよい。逆に,出力と入力を接続する信号線の片方のみに状態表示記号がついていると,その部分でアクティブな信号がたどれなくなってしまうため望ましくない。

例えば,図 7.4 に示した 2 つの回路図は全く同一の論理演算をおこなう回路である。図 7.4 (a) の回路図は出力側に状態表示記号がついている論理ゲートで統一されており,一見整然としていうようであるが,論理ゲートを論理式で表現し直すと $X = \overline{\overline{(A+B)} + \overline{A \cdot B}}$ のようにわかりづらい表現になってしまうことがわかる。これに対して,図 7.4 (b) の回路図を論理式で表現すると

7.2. 基本論理ゲート

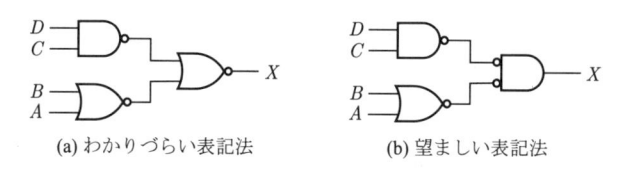

(a) わかりづらい表記法

(b) 望ましい表記法

図 7.4 回路図における論理ゲートの表記法

$X = \overline{\overline{(A+B)} + \overline{A \cdot B}}$ のようになる。ここで，ブール代数の定理から二重否定は $\bar{\bar{A}} = A$ となるので，回路が表している論理式が $X = (A+B) \cdot A \cdot B$ であることがわかる。このことは，図 7.5 に示してあるように，両端に状態表示記号がついている信号線は両端に状態表示記号がついていない信号線に読み替えることが可能であることを示している。ただし，この表記法はあくまで原則であり，絶対にこの表記法にしたがわなければならないというものではない。また，実際に回路図をかく上では，この原則にしたがうことが不可能な状況も往々に出現する。

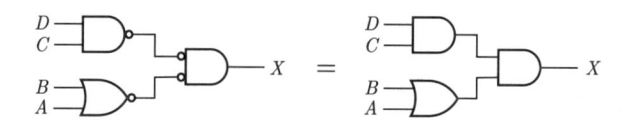

図 7.5 状態表示記号が両端にある信号線の変換

7.2.4 論理ゲートの変換

NAND ゲートを組み合わせることによって他の論理ゲートの機能を実現することができる。

まず，NAND ゲートによって NOT ゲートを構成する方法について考える。図 7.6 (a) は，NAND ゲートの入力をひとまとめにしたものであるが，このようにすると NAND ゲートに入力されるのは (H, H) または (L, L) の組合せになる。図 7.3 (e) の真理値表から明らかなように，入力が (H, H) のときの出力は L，入力が (L, L) のときの出力は H であり，出力が入力の否定となる NOT ゲートとして動作していることがわかる。また，NAND ゲートで NOT ゲートを構成する方法として，図 7.6 (b) のように入力の一方を H に固定するという方法もある。この場合，入力 A が H のときの NAND ゲートへの入力は (H,

H) なので出力は L となり，入力 A が L のときの NAND ゲートへの入力は (H, L) なので出力は H となる．すなわち，出力は入力 A の否定となっている．

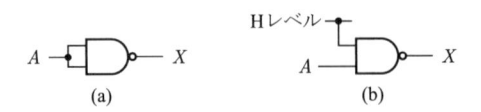

図 7.6 NAND ゲートの NOT ゲートへの変換

つぎに，NAND ゲートで AND ゲートを構成する方法を考える．NAND ゲートは AND ゲートの出力の否定をとったものであるから，図 7.7 (a) に示すように NAND ゲートの出力に NOT ゲートを接続すると，出力が二重否定となり，$X = \overline{\overline{A \cdot B}} = A \cdot B$ と AND ゲートを構成することができる．

NAND ゲートで OR ゲートを構成する場合，OR ゲートの 2 つの入力に状態表示記号がついた NAND ゲートの表記法が思い浮かべば，図 7.7 (b) に示すように NAND ゲートの 2 つの入力に NOT ゲートを接続することで，$X = \bar{\bar{A}} + \bar{\bar{B}} = A + B$ となり OR ゲートが構成できることがわかる．

NOR ゲートは OR ゲートの出力の否定をとったものであるから図 7.7 (b) の出力に NOT ゲートを接続することによって図 7.7 (c) のように構成することができる．Ex-OR を NAND ゲートだけで構成する方法は，上述したような MIL 規格の論理記号から直感的に考えることはむづかしい．そこで，NAND の論理式 $X = A \oplus B$ をつぎのように変形することで NAND だけで Ex-OR を構成する方法を考えてみる．

$$\begin{aligned} X = A \oplus B &= \bar{A} \cdot B + A \cdot \bar{B} \\ &= \bar{A} \cdot B + A \cdot \bar{B} + \bar{A} \cdot A + B \cdot \bar{B} \\ &= A \cdot (\bar{A} + \bar{B}) + B \cdot (\bar{A} + \bar{B}) \\ &= A \cdot \overline{A \cdot B} + B \cdot \overline{A \cdot B} \\ &= \overline{\overline{A \cdot \overline{A \cdot B} + B \cdot \overline{A \cdot B}}} \\ &= \overline{\overline{A \cdot \overline{A \cdot B}} \cdot \overline{B \cdot \overline{A \cdot B}}} \end{aligned} \quad (7.1)$$

この論理式を論理記号で表すと，図 7.7 (d) のようになり，NAND だけで Ex-OR ゲートが構成されている．

ここでは，NAND だけを利用して他のゲートを構成する方法について述べた

が，NOR ゲートも NAND ゲートと同様に，NOR ゲートだけで他のゲートを構成することが可能である。

(a) AND ゲート　　(b) OR ゲート

(c) NOR ゲート　　(d) Ex-OR ゲート

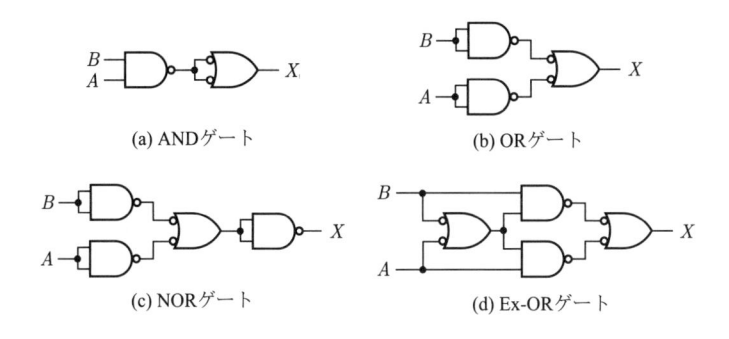

図 7.7 NAND ゲートの他の論理ゲートへの変換

7.2.5　ゲート IC

前節で述べてきた論理ゲートは IC（Integrated Circuit: 集積回路）化されており，ゲート IC と呼ばれている。ディジタル回路で一般に用いられているディジタル IC は 74 シリーズと呼ばれており，上 2 桁が 74 で始まる番号で IC の機能を表している。74 シリーズの番号は Texas Instruments 社が製作したディジタル IC につけたのが始まりであるが，他社のディジタル IC もほとんどは同一の番号を用いているため，製作したメーカーに関わらず同じ番号のディジタル IC は同じ機能をもっていると考えてよい。例えば，7400 というディジタル IC は，図 7.8 (a) に示されているような 14 ピンの IC で 2 入力の正論理表現の NAND ゲート 4 つが 1 つのパッケージに入ったものである（規格表ではこのことを Quad 2 Input NAND と表現している）。ここで，IC のピン配置は Top View といって IC を上からみたときの状態でかかれている。トランジスタの場合は，下から見た Bottom View でピン配置をかくので，間違えないようにしなければならない。図 7.8(b)〜(f) には，基本的な論理ゲートである NOR, NOT, AND, OR, Ex-OR のゲート IC のピン配置を示してある。同じ 2 入力のゲート IC でも，NAND(7400) と NOR(7402) ではピン配置が異なっているので注意が必要である。また，ゲート IC は 2 入力の論理ゲートだけでなく，図 7.8 (g), (h) に示すような 3 入力，4 入力といった多入力のものもある。とくに NAND ゲートは多入力のゲート IC が豊富に用意されている。例えば，16 ピン

の IC で 13 入力の NAND が 1 つパッケージングされている 74133 というゲート IC もある。

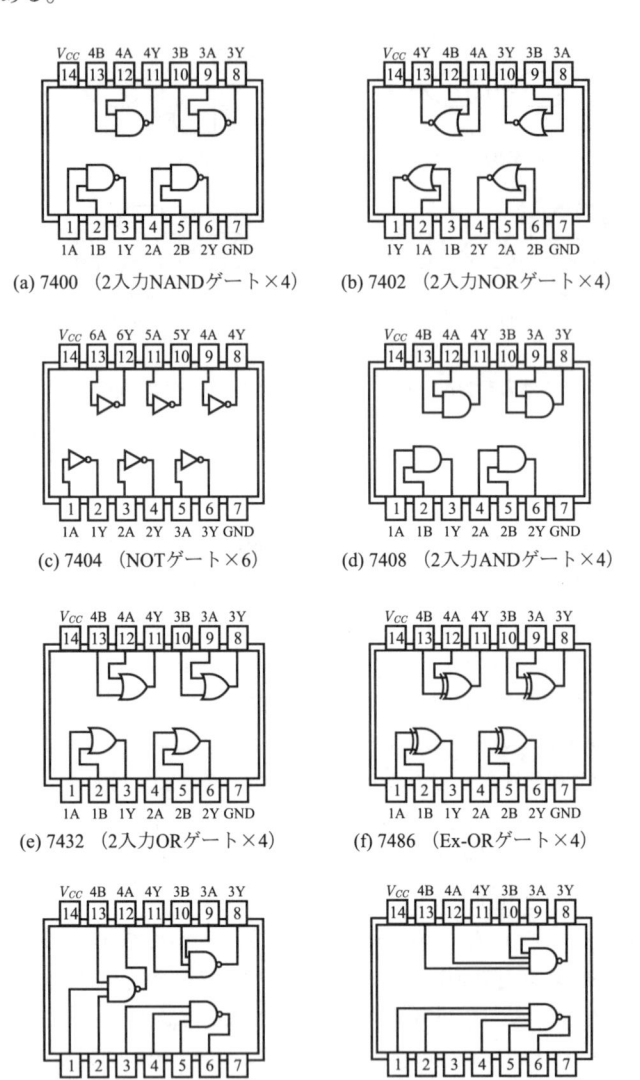

(a) 7400 （2入力NANDゲート×4）
(b) 7402 （2入力NORゲート×4）
(c) 7404 （NOTゲート×6）
(d) 7408 （2入力ANDゲート×4）
(e) 7432 （2入力ORゲート×4）
(f) 7486 （Ex-ORゲート×4）
(g) 7410 （3入力NANDゲート×3）
(h) 7420 （4入力NANDゲート×2）

図 **7.8** 代表的なゲート IC

第 7 章の章末問題

問 1. 次の論理式を簡単化しなさい。
 1) $\bar{C}\cdot\bar{B}\cdot A+\bar{C}\cdot B\cdot A+C\cdot\bar{B}\cdot A$
 2) $\bar{C}\cdot\bar{B}\cdot A+C\cdot\bar{B}\cdot A+\bar{C}\cdot B\cdot A+C\cdot B\cdot A$
 3) $\bar{D}\cdot\bar{C}\cdot\bar{B}\cdot A+D\cdot C\cdot B\cdot A+\bar{D}\cdot C\cdot\bar{B}\cdot A+D\cdot C\cdot B\cdot\bar{A}$
 4) $\bar{D}\cdot\bar{C}\cdot A+\bar{D}\cdot C\cdot A+D\cdot A$
 5) $\bar{D}\cdot\bar{B}\cdot\bar{A}+C\cdot\bar{B}\cdot A+D\cdot\bar{B}\cdot\bar{A}+C\cdot\bar{A}+B\cdot\bar{A}$

問 2. 次の論理式の真理値表を作成しなさい。
 1) $\bar{C}\cdot\bar{B}\cdot\bar{A}+C\cdot\bar{B}\cdot A+C\cdot\bar{B}\cdot\bar{A}$
 2) $\bar{C}\cdot B\cdot A+C\cdot\bar{B}\cdot A+\bar{C}\cdot\bar{B}$

問 3. 1) NOR ゲートを用いて NOT を構成しなさい。
 2) NOR ゲートのみ用いて AND を構成しなさい。

問 4. 図 7.9(a)〜(d) に示した回路の真理値表を作成しなさい。

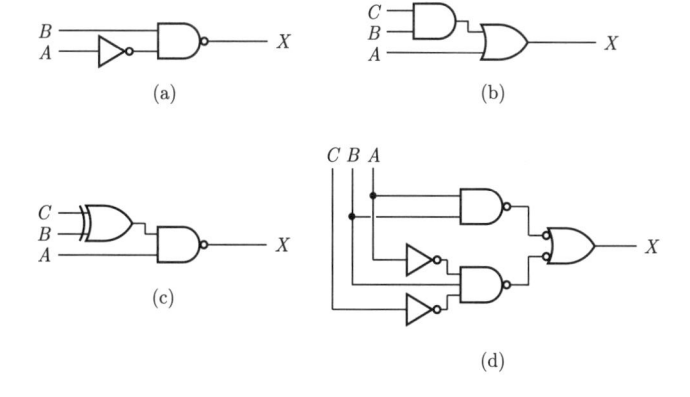

図 7.9

8
ディジタルデバイスの動作原理

8.1 ディジタルデバイス

　前章で述べたように，ディジタル回路では電圧がHレベルかLレベルかという2つの状態で回路の動作をとらえている。そのため，ディジタル回路で用いるデバイスは，基本的に出力電圧が2値になるスイッチング動作をおこなうように設計されている。初期のディジタル回路では，リレーや真空管を用いてディジタル回路が構成されていたが，消費電力や素子サイズの点で集積化をおこなうことは困難であった。現在用いられているディジタルデバイスは，ダイオード，バイポーラトランジスタ，電界効果トランジスタなどで構成されており，集積化されたディジタルICやMSI (Middle Scale Integrated Circuit: 中規模集積回路) さらにはLSI (Large Scale Integrated Circuit: 大規模集積回路) の形で利用されている。

　ディジタルデバイスの入出力は基本的に2値動作をしているが，ディジタルデバイスを構成しているダイオード，トランジスタ等は2章で説明したようにアナログデバイスであり，ディジタルデバイスも内部の回路動作はアナログ的におこなわれている。ここでは，2章で述べたダイオード，バイポーラトランジスタ，電界効果トランジスタを，2値動作を行う等価回路として表現することによって，ディジタルデバイスの動作を簡単化する考え方について述べる。

8.1. ディジタルデバイス

8.1.1 ダイオード

ダイオードは，図 8.1 (b) に破線で示したように，逆方向電圧を印加したときには電流は流れないが，順方向電圧が閾値をこえると電流が電圧に応じて指数関数的に増加するという特性を有している。閾値電圧 V_{TH} はシリコンダイオードの場合，約 0.7V である。

(a) ダイオード

(b) 等価回路の電圧-電流特性

(c) ダイオードの等価回路

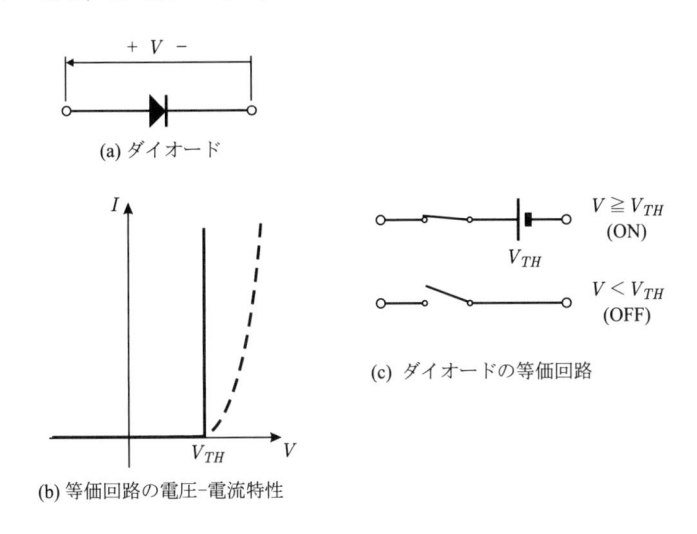

$V \geqq V_{TH}$ (ON)

$V < V_{TH}$ (OFF)

図 8.1 ディジタルデバイスにおけるダイオードの等価回路と電流－電圧特性

アナログ回路の場合はダイオードを流れる電流の大きさが重要となるが，ディジタル回路では電流が流れるか流れないかという 2 つの条件について考えればよい。そこで，ダイオードを一種のスイッチのように考え，ダイオードの順方向電圧が閾値以上の場合をスイッチが "ON" の状態，閾値以下の場合をスイッチが "OFF" の状態と簡単化することができる。ここで，ダイオードが ON 状態のとき，ダイオードの両端には閾値電圧程度の電位差が生じている。このようにディジタルデバイスのために簡単化したダイオードの特性は，図 8.1(b) に実線で示したようになる。この特性を等価回路として表現したものが，図 8.1(c) である。

8.1.2 トランジスタ

トランジスタ（バイポーラトランジスタ）は増幅作用のある能動素子であり，ベース電流 I_B の大きさでコレクタ電流 I_C を制御している電流制御電流源としてその動作を説明することができる．アナログ回路でトランジスタの動作を考える場合には，ベース－エミッタ間に印加した電圧 V_{BE} に対してコレクタ電流 I_C がどの程度流れるかということが重要となる．しかし，ディジタル回路ではダイオードの場合と同様に，トランジスタを単なるスイッチとしてとらえ，トランジスタが "ON" か "OFF" か，すなわちベース－エミッタ間電圧の状態によってコレクタ電流が流れるか流れないかということのみを考えればよい．トランジスタのベース電流 I_B とベース－エミッタ間電圧 V_{BE} の関係はダイオードの電流－電圧特性とほとんど同じと考えてよく，ベース－エミッタ間電圧 V_{BE} が閾値電圧 V_{TH} を越えるとベース電流 I_B が流れるようになる．したがって，ベース－エミッタ間電圧 V_{BE} が閾値電圧 V_{TH} を越えたときにトランジスタは "ON" となりコレクタ電流が流れる．このとき，ベース－エミッタ間には閾値電圧 V_{TH} に相当する電圧降下が生じている．また，ベース－エミッタ間電圧 V_{BE} が閾値 V_{TH} より小さいときには，トランジスタは "OFF" となり，コレクタ電流は流れない．以上のディジタルデバイスにおけるトランジスタの動作を等価回路として表現すると，図 8.2 のようになる．

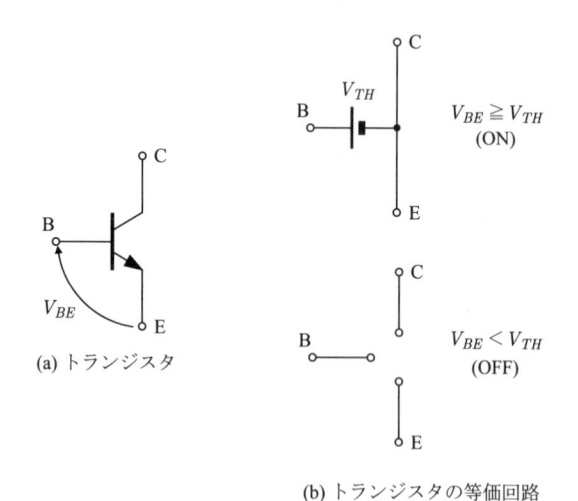

図 8.2 ディジタルデバイスにおけるトランジスタの等価回路

8.1. ディジタルデバイス

図 8.3 は，トランジスタによるインバータ (NOT) 回路であり，この回路を用いてディジタルデバイスにおけるトランジスタの動作を説明する。トランジスタのベース－エミッタ間の閾値電圧 V_{TH} を 0.7V とすると，入力電圧 V_{in} が 0.7V 以下の場合にはベース－エミッタ間電圧 V_{BE} が閾値以下となるためベース電流 I_B は流れず，したがってコレクタ電流 I_C も流れない。つまり，トランジスタは OFF の状態であり，電源 V_{CC} からの電流 I は全て出力へと流れる。そのため，出力電圧 V_{out} は電源電圧 V_{CC} とほぼ等しくなる。一方，入力電圧が閾値の 0.7V を越えると，ベース電流が流れ，トランジスタが ON の状態になる。このとき，コレクタ－エミッタ間は短絡されるため，電流は電源 V_{CC} から接地点 (GND) へと流れ，出力電圧 V_{out} はほぼ 0V となる。このとき，ベース端子の電圧は約 0.7V になっている。

この回路は，入力電圧 V_{in} が 0.7V 以下 (L レベル) の場合には出力電圧 V_{out} が V_{CC} (H レベル) となり，V_{in} が 0.7V を越える (H レベル) の場合には V_{out} が 0V (L レベル) になるという特性を持っており，入出力の論理レベルが反転するインバータ (NOT) として動作していることことがわかる。

(a) トランジスタが OFF のときの動作

(b) トランジスタが ON のときの動作

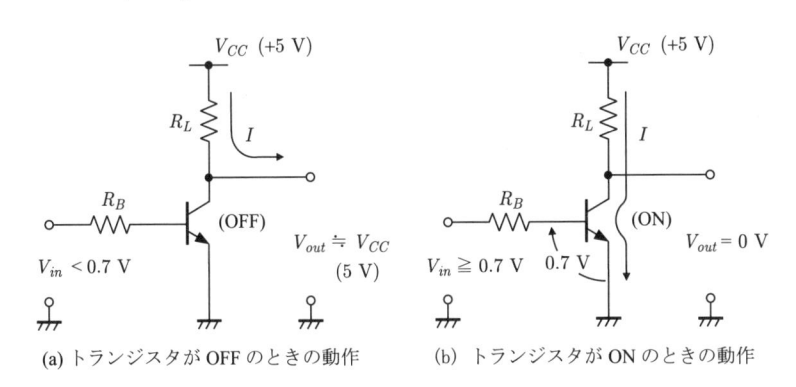

図 8.3 トランジスタを用いたインバータ回路

ここで，インバータの動作を厳密に考えると，トランジスタの静特性からもわかるように，出力電圧（コレクタ電圧）は入力電圧（ベース電圧）が閾値のときには 0V にはならず，図 8.4 の点線で示されているように入力電圧の増加とともに減少してゆく。また，トランジスタのコレクタ電圧は飽和コレクタ電圧 (0.1〜0.3V) 以下にはならないため，出力電圧が飽和コレクタ電圧に達すると，入力電圧が増加しても出力電圧はそれ以下にはならない。しかし，インバータ

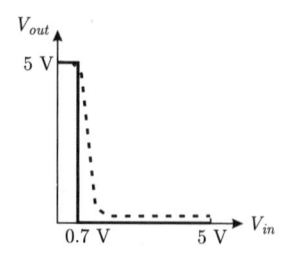

図 8.4 トランジスタを用いたインバータ回路の静特性

回路の動作解析をする場合には，図 8.4 に実線で示してあるような，入力電圧が閾値電圧になると出力電圧が 0V になるという入出力特性で近似をおこなってもほとんど問題は生じない。

8.1.3 MOSFET

MOSFET には n 型（nMOS）と p 型（pMOS）があることは 2.4 節で述べたが，ディジタルデバイスでは nMOS のサブストレートは常に GND，pMOS のサブストレートは常に電源 V_{DD} に接続して回路を構成している。ディジタルデバイスにおける MOSFET の動作は，バイポーラトランジスタと比較して単純である。図 8.5 は，ディジタルデバイスにおける nMOS の動作を表す等価回路を示している。ディジタルデバイスにおいてはエンハンスメント型が用い

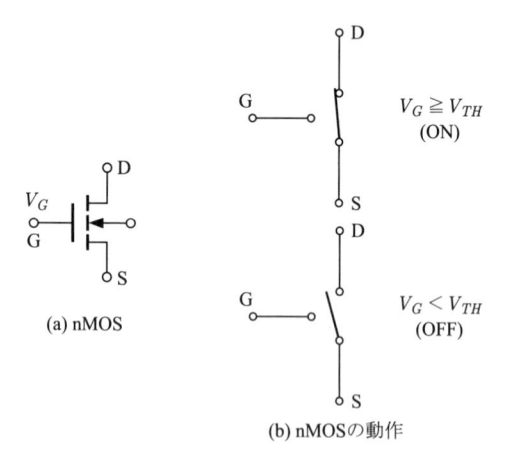

(a) nMOS

(b) nMOS の動作

図 8.5 ディジタルデバイスにおける n 型 MOSFET の等価回路

8.1. ディジタルデバイス

られるので，ゲート電圧 V_G が 0 V(L レベル) のときはソース-ドレイン間に電流が流れない "OFF" の状態になる．ゲート電圧 V_G が閾値 V_{TH} を超えると (H レベル)，nMOS は "ON" の状態になりソース-ドレイン間に電流が流れるようになる．ここで，MOSFET のゲートは酸化膜によってソース，ドレインと絶縁されているため，ゲートに電圧が印加されてもゲート-ソース間，ゲート-ドレイン間には電流は流れない．したがって，MOSFET はゲート電圧によってドレイン-ソース間が "ON"，"OFF" される単純なスイッチとして表現することができる．

pMOS の場合も同様にして，図 8.6 のようなスイッチとして等価回路を考えることができる．pMOS の場合，サブストレートが電源 V_{DD} に接続されているため，ゲート電圧 V_G が 0 V のときはサブストレートに対して負電圧が印加されていることになる．したがって，ゲート電圧が 0 V (L レベル) のときには，ドレイン-ソース間に電流が流れる "ON" の状態になる．反対に，ゲート電圧が電源電圧 (H レベル) になると，pMOS は "OFF" の状態になり，ドレイン-ソース間に電流は流れなくなる．

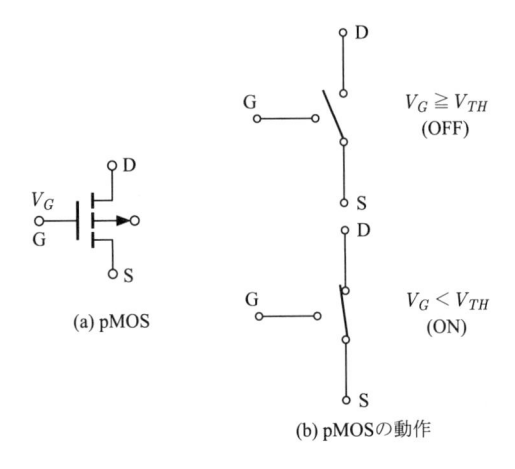

(a) pMOS

(b) pMOSの動作

$V_G \geqq V_{TH}$
(OFF)

$V_G < V_{TH}$
(ON)

図 8.6 ディジタルデバイスにおける p 型 MOSFET の等価回路

8.2 DTL (Diode Transistor Logic)

8.2.1 ダイオードによる AND と OR ゲート

まず，ディジタルデバイスにおける論理演算を理解する手始めとして，ダイオードだけで構成された最も簡単な論理演算回路の動作について説明する。ダイオードを用いて AND と OR の論理演算をおこなう回路の入力 A, B に対する出力 X の関係を示した真理値表を，図 8.7，8.8 に示す。ここでは，便宜的に 5V に近い電圧を H レベル，0V に近い電圧を L レベルとみなすこととする。図 8.7 の AND ゲートでは入力 A,B の一方または両方を GND に接続して L レベルにすると，ダイオードが ON となり V_{CC} から GND へ電流が流れる。このとき，出力 X の電圧はダイオードで生じる電位差 0.7V であり，L レベルとなる。入力の両方を H レベルとすると，ダイオードは 2 つとも OFF になるため，出力 X は約 5V すなわち H レベルとなる。一方，図 8.8 の OR ゲートでは，入力 A,B が両方 GND に接続されている場合にはダイオードは 2 つとも OFF となり，出力 X は 0V となる。入力の一方または両方が H レベルとなるとダイオードが ON となり，H レベルの入力から GND へ電流が流れる。この

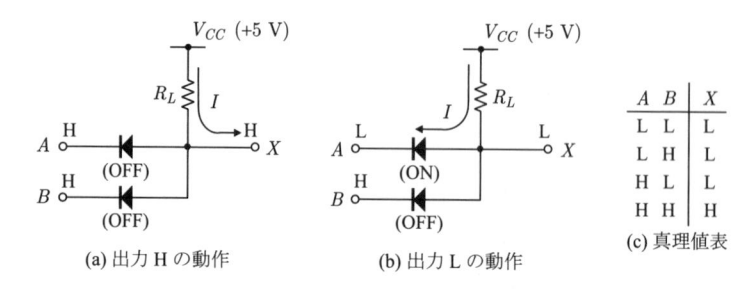

(a) 出力 H の動作　　(b) 出力 L の動作　　(c) 真理値表

A	B	X
L	L	L
L	H	L
H	L	L
H	H	H

図 8.7 ダイオードによる AND 回路

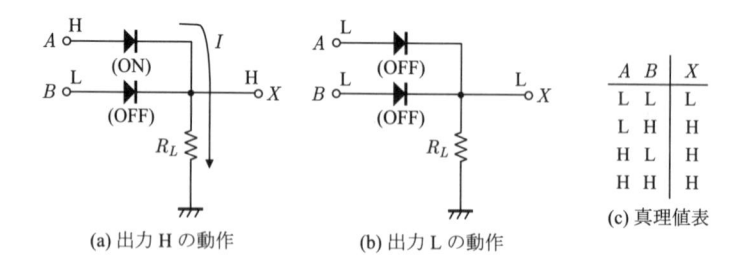

(a) 出力 H の動作　　(b) 出力 L の動作　　(c) 真理値表

A	B	X
L	L	L
L	H	H
H	L	H
H	H	H

図 8.8 ダイオードによる OR 回路

8.2. DTL (Diode Transistor Logic)

とき出力 X の電圧は，入力電圧 5V からダイオードで生じる電位差 0.7V を引いた 4.3V であり，H レベルとなる。

このように，ダイオードを用いることで AND と OR の論理演算をおこなうことができるが，ダイオードには増幅作用がないため，図 8.7，8.8 に示した回路を何段か接続すると出力電圧のレベルが維持できなくなってしまう。例えば，図 8.9 に示したような OR ゲートのうしろに AND ゲートを接続した回路に，入力を与えたときの動作を考えてみる。AND ゲートに接続されている OR ゲートの出力は L レベルであり，AND ゲートの電源から L レベルの入力端子側に電流が流れる。このとき，AND ゲートの出力は L レベルとなり，回路の出力電圧は理想的には 0V となるはずである。しかし実際に，この回路の出力電圧を計算すると，ダイオードで 0.7 V の電圧降下が生じるため，電流が流れる 2 つの抵抗にかかる電圧はそれぞれ $(5 - 0.7)/2 = 2.15V$ となる。したがって，出力 X の電圧は 2.85 V となり，H レベルに近い値をとってしまうことがわかる。このように，ダイオードだけで構成した AND, OR ゲートは実際のディジタルデバイスとしてに用いるには不完全であり，接続してもレベルが維持できるような回路を付加してゲートを構成する必要がある。

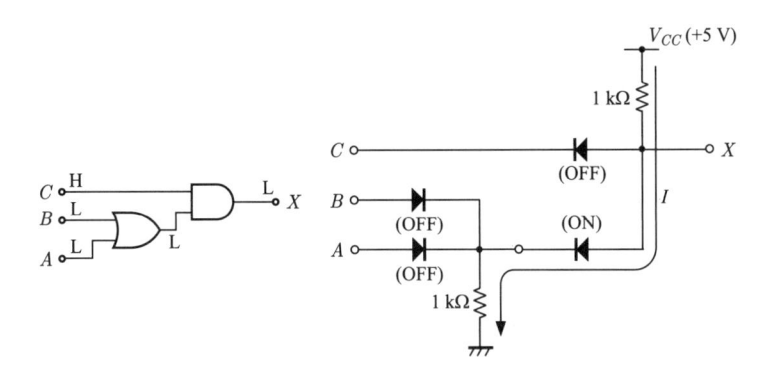

図 8.9 ダイオードによる論理ゲートの問題点

8.2.2 DTL 回路

ダイオードによる AND, OR ゲートに増幅作用を付加して出力レベルを維持するため，図 8.3 に示したインバータ回路を接続することを考える。図 8.10 (a) はダイオードによる AND ゲートにインバータ回路を接続したものであり，こ

(a) DTL 基本回路　　(b) レベルシフトダイオードを用いた回路

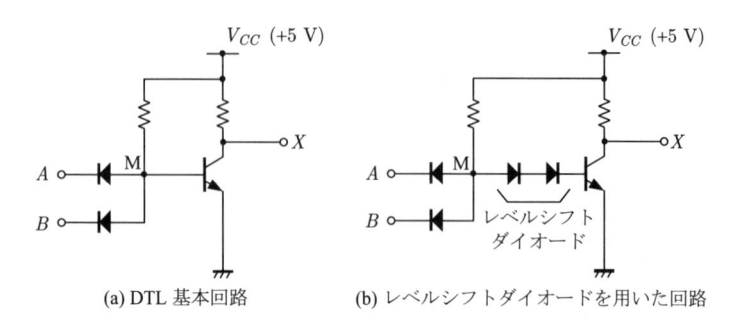

図 8.10 DTL-NAND ゲート

れは NAND ゲートとして動作するはずである．つまり，入力 A, B が両方とも H レベルのときのみ出力 X が L レベルとなり，その他の場合には出力 X が H レベルになればよい．この回路において，入力 A, B がともに H レベルの場合には，2 つのダイオードは OFF であり，M 点の電位は約 5V となるためトランジスタが ON 状態になる．出力 X は GND と短絡されるため，出力電圧は 0V つまり L レベルとなる．一方，入力 A, B の一方または両方が L レベルの場合には，L レベルが入力となっているダイオードが ON となる．このとき，この回路が NAND ゲートとして正しく動作するためには，トランジスタが OFF となって出力が約 5V の H レベルになる必要があるが，M 点の電位はダイオードで生じる電位差を考慮すると約 0.7V となる．この電位はトランジスタの ON, OFF を決める閾値とほぼ同じであるため，トランジスタが確実に OFF となるかどうかは保証できない．そこでこの問題を解決するため，図 8.10 (b) に示すようにトランジスタのベースにダイオードを 2 個付加した回路を考える．この回路では，付加したダイオードで生じる電位差を考慮すると，ベース電圧を 0.7V にするためには M 点の電位が $0.7 + 2 \times 0.7 = 2.1V$ になる必要がある．したがって，入力 A, B の一方または両方が L レベルで M 点の電位が 0.7V となる条件下では，トランジスタを確実に OFF にすることができる．このように付加したダイオードの目的は整流作用ではなく，ダイオードで生じる電位差を利用してトランジスタの ON, OFF を決定する閾値を変化させることにあり，このような目的で用いられるダイオードをレベルシフトダイオードとよんでいる．この回路は何段つなげても出力は L レベルで 0V，H レベルで約 5V を常に維持することが可能であり，ダイオードとトランジスタで構成された論理回路であることから DTL (Diode Transistor Logic) とよばれている．DTL は論

理ゲートの回路構成の基礎となるものであるが，動作速度が遅いことや回路の駆動能力が低いことから現在ではほとんど用いられていない．

8.3 TTL (Transistor Transistor Logic)

8.3.1 TTL 回路

DTL にかわって現在広く用いられているのが，TTL (Transistor Transistor Logic) である．TTL NAND ゲートの基本回路を DTL NAND と比較したものを，図 8.11 に示す．TTL と DTL の主な構造の違いは，1) 入力部分のダイオード D_2, D_3 がマルチエミッタトランジスタ Q_1 になっている，2) レベルシフトダイオード D_4, D_5 がトランジスタ Q_2 になった，3) 出力部分の抵抗にトランジスタ Q_3 とダイオード D_1 が付加された，という点である．

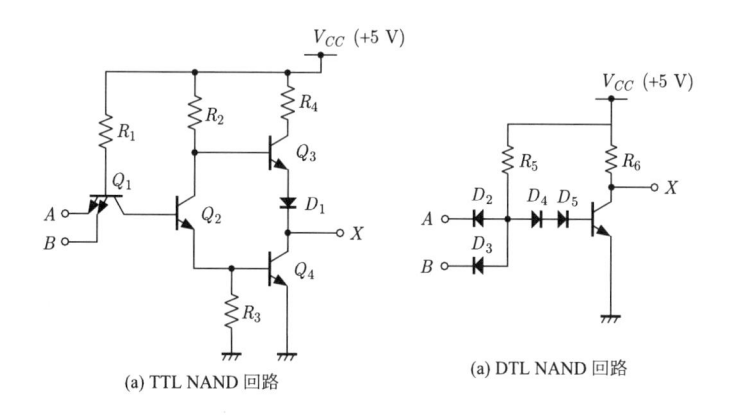

(a) TTL NAND 回路

(a) DTL NAND 回路

図 **8.11** TTL-NAND ゲート

マルチエミッタトランジスタは，図 8.12 (b) に示すようにエミッタ側の n 型領域が 2 つに分割されているトランジスタであり，その動作は図 8.12(c) の等価回路で表すことができる．ただし，TTL の基本動作におけるマルチエミッタトランジスタの役割について考える場合には，図 8.12(d) に示したような，ダイオードを組み合わせた等価回路を考えた方が理解しやすい．また，図 8.11 に示した TTL 回路の出力部分は抵抗，トランジスタ Q_3，ダイオード D_1 そしてトランジスタ Q_4 と異なった素子が縦につながっている．このような構造をも

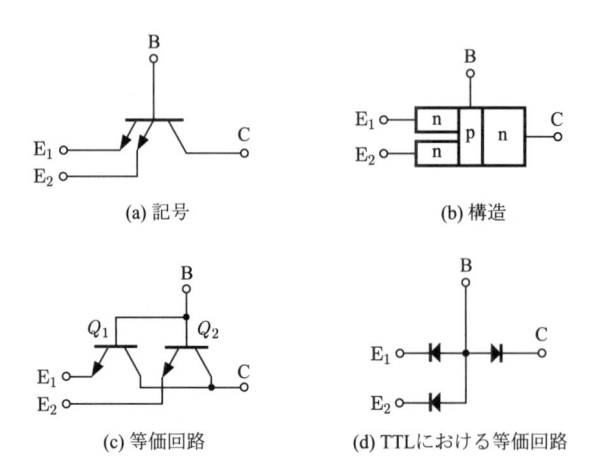

図 8.12 マルチエミッタトランジスタ

つ出力形態をトーテムポール出力と呼んでいる。

出力が L レベルになる場合と H レベルになる場合における TTL NAND ゲートの動作を，図 8.13 に示す．図 8.13(a) は，入力が両方とも H レベルのときの動作である．マルチエミッタトランジスタ Q_1 を，図 8.12(d) に示した等価回路に置き換えて動作を考えると，エミッタ側の二つのダイオードは OFF，コレクタ側のダイオードは ON になる．したがって，ベースからの電流はエミッタ側には流れずコレクタ側へと流入する．このとき，マルチエミッタトランジスタ Q_1 のコレクタ電圧つまりトランジスタ Q_2 のベース電圧が上昇するため，

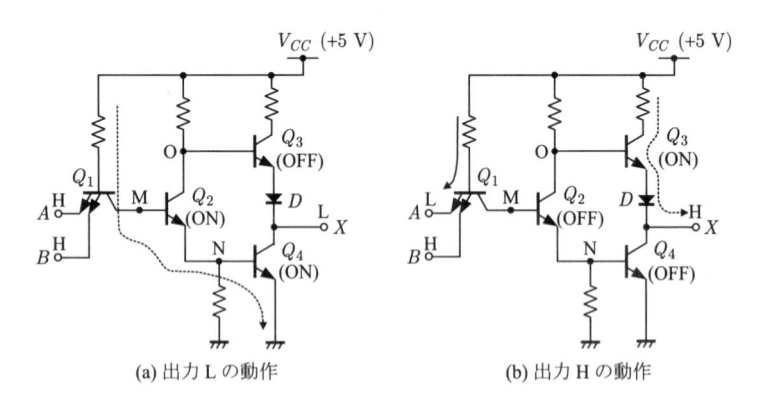

図 8.13 TTL NAND ゲートの動作

8.3. TTL (Transistor Transistor Logic)

Q_2 は ON となる。これによりトランジスタ Q_4 のベース電圧が上昇して Q_4 も ON となる。トランジスタ Q_4 が ON になると出力 X と GND が短絡するため，出力 X の電位は 0V すなわち L レベルとなる。このとき，トランジスタが ON 状態のときにベース−エミッタ間の電位差が 0.7 V になることを考慮すると，N 点の電位は 0.7V，M 点の電位は 1.4V，O 点の電位は 0.7V となる。ここで，トランジスタ Q_3 の状態について考えると，ダイオード D が DTL のところで述べたレベルシフトダイオードとして機能するため，Q_3 を ON にするためには $0.7 + 0.7 = 1.4$V の電位がベースに必要となる。これに対してトランジスタ Q_3 のベースすなわち O 点の電位は 0.7V であるから，Q_3 は OFF となっていることがわかる。

入力の一方が L レベルの場合の動作を，図 8.13 (b) に示す。このとき，マルチエミッタトランジスタ Q_1 のベースからの電流は L レベルになっているエミッタへと流入し，コレクタ側へは流れない。よってトランジスタ Q_2 はベース電流が流ないため OFF となり，トランジスタ Q_4 もベース電流が流れないため OFF となる。トランジスタ Q_2 が OFF になることによって電源 V_{CC} からの電流は O 点からトランジスタ Q_3 側へと流れ，Q_3 が ON になる。したがって，出力 X の電位は電源電圧（$V_{CC} = 5V$）からダイオード D と Q_3 のベース−エミッタ間で生じる電位降下を引いたもので，$5.0 - 0.7 - 0.7 = 3.6$V となる。入力の両方が H レベルの場合も，マルチエミッタトランジスタ Q_1 からエミッタへと電流が流れるため，同様の動作となり，出力は H レベルとなる。

ここで，TTL NAND ゲートの一方の入力を H レベル (5 V) に固定したままで，他方の入力電圧を 0 V から 5 V まで変化させたとき，出力がどのようになるかを，図 8.14 に示す。入力電圧が 0.7 V に達しないときには，マルチエミッタトランジスタ Q_1 はベースからエミッタへと電流を流すため，回路の状態は図 8.13(b) に示したようになっており，先に述べたとおり出力電圧は 3.6 V となる。入力電圧が 0.7V に達すると，マルチエミッタトランジスタの等価回路においてコレクタ側のダイオードが ON となり，電流が Q_1 のコレクタからトランジスタ Q_2 のベースへと流れはじめ，Q_2 が ON となる。トランジスタ Q_2 が ON になってコレクタからエミッタへ電流が流れはじめることにより，O 点の電位すなわちトランジスタ Q_3 のベース電圧が低下し，出力電圧は図 8.14 (a) に示した静特性の A 点から B 点へとなだらかに低下する。このとき，トランジスタ Q_4 はまだ OFF の状態である。入力電圧がさらに大きくなると，トランジスタ Q_4 が ON となり，図 8.14 (a) の静特性の B 点から C 点へと急激に出力

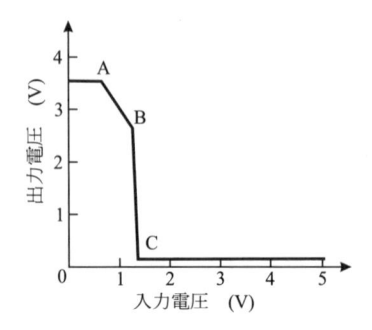

図 8.14 TTL-NAND ゲートの入出力特性

電圧は低下する。このとき，トランジスタ Q_3 は OFF となっている。ただし，入力電圧をさらに大きくしても，出力電圧は厳密には 0 V にはならず，トランジスタ Q_4 の飽和コレクタ電圧 (0.1~0.3 V) になる。

8.3.2 TTL の種類

論理ゲートは IC 化されており，2 入力の NAND ゲートには 7400 という番号がついていることは前章で述べた。TTL は同じ論理動作をするゲートでも動作速度や消費電力などの電気的特性が異なるさまざまなタイプのものが開発されている。この論理ゲートの電気的特性は 74 の後ろの英文字で表されている。英文字がつかないものはノーマル型 (N) と呼ばれ，もっとも古い世代の TTL

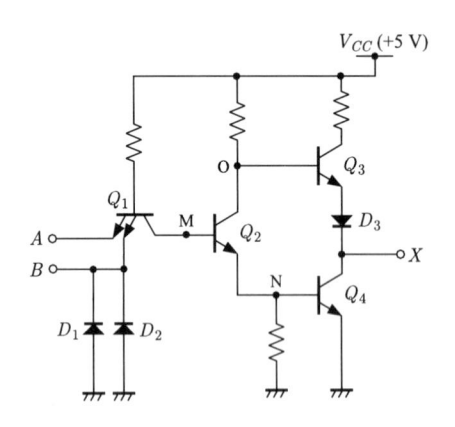

図 8.15 ノーマル型 TTL NAND ゲート

8.3. TTL (Transistor Transistor Logic)

である。図 8.15 は，ノーマル型の TTL NAND ゲート (7400) の回路図であり，いままでの説明に用いてきた TTL NAND ゲートの入力部分にクリンピングダイオードと呼ばれるダイオード D_1, D_2 が接続されたものである。クリンピングダイオードは，入出力間の配線の容量やインダクタンスによって電圧に振動（リンギング）が生じた場合の入力保護をおこなうものである。

74 シリーズの電気的特性を表す英文字には以下のようなものがある。

- L: Low-Power
- H: High-Speed
- S: Schottky
- LS: Low-Power Schottky
- F: First
- AS: Advanced Schottky
- ALS: Advanced Low-Power Schottky

このうち，L-TTL と H-TTL はノーマル型とともにもっとも古い世代の TTL であり，L は低消費電力，H は動作速度の高速化を目的としたものである。しかし，L は動作速度が遅く，H は消費電力が大きくなるという問題があり，現在では，まず使用されることはない。

次世代の TTL として，ショットキートランジスタを用いることで動作の高速化をおこなったものが，S-TTL である。TTL の動作速度が低下するのはトランジスタが飽和しているときにベースにキャリアが蓄積されることに起因している。ショットキートランジスタは，図 8.16 に示したように，トランジスタのベース−コレクタ間にショットキーダイオードを接続したものである。ショットキーダイオードは，2.2.2 項で説明したように，金属と半導体の接触によって生じる電位障壁を利用したダイオードで順方向電圧の閾値が 0.3〜0.5 V 程度と

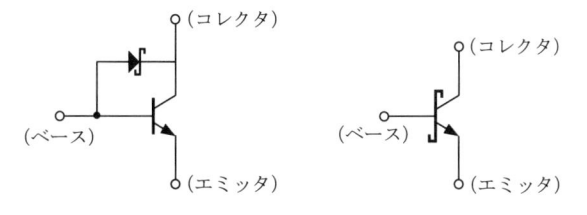

(a) ショットキーバリアダイオード　　(b) 記号

図 8.16 ショットキートランジスタ

pn接合ダイオードよりも低いという特徴をもっている。トランジスタがONになり飽和すると，コレクタの電位が低下するためショットキーバリアダイオードがONになる。このとき，ベース電流の一部は分流されてショットキーバリアダイオードを介してトランジスタのコレクタからエミッタへと流れる。このことで，ベースに流入する電流が減少してトランジスタの飽和は浅い状態に保たれるため，キャリアの蓄積が少なくなり，動作の高速化が実現できる。

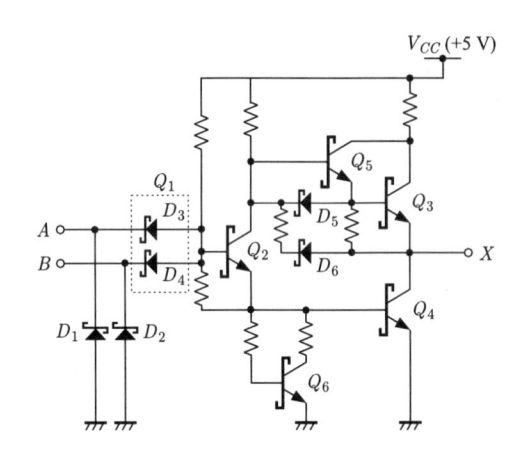

図 8.17 LS 型 TTL NAND ゲート

　ショットキーダイオードを用いた高速化の利点をなるべく保ちながら低消費電力化をおこなったものが LS-TTL である。図 8.17 は，LS-TTL NAND (74LS00) の回路図を示している。LS ではゲートの入力部分もマルチエミッタトランジスタにかわってショットキーダイオードが用いられている。
　この S，LS の後継にあたるのが，F，AS，ALS であり，動作速度と消費電力の性能向上が図られている。

8.3.3　TTL の静特性

　ディジタル IC を破損せずに正しく使用するための条件や，IC の入出力における電圧・電流の特性は規格表としてまとめられている。規格表は，絶対最大定格，推奨動作条件，電気的特性などに分類されている。電気的特性のうち入力が時間的に変化しないときの回路の電圧，電流，消費電力などの状態をとくに静特性と呼んでいる。ここでは，N，LS，ALS，F の TTL をとりあげ，規格

8.3. TTL (Transistor Transistor Logic)

表を用いて TTL の静特性について説明する。

表 8.1 TTL (74 シリーズ) の絶対定格

	N	LS	ALS	F
電源電圧 V_{CC} (V)	7	7	7	7
入力電圧 (V)	5.5	7	7	7
動作温度 (°C)	0~70	0~70	0~70	0~70
保存温度 (°C)	-65~150	-65~150	-65~150	-65~150

表 8.1 は，TTL の絶対最大定格を示している．絶対最大定格とは，使用するときに絶対に越えてはならない条件であり，これらの値を超えた状態で使用すると IC が破壊されて機能しなくなる危険がある．例えば，N-TTL の動作温度は 0 ~ 70°C となっており，TTL を動作させているときの温度が 0 ~ 70°C の範囲にないと IC が破損される可能性があることを示している．

表 8.2 TTL (74 シリーズ) の推奨動作条件

	7400			74LS00			74ALS00			74F00			UNIT
	MIN	NOM	MAX	MIN	NOM	MAX	MIN	NOM	MAX	MIN	NOM	MAX	
電源電圧 V_{CC}	4.75	5	5.25	4.75	5	5.25	4.5	5	5.5	4.75	5	5.25	V
H レベル出力電流 I_{OH}			-0.4			-0.4			-0.4			-1	mA
L レベル出力電流 I_{OL}			16			8			8			20	mA

表 8.2 は推奨動作条件を示している．推奨動作条件とは，ディジタル IC を使用するさいに与える電源電圧や負荷電流などで，メーカが推奨する使用条件を示したものである．これらの値を超えた状態で IC を使用した場合，以下に述べる電気的特性が保証されなくなる．表中の NOM は，用いることを推奨している値であり，MIN は最小値，MAX は最大値である．例えば，N-TTL の電源電圧の場合，MIN: 4.75，NOM:5，MAX:5.25 となっている．これは，電源電圧が 4.75~5.25 V の範囲にあれば規格表にある電気的特性が保証されるが，メーカとしては電源電圧を 5 V で使用することを推奨していると解釈すればよい．

表 8.3 は電気的特性のうちで静特性に関係する主なパラメータをまとめたものである．TTL の静特性では，入出力の閾値，駆動能力，消費電力の 3 つがとくに重要であるので，これらについて規格表を見ながら説明してゆく．

1) 入出力の閾値

いままでは，大まかに電源電圧 V_{CC} (=5V) に近いときを H レベル，0V に近いときを L レベルとして，H レベルと L レベルの閾値について厳密には考えていなかった。ただし，8.3.1 項で TTL の動作を解析したさいに，TTL の H レベルの出力は電源電圧からトランジスタとダイオードによる電圧降下を引いた 3.6 V 程度であり，L レベルの出力はトランジスタの飽和コレクタ電圧である 0.1~0.3 V 程度となることはすでに述べた。また，図 8.14 に示したように，TTL の出力は H レベルと L レベルを示す 2 値の電圧だけを取りうる訳ではない。さらに，TTL の特性を決定するトランジスタの閾値電圧は多少なりともばらつきがあるものであり，また温度によっても変化する性質のものである。このような理由から，TTL の閾値は表 8.3 に示してあるように H レベルと L レベル，さらに入力と出力で別々の値が設定されている。

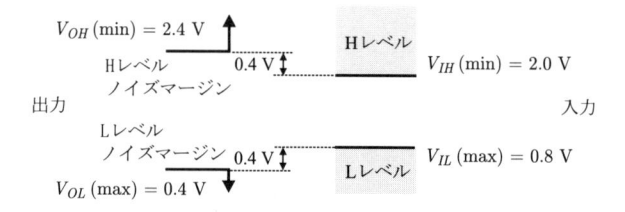

```
         V_OH(min) = 2.4 V  ↑
              Hレベル            Hレベル
              ノイズマージン  0.4V ↕        V_IH(min) = 2.0 V
   出力                                              入力
              Lレベル
              ノイズマージン  0.4V ↕        V_IL(max) = 0.8 V
         V_OL(max) = 0.4 V  ↓    Lレベル
```

図 8.18 入出力電圧特性とノイズマージン

H レベル入力電圧 V_{IH} は入力に H レベルが与えられたと認識する電圧である。これは，N, LS, ALS, F-TTL の全てについて最低値が 2 V であるから，2 V 以上の電圧が入力されたときは H レベルと認識されることを示している。一方，L レベル入力電圧 V_{IL} は入力に L レベルが与えられたと認識する電圧であり，最高値が 0.8 V であるから，0.8 V 以下の電圧が入力されたときは L レベルと認識されることを示している。出力側について見ると，H レベル出力電圧 V_{OH} は H レベルを出力するときの電圧であり，N-TTL では最低値 (MIN) が 2.4 V，標準値 (TYP) が 3.4 V となっている。このことは，H レベルを出力するとき，N-TTL では標準として 3.4 V が出力されるが，最低でも 2.4 V は出力されるようになっていることを示している。H レベル出力電圧は TTL の種類によって異なり，LS-と F-TTL では最低値が 2.7 V，ALS-TTL では最低値が 3.0 V になっている。

8.3. TTL (Transistor Transistor Logic)

表 8.3 TTL (74 シリーズ) の電気的特性

	TEST CONDITIONS	7400			74LS00			74ALS00			74F00			UNIT
		MIN	TYP	MAX	MIN	TYP	MAX	MIN	TYP	MAX	MIN	TYP	MAX	
H レベル入力電圧 V_{IH}		2			2			2			2			V
L レベル入力電圧 V_{IL}				0.8			0.8			0.8			0.8	V
H レベル出力電圧 V_{OH}	$V_{CC}=$ MIN, $V_{IL}=V_{ILMAX}$, $I_{OH}=$ MAX	2.4	3.4		2.7	3.4		3.0			2.7	3.4		V
L レベル出力電圧 V_{OL}	$V_{CC}=$ MIN, $V_{IH}=2V$, $I_{OL}=$ MAX		0.2	0.4		0.25	0.5		0.35	0.5			0.5	V
H レベル入力電流 I_{IH}	$V_{CC}=$ MAX			40			20			20			20	μA
L レベル入力電流 I_{IL}	$V_{CC}=$ MAX			-1.6			-0.4			-0.1			-0.6	mA
H レベル消費電流 I_{CCH}	OUTPUT=ALL H			8			1.6			0.85			2.8	mA
L レベル消費電流 I_{CCL}	OUTPUT=ALL L			22			4.4			3			10.2	mA

Lレベル出力電圧 V_{OL} はLレベルを出力するときの電圧であり，N-TTLでは最大値 (MAX) が 0.4 V，標準値 (TYP) が 0.2 V となっている。LS-, ALS-, F-TTL では最大値が 0.5 V になっている。ここで，N-TTL の入出力の閾値についてまとめたものが，図 8.18 である。N-TTL が H レベルを出力する場合，最低でも $V_{OH\mathrm{MIN}} = 2.4\,\mathrm{V}$ が出力される。これに対して，入力側では $V_{IH} = 2.0\,\mathrm{V}$ 以上の電圧が入力されれば H レベルと認識することになっている。つまり，$V_{OH\mathrm{MIN}}$ は V_{IH} よりも 0.4 V 高く設定されているため，0.4 V のノイズが混入したとしても H レベルは正しく前段の出力から次段の入力へと伝達されることになる。このノイズに対する余裕のことを H レベルノイズマージンと呼んでいる。同様に，L レベルについてもLレベル出力電圧は $V_{OL\mathrm{MAX}} = 0.4\,\mathrm{V}$，L レベル入力電圧は $V_{IL} = 0.8\,\mathrm{V}$ であり，L レベルノイズマージンは 0.4 V である。ここで，N-TTL の後ろに他の種類の TTL を接続する場合について考えると，H レベル入力電圧 V_{IH} と L レベル入力電圧 V_{IL} は，LS-, ALS-, F-TTL も N-TTL と同じ値であるため，N-TTL の後ろに他の種類の TTL を接続しても，論理レベルは正しく伝達されることがわかる。一方，H レベル出力電圧 V_{OH} と L レベル出力電圧 V_{OL} は TTL の種類によって値が異なっているが，いずれも H レベル入力電圧 V_{IH} と L レベル入力電圧 V_{IL} に対してはノイズマージンを有しており，どのような組み合わせて TTL を接続しても論理レベルの伝達は正しく行われることがわかる。

2) 駆動能力

　TTL の駆動能力とは，ひとつの TTL でいくつの TTL を駆動できるか，つまりひとつの TTL のうしろにいくつの TTL を接続することができるかという能力である。ある素子の出力の次段にいくつの素子の入力を接続できるかという数をファンアウトと呼ぶ。

　ファンアウトの考え方を，図 8.19 に示した NAND ゲートの次段に NAND ゲートを複数接続した回路を用いて説明する。ここで，NAND ゲートは全て N-TTL であるとする。図 8.19(b) は，前段の出力が L レベルのときの，前段出力部と後段入力部のトランジスタ回路の動作を示したものである。後段の入力に流れる電流は L レベル入力電流 I_{IL} で表され，N-TTL の場合は $-1.6\,\mathrm{mA}$ である。ここで電流が負であるということは，電流が後段の入力から前段の出力へ向けて流れていることを示している。つまり，後段に接続している NAND が N 個の場合，前段に流入する電流は $I_{IL} \times N$

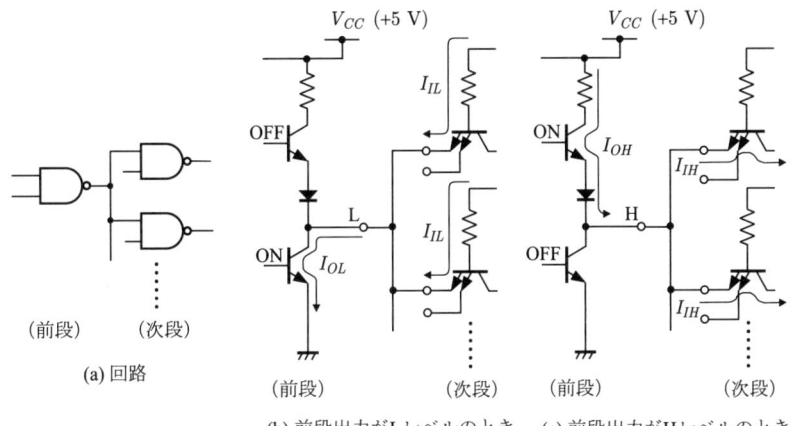

8.3. TTL (Transistor Transistor Logic)

図 8.19 TTL の駆動能力（ファンアウト）

(a) 回路　(b) 前段出力がLレベルのとき　(c) 前段出力がHレベルのとき

となる。この電流は，図 8.19(b) に示すように，前段のトランジスタへ流入しており，この電流が増加するにつれて出力の電圧は上昇してしまう。ここで，前段の出力にどれだけ電流が流入しても，Lレベルの出力電圧が保証されるかを示しているのがLレベル出力電圧 I_{OL} である。N-TTLの場合，Lレベル出力電流 I_{OL} は 16 mA であり，Lレベル入力電流 I_{IL} が -1.6 mA であることから，N-TTL の次段に接続することができる N-TTL の数，つまりLレベルにおけるファンアウトは，

$$N_{LMAX} = \frac{|I_{OL}|}{|I_{IL}|} = \frac{16}{1.6} = 10 \qquad (8.1)$$

であり，Lレベルを出力する N-TTL の次段には 10 個の N-TTL が接続できることになる。

Hレベルの場合のファンアウトも同様に考えることができる。前段の出力がHレベルの場合の前段出力部と後段入力部のトランジスタの動作は，図 8.19(c) のようになっている。Hレベルのときに後段の入力に流れる電流はHレベル入力電流 I_{IH} で表され，N-TTL の場合は 40 μA である。これに対して，Hレベルのときに前段から供給できる電流はHレベル出力電流 I_{OH} で表され，$-400 \mu A$ である。ここで，値が負であるということは，電流が前段の出力から後段の入力へ向かって流れていることを表している。後段の TTL を駆動するために H レベル出力電流 I_{OH} よりも多くの

電流が必要になると，出力電圧が H レベルを維持できなくなってしまう。したがって，H レベルを出力している N-TTL の後段に接続することができる N-TTL の数，つまり H レベルにおけるファンアウトは，

$$N_{HMAX} = \frac{|I_{OH}|}{|I_{IH}|} = \frac{400}{40} = 10 \tag{8.2}$$

となる。ファンアウトは L レベルと H レベルの両方の場合について計算し，小さい値の方を選べばよい。異なった種類の TTL を接続する場合には，ファンアウトが小さくなることがあるので注意が必要である。

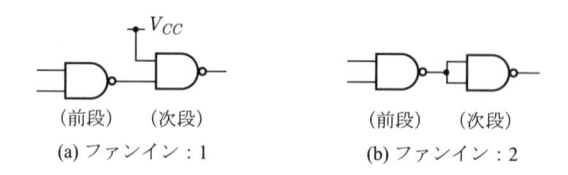

(a) ファンイン：1   (b) ファンイン：2

図 8.20 ファンイン

NAND ゲートを用いて NOT ゲートを構成するとき，前章の図 7.6 に示したように入力の一方を V_{CC} に接続する方法と，入力をひとつにまとめる方法があった。これらのゲートを後段に接続したときのファンアウトについて考えてみる。前段の出力が L の場合，図 8.20(a) の回路で後段の TTL から前段の TTL へ流入する電流は I_{IL} であるが，図 8.20(b) の回路では後段の 2 つの端子が前段の TTL に接続されているため，流入する電流は $2I_{IL}$ となる。つまり，後段のゲートの数は両方とも 1 つであるが，ゲートを駆動するために必要な電流という観点からみると，図 8.20(b) の接続では後段にゲートを 2 つ接続した状態に相当していることがわかる。このゲートの入力側における等価的な負荷のことをファンインと呼ぶ。図 8.20 の回路では，後段のゲートのファンインは，(a) のときは 1，(b) のときは 2 となる。ファンインが 2 のゲートを駆動するのは，2 個のゲートを駆動するのと等価であるので，ファンアウトを計算する場合にはこのことを考慮しなければならない。

3) 消費電力

ゲートの出力が H レベルのときに 1 パッケージのディジタル IC が消費する電流を I_{CCH}，L レベルのときの消費電流を I_{CCL} という。出力が L レベルのときにはトランジスタに電流が流れるため消費電流は大きくなってい

8.3. TTL (Transistor Transistor Logic)　　161

る。平均消費電流 I_{CC} は，出力が時間的に H レベルと L レベルが 50%ずつのときに 1 つのゲートが消費する電流であり，$I_{CC} = (I_{CCH} + I_{CCL})/2M$ で与えられる。ここで M は 1 つのパッケージに入っているゲートの数である。N-TTL と比較して LS-TTL は 5 分の 1，ALS-TTL は 8 分の 1 以下の消費電流でゲートを動作させることができる。

8.3.4 TTL の動特性

ディジタル IC の電気的特性のうちで，入力の変化に応じて出力が変化するまでに要する時間や，出力波形の形状変化など，時間に関係するものを動特性とよぶ。

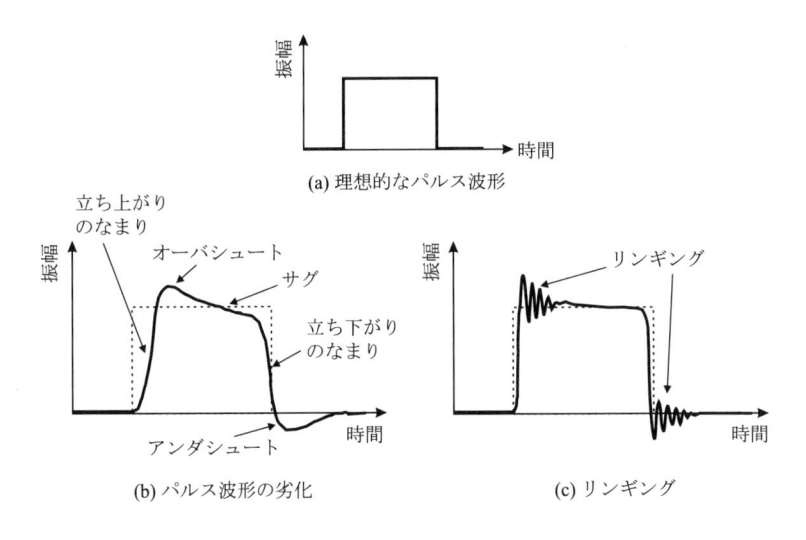

図 8.21 パルス波形の劣化

ディジタル回路における理想的な波形は，図 8.21(a) に示すような，L レベルと H レベルの状態のときは電圧が一定で，L レベルと H レベルが変化する立ち上がりと立ち下がりの部分では変化速度が無限大で瞬間に論理レベルが切り替わる矩形パルス波形である。しかし，実際の回路では，図 8.21(b) に示すように，立ち上がり，立ち下がり部分では急峻な変化に応答できないことによる波形のなまり，立ち上がり，立ち下がり直後には波形が理想的な矩形波を越えて変化するオーバシュート，アンダシュート，また平坦部では電圧値が単調に変

化してしまうサグといった現象が観測される。さらに，急峻な立ち上がり，立ち下がりの直後には，単なるオーバシュート，アンダシュートだけではなく，図 8.21(c) に示すようなリンギングとよばれる振動的な波形が発生することもある。

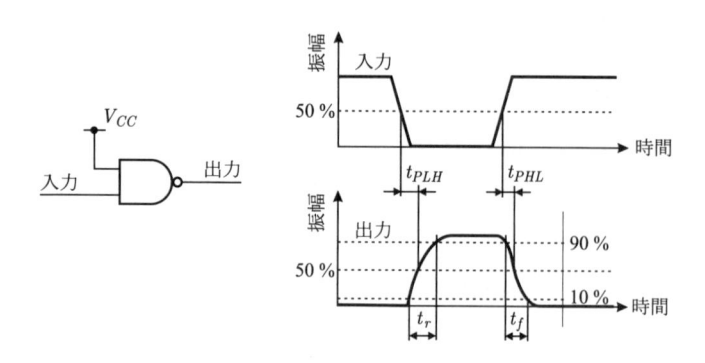

図 8.22 動特性のパラメータ

ディジタル回路の動特性は，図 8.22 に示すようなパラメータで表される。動特性でとくに重要なのはディジタル IC の速度，つまり入力の変化に対して出力が応答するのに要する時間であり，この時間のことを，伝播遅延時間とよぶ。図 8.22 は，入力の一方を電源電圧にプルアップした NAND ゲートのもう一方の入力に矩形波を与えたときの入出力波形を模式的に表したものである。伝播遅延時間は，H レベルの 50% の電圧値を基準として考え，入力波形の振幅が H レベルの 50% になったときから出力波形の振幅が H レベルの 50% に達するまでの時間として定義されている。伝播遅延時間には出力が L レベルから H レベルへと変化するときの t_{PLH} と H レベルから L レベルへと変化するときの t_{PHL} の 2 種類があり，一般に L レベルから H レベルに変化するときの方が伝播遅延時間は長くなる。表 8.4 は規格表に掲載されている N, LS, ALS, F-TTL の伝播遅延時間であり，規格表には伝播遅延時間の最大値 (MAX) と標準値 (TYP) が示されている。伝播遅延時間を比較すると，LS-TTL は N-TTL と比べてやや速いという程度であるが，ALS-TTS では伝播遅延時間が半減しており，高速化が実現されていることがわかる。伝播遅延時間は次段の負荷の抵抗や容量に依存して変化する性質をもつが，TTL は出力インピーダンスが低いため，次段の負荷による伝播遅延時間の変動はさほど大きくはない。

8.4. CMOS (Complementary MOS)

表 8.4 TTL（74 シリーズ）の動特性

	TEST CONDITIONS	t_{PLH} (ns) TYP	MAX	t_{PHL} (ns) TYP	MAX
7400	$C_L = 15pF, R_L = 400\Omega$	11	22	7	15
74LS00	$C_L = 15pF, R_L = 2k\Omega$	9	15	10	15
74ALS00	$C_L = 50pF, R_L = 500\Omega$	4	11	3	8
74F00	$C_L = 50pF, R_L = 500\Omega$	3.7	5.0	3.2	4.3

伝播遅延時間を表す t_{PLH} と t_{PHL} では波形の形状の変化については表現することができない．立ち上がりと立ち下がりにおける波形のなまりを表すパラメータとして，上昇時間 t_r，下降時間 t_f が，図 8.22 に示すように定義されている．上昇時間 t_r は出力が H レベルの 10%から 90%まで上昇するのに要する時間，下降時間 t_f は出力が H レベルの 90%から 10%まで下降するのに要する時間である．

8.4 CMOS (Complementary MOS)

8.4.1 CMOS の動作原理

CMOS（Complementary MOS）は IC 製造プロセスや微細加工技術の発展とともに大規模集積回路（LSI）を中心に利用されてきたが，現在では TTL に替わって全ての規模のディジタル回路で主流を占めるようになってきている．

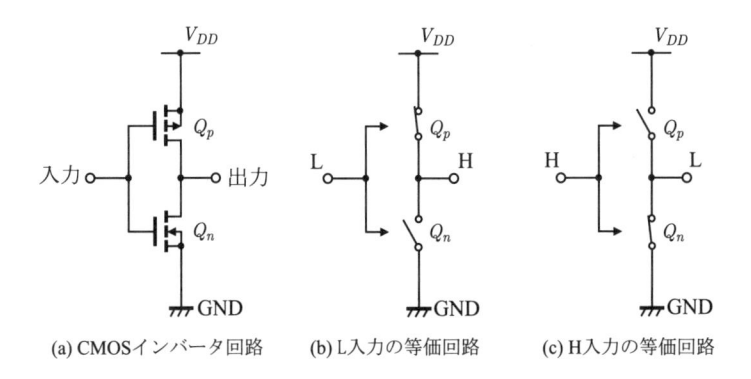

(a) CMOS インバータ回路　　(b) L 入力の等価回路　　(c) H 入力の等価回路

図 8.23 CMOS インバータの動作原理

図 8.23(a) は，CMOS で構成されたインバータ回路であり，エンハンスメント型の pMOS と nMOS が相補的 (Complementary) に接続されている。pMOS のサブストレートは電源 V_{DD}，nMOS のサブストレートは GND に接続されている。したがって，入力電圧（ゲート電圧）が L レベルの場合，pMOS は ON，nMOS は OFF となり，図 8.23(b) に示すように出力端子に V_{DD} が接続されることによって H レベルが出力される。一方，入力が H レベルの場合には，図 8.23(c) に示すように pMOS は OFF，nMOS は ON となり，出力には GND が接続されて L レベルが得られる。このように，CMOS は対となっている pMOS と nMOS のいずれか一方が ON のときは他方は OFF になっており，電源から GND へ流れる直流電流は存在しない。そのため，TTL に比べて小さな消費電力で駆動をおこなうことが可能となる。

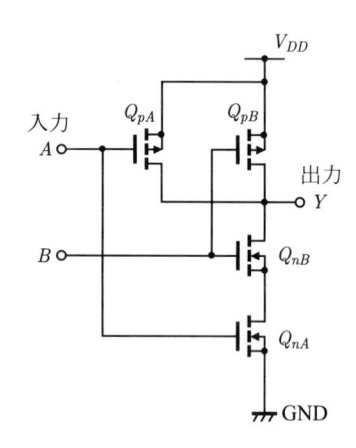

図 8.24 CMOS NAND ゲート

図 8.24 は CMOS で構成した NAND ゲートの回路図を示している。入力 A には pMOS Q_{pA} と nMOS Q_{nA}，入力 B には pMOS Q_{pB} と nMOS Q_{nB} が接続されている。また，2 つの pMOS のソースとドレインは並列，nMOS のソースとドレインは直列に接続されている。入力 A, B に対する各 MOS FET の ON, OFF と出力の関係を真理値表としてまとめたものを表 8.5 に示す。同一の入力に接続されている pMOS と nMOS の ON, OFF は常に反転しており，出力には電源 V_{DD} か GND のどちらか一方のみが接続されるように動作していることがわかる。

8.4. CMOS (Complementary MOS)

表 8.5 CMOS NAND ゲートの動作

A	B	Q_{pA}	Q_{pB}	Q_{nA}	Q_{nB}	Y
L	L	ON	ON	OFF	OFF	H
L	H	ON	OFF	OFF	ON	H
H	L	OFF	ON	ON	OFF	H
H	H	OFF	OFF	ON	ON	L

8.4.2 CMOS の静特性

初期の CMOS の IC として代表的なものには 4000/4500 シリーズがあったが, 当時の CMOS は TTL と比べて動作が遅いという問題があり, 消費電力や電源電圧などの問題で TTL が使いにくい機器に主として用いられていた。そのため, これらの IC ではピン配置や入出力レベルなどの点で TTL との互換性は考慮されていなかった。これに対して 1980 年代になると, 低消費電力でかつ動作速度が TTL の LS シリーズとほぼ同等の高速 CMOS が開発され, 74HC シリーズと名付けられた。74HC シリーズは TTL の 74 シリーズと機能やピン配置を同じにしてあり, 互換性がとれるようにしてある。近年になると, TTL の F シリーズ相当の動作速度を有する 74AC シリーズや, さらに高速な 74BC シリーズも開発されている。ここでは, 74HC シリーズを中心に CMOS の特性について述べてゆく。

表 8.6 は, CMOS (74HC シリーズ) の絶対最大定格を示している。TTL と比較すると, 動作温度や入力電圧の範囲が広くなっているが, それほど大きな差異はないと考えてよい。

2 入力 NAND の IC である 74HC00 の電気的特性のうち, 静特性に関するものを, 表 8.7 に示す。CMOS の電気的特性は動作温度によっても変化するため, 一般の規格表には温度による特性の変化も記載されているが, ここでは 25°C の場合の値を示している。TTL の場合と同様に, 入出力の閾値, 駆動能力, 消費電力などの静特性の重要な項目について規格表を見ながら説明してゆく。

表 8.6 CMOS (74HC) の絶対最大定格

電源電圧 V_{DD} (V)	7
入力電圧 (V)	$V_{DD} + 1.5$
動作温度 (°C)	-40 ~85
保存温度 (°C)	-65 ~150

表 8.7 CMOS (74HC00) の電気的特性

	TEST CONDITIONS	V_{DD} (V)	MIN	TYP	MAX	UNIT
H レベル入力電圧 V_{IH}	$V_{out} = 0.1V$ $\|I_{out}\| = 20\mu A$	2.0 4.5 6.0	1.5 3.15 4.2			V
L レベル入力電圧 V_{IL}	$V_{out} = 0.1V$ $\|I_{out}\| = 20\mu A$	2.0 4.5 6.0			0.3 0.9 1.2	V
H レベル出力電圧 V_{OH}	$\|I_{out}\| = 20\mu A$	2.0 4.5 6.0	1.9 4.4 5.9	2.0 4.5 6.0		V
L レベル出力電流 I_{OL}	$V_{out} = 4.4V$	4.5			4	mA
H レベル出力電流 I_{OH}	$V_{out} = 0.1V$	4.5			4	mA
L レベル出力電圧 V_{OL}	$\|I_{out}\| = 20\mu A$	2.0 4.5 6.0		0 0 0	0.1 0.1 0.1	V
入力電流 I_{in}	$V_{in} = V_{DD} or GND$	6.0		0.0001	±0.1	μA
消費電流 I_{CC}	$V_{in} = V_{DD} or GND, I_{out} = 0$	6.0			2	μA

8.4. CMOS (Complementary MOS)

1) 電源電圧

　まず，CMOS は電源電圧 V_{DD} のレンジが広いという特徴が挙げられる。TTL の場合，比較的電源電圧のレンジが広い ALS でも電源は 4.5~5.5 V の範囲に設定しなければ動作が保証されなかった。これに対して，CMOS では，電源電圧を 2.0~6.0 V の範囲で自由に設定することが可能である。このことから，表 8.7 では，電源電圧 V_{DD} を 2, 4.5, 6 V に設定したときの CMOS の電気的特性が示されている。

2) 入出力の閾値

　CMOS は電源電圧のレンジが広いため，入出力の閾値も電源電圧によって異なった値が定められている。図 8.25 は，電源電圧が 4.5 V の場合の入出力の閾値とノイズマージンを示している。TTL でみられたトランジスタによる電圧降下は CMOS では生じないため，CMOS の出力は L レベルのときは GND，H レベルのときは電源電圧 V_{DD} とほぼ一致している。また，CMOS のノイズマージンは，電源電圧が 4.5 V の場合には，H レベルで 1.25 V，L レベルで 0.8 V と，TTL の 0.4 V よりも広く設定されていることがわかる。ただし，ここで注意しなければいけないことは，CMOS のノイズマージンが TTL より大きいことが CMOS がノイズに強いということを必ずしも示していないという点である。CMOS は電圧駆動素子であるためノイズを拾いやすく，TTL は電流駆動素子であるためノイズを拾いにくいという性質をがある。このことが，CMOS のノイズマージンが大きく設定されている理由でもある。

3) 駆動能力

　TTL は電流駆動素子であるため，ゲートを接続したときに生じる電流の影響を考慮する必要があり，一つのゲートに接続できるゲートの数には

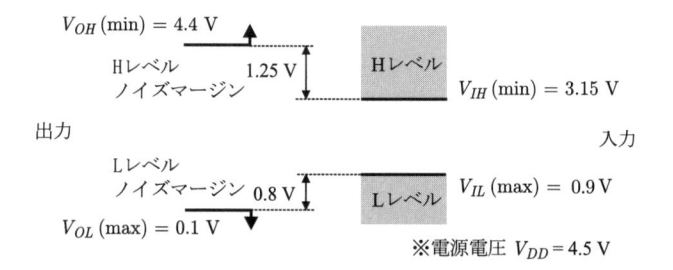

V_{OH}(min) = 4.4 V
H レベルノイズマージン 1.25 V
H レベル
V_{IH}(min) = 3.15 V
出力
入力
L レベルノイズマージン 0.8 V
L レベル
V_{IL}(max) = 0.9 V
V_{OL}(max) = 0.1 V
※電源電圧 V_{DD} = 4.5 V

図 **8.25** CMOS の入出力電圧特性とノイズマージン

限りがあった。これに対して，CMOS は電圧駆動素子であり，ゲートとソース・ドレインの間は酸化膜で絶縁されているため，入力電流は漏れ電流程度で無視できる量しか流れていない。したがって，CMOS の出力に CMOS を接続する場合，TTL 同士の接続のときに問題となったファンアウトを考慮する必要はほとんどないといえる。かつては，CMOS 同士で接続する場合，接続数の増加とともに負荷容量が増加して動作速度が低下するという問題があったが，最近の CMOS ではそのような問題もほとんどみられない。

4) 消費電力

MOSFET は電圧駆動素子であるため，回路を駆動するために電流を流す必要がない。また，対になっている pMOS と nMOS のどちらか一方は必ず OFF になるように回路が構成されている。このことから，CMOS の消費電力は非常に小さくなっている。ただし，pMOS と nMOS がスイッチングするさいに pMOS と nMOS の両者が過渡的に ON になるため，スイッチングのときには電流が流れて電力を消費することになる。したがって，スイッチングが頻繁に起こるような動作周波数が高い環境下では，CMOS は消費電力が大きくなる傾向を示す。

以上をまとめると，CMOS には TTL に対して以下のような特徴があることがわかる。

- 電源電圧のレンジが広い（$V_{DD} = 2 \sim 6V$）
- 閾値電圧が複数定義されている
- ノイズマージンが大きい
- CMOS 同士の接続ではファンアウトを考慮する必要がない
- 消費電力が小さい

8.4.3 CMOS の動特性

CMOS も TTL と同様に伝播遅延時間から動特性を評価することができる。表 8.8 は，規格表に掲載されている 74HC00 の伝播遅延時間の最大値 (MAX) と標準値 (TYP) を示したものである。表 8.4 に示したさまざまな TTL の伝播遅延時間と比較すると，74HC00 の動作速度はほぼ 74LS00 に相当していると考えることができる。HC の後継である AC は動作速度が向上しており，TTL の ALS にほぼ相当している。

8.4. CMOS (Complementary MOS)

表 8.8 CMOS (74HC00) の動特性

TEST CONDITIONS	V_{DD} (V)	t_{PLH} (ns)		t_{PHL} (ns)	
		TYP	MAX	TYP	MAX
$C_L = 50pF$, $R_L = \infty$	2.0	19	90	19	90
	4.5	9	18	9	18
	6.0	8	15	8	15

8.4.4 CMOS と TTL の接続

CMOS と TTL を接続して回路を構成する場合，駆動能力と入出力の閾値の問題について検討する必要がある．ここでは，CMOS として 74HC00，TTL として 74LS00 を用い，両者を接続するときの問題点について考えてみる．

1) 入出力の閾値

74HC00 の後段に 74LS00 を接続して駆動する場合を考える．74LS00 の H レベル入力電圧は $V_{IH} = 2V$，L レベル入力電圧は $V_{IL} = 0.8V$ である．これに対して，電源電圧が $V_{DD} = 4.5V$ のときの 74HC00 の H レベル出力電圧は $V_{OH} = 4.4$ V (MIN)，L レベル出力電圧は $V_{OL} = 0.1$ V (MAX) である．CMOS の出力は電源電圧と GND の間をめいっぱい振り切れるので，前段に CMOS が接続されている場合には入出力の閾値の違いはほとんど問題にならない．

一方，74LS00 の H レベル出力電圧はトランジスタの影響で，$V_{OH} = 2.7$ V (MIN) に低下している．ここで，74HC00 の H レベル入力電圧 $V_{IH} = 3.15$ V であるため，TTL が正しく H レベルを出力していても CMOS がその信号を H レベルと認識できないという問題が生じるものと考えられる．このような場合，図 8.26 に示すように TTL の出力に数十 kΩ 程度の

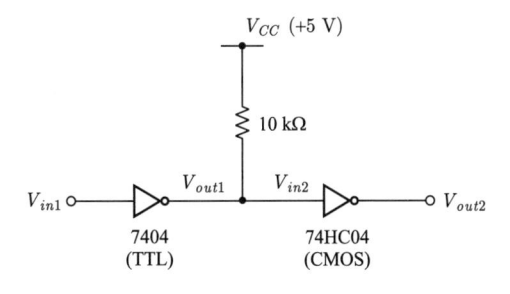

図 8.26 TTL と CMOS の接続

プルアップ抵抗を接続することによって，出力が H レベルのときの出力電圧を電源電圧とほぼ同じにすることができる。このことで，出力が H レベルのときの電圧は，74HC00 の H レベル入力電圧 $V_{IH} = 3.15$ V よりも常に大きくなり，H レベルが正確に伝達されることになる。

2) 駆動能力

CMOS の駆動にはほとんど電流を必要としないため，TTL で CMOS を駆動する場合には駆動電流が不足する心配はほとんどなく，いくつでも接続することができる。一方，CMOS で TTL を駆動することが可能かどうかを考えてみる。74HC00 の後段に 74LS00 を接続した場合を想定して，ファンアウトを計算すると，

$$N_{L\,\mathrm{MAX}} = \frac{|I_{OL}(74\mathrm{HC}00)|}{|I_{IL}(74\mathrm{LS}00)|} = \frac{4}{0.4} = 10$$

$$N_{H\,\mathrm{MAX}} = \frac{|I_{OH}(74\mathrm{HC}00)|}{|I_{IH}(74\mathrm{LS}00)|} = \frac{4000}{20} = 200$$

となり，TTL 同士の接続と同程度の結果が得られる。したがって，駆動能力の観点からは CMOS と TTL の接続にはほとんど問題はないと考えることができる。

□□ 第 8 章の章末問題 □□

問 1. 図 8.27 に示した回路について以下の問いに答えなさい。ただし，ダイオード，トランジスタの閾値電圧は 0.7V とする。

1) 端子 A, B に 0 V を印加したときの端子 X の電圧を求めなさい。
2) 端子 A, B に 0 V を印加したときの M 点の電圧を求めなさい。
3) 端子 A に 0V, 端子 B に 5 V を印加したときの端子 X の電圧を求めなさい。
4) 端子 A, B に 5 V を印加したときの端子 X の電圧を求めなさい。
5) 端子 A, B に 3 V を印加したときの N 点の電圧を求めなさい。
6) 端子 A に 3V, 端子 B に 5 V を印加したときの M 点の電圧を求めなさい。

問 2. 図 8.28 に示した回路について以下の問いに答えなさい。ただし，ダイオード，トランジスタの閾値電圧は 0.7 V とする。

1) 端子 A, B に 0 V を印加したときの端子 X の電圧を求めなさい。
2) 端子 A, B に 5 V を印加したときの端子 X の電圧を求めなさい。
3) 端子 A に 1V, 端子 B に 4 V を印加したときの端子 X の電圧を求めなさい。
4) 端子 A, B に 5 V を印加したときの M 点の電圧を求めなさい。

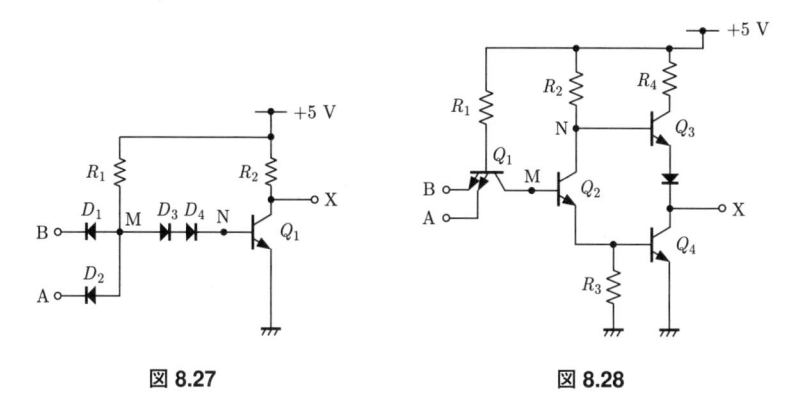

図 8.27

図 8.28

5) 端子 A, B に 5 V を印加したときの N 点の電圧を求めなさい．
6) 端子 A, B に 3 V を印加したときの M 点の電圧を求めなさい．

問 3. NAND ゲート 74LS00 の出力に，a) 7400 を接続する場合，b) 74LS00 を接続する場合，c) 74ALS00 を接続する場合，それぞれいくつまで後段の NAND ゲートを駆動することが可能か．表 8.2, 8.3 に示されている TTL の静特性をもとにして求めなさい．

問 4. 図 8.29 に示した CMOS 回路の動作を解析しなさい．$Q_1 \sim Q_4$ には，それぞれの MOS-FET が ON（ソース-ドレイン間に電流が流れている状態）か OFF（ソース-ドレイン間に電流が流れない状態）かを，X には出力が H か L かを書きなさい．

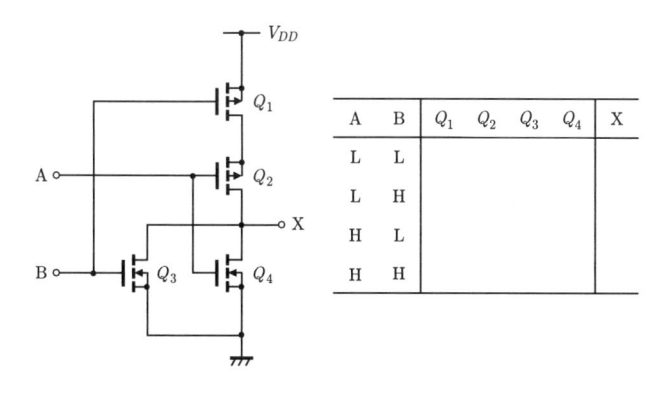

A	B	Q_1	Q_2	Q_3	Q_4	X
L	L					
L	H					
H	L					
H	H					

図 8.29

問 5. 図 8.30 に示した CMOS 回路の動作を解析しなさい．$Q_1 \sim Q_6$ には，それぞれの MOS-FET が ON か OFF かを，X には出力が H か L かを書きなさい．

問 6. CMOS の NAND ゲート 74HC00 の出力に，TTL の NAND ゲート a) 7400 を接

図 8.30 の回路について、入出力関係を表にまとめなさい。

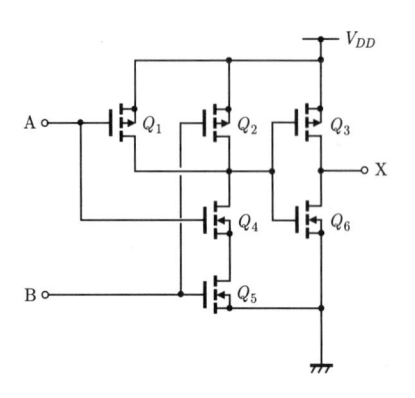

[回路図: CMOS NAND ゲート
V_{DD} に接続された Q_1, Q_3 (PMOS),
直列接続の Q_4, Q_5 (NMOS),
出力段 Q_6, 出力 X
入力 A, B]

A	B	Q_1	Q_2	Q_3	Q_4	Q_5	Q_6	X
L	L							
L	H							
H	L							
H	H							

図 8.30

続する場合, b) 74LS00 を接続する場合, c) 74ALS00 を接続する場合, それぞれいくつまで後段の NAND ゲートを駆動することが可能か。表 8.3, 8.7 に示されている TTL と CMOS の静特性をもとにして求めなさい。

9
組合せ回路

9.1 組合せ回路と順序回路

 ディジタル回路は，一般に，図 9.1 (a) に示すように H レベルか L レベルの 2 値信号を外部から入力し，回路内部に記憶されている状態変数と入力信号との論理演算や算術演算の結果を出力するものである．ここで，現在の入力だけで出力が決まる回路，つまり同一の入力に対しては常に同じ出力が得られる回路のことを組合せ回路と呼んでいる．これに対して，現在の入力と，回路が記憶している状態変数によって出力が決まる回路，つまり同一の入力に対しても回路の状態によって常に同一の出力が得られるとは限らない回路のことを順序回路と呼んでいる．順序回路は，図 9.1 (c) に示すように，組合せ回路の出力を状態変数として状態記憶回路に記憶し，外部入力と状態変数を入力とする組合せ回路の出力を求めるという基本構造をしている．ここでは，まずディジタル回路の基礎となる組合せ回路について説明してゆく．

9.2 組合せ回路の設計

9.2.1 論理式の標準型

 前述したように，組合せ回路とは入力が決まると出力が一意に定まるという性質を持っている．したがって，全ての入力の組合せに対する出力を真理値表としてかき出すことができる．

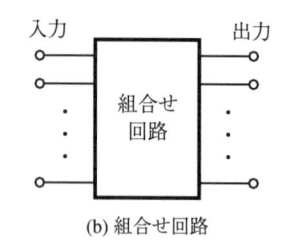

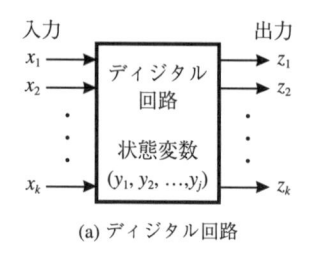

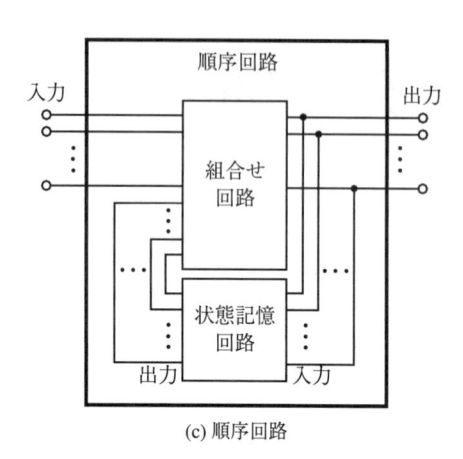

図 9.1 ディジタル回路

例えば，入力信号 (C, B, A) の 3 ビットで 0～7 の数字を表現することとして，これが偶数のときに出力 X が 1，奇数のときに 0 となるディジタル回路を考えることとする。この回路に関する真理値表は，表 9.1 に示すようになる。

表 9.1 の一番右側には，入力変数 C, B, A が "0" のときに "その変数の否定"，"1" のときに "その変数そのもの" を対応させて，全ての入力変数について論理積をとったものがかかれている。このようなものを最小項という。表 9.1 において，出力 X が 1 となるのは，$(C, B, A) = (0, 0, 0), (0, 1, 0), (1, 0, 0), (1, 1, 0)$ のいずれかが成立したときであるから，論理式 X は，次式のように 4 つの論理積の論理和として表現することができる。

$$X = \bar{C} \cdot \bar{B} \cdot \bar{A} + \bar{C} \cdot B \cdot \bar{A} + C \cdot \bar{B} \cdot \bar{A} + C \cdot B \cdot \bar{A} \tag{9.1}$$

このような最小項の論理和で表された論理式のことを加法標準型という。このような加法標準型で表現された論理式に対応する回路は AND ゲートとそれ

9.2. 組合せ回路の設計　　　　　　　　　　　　　　　　　　　　　　　175

表 9.1 偶数検出回路の真理値表

C	B	A	X	論理積項
0	0	0	1	$\bar{A}\cdot\bar{B}\cdot\bar{C}$
0	0	1	0	$A\cdot\bar{B}\cdot\bar{C}$
0	1	0	1	$\bar{A}\cdot B\cdot\bar{C}$
0	1	1	0	$\bar{A}\cdot B\cdot\bar{C}$
1	0	0	1	$\bar{A}\cdot\bar{B}\cdot C$
1	0	1	0	$A\cdot\bar{B}\cdot C$
1	1	0	1	$\bar{A}\cdot B\cdot C$
1	1	1	0	$A\cdot B\cdot C$

に続く OR ゲートを用いて作成することができる．まず，1) 論理式の各論理積項について，入力変数 C, B, A の否定されたものは NOT ゲートを介し，そうでないものは直接 AND ゲートに入力する．2) さらに各論理積項に対応した AND ゲートの出力を OR ゲートの入力に接続する．このようにして式 (9.1) からかいた回路図が，図 9.2 であり，OR ゲートの出力が論理式の結果に対応する出力になっている．

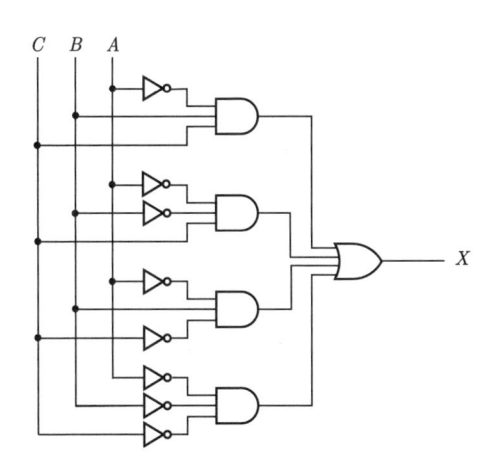

図 9.2 加法標準型に基づく偶数検出回路

ここで，両端に状態表示記号がついていない信号線と両端に状態表示記号がついている信号線を読み替えることが可能であるということを 7 章で説明したが，このことを，図 9.2 の回路の AND ゲートと OR ゲートを結ぶ信号線にあて

はめた回路図が，図 9.3 である。回路図から明らかなように，加法標準型で表現された論理式をもとにした組合せ回路は，1 段目 AND ゲート，2 段目 OR ゲートを用いる代わりに NAND ゲートを 2 段用いて作成することも可能である。

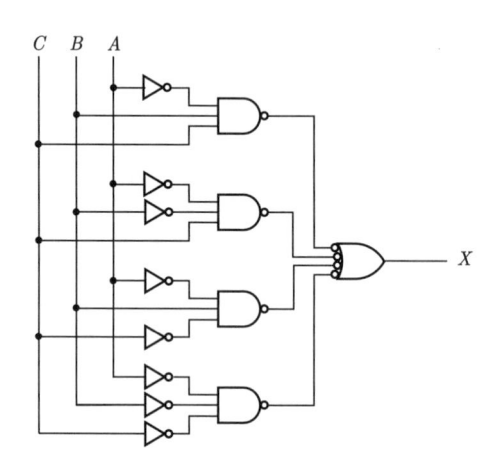

図 9.3 NAND ゲートを用いた偶数検出回路

さて，真理値表をもとに加法標準型で論理式を表すことによって組合せ回路の設計が行えることを示した。しかし，加法標準型による設計では 1 が出力される論理積項の数だけ AND ゲートが必要になる。7 章で説明したように，論理式は簡単化をおこなうことが可能であり，例えば，偶数検出回路の論理式は，

$$X = \bar{C} \cdot \bar{B} \cdot \bar{A} + \bar{C} \cdot B \cdot \bar{A} + C \cdot \bar{B} \cdot \bar{A} + C \cdot B \cdot \bar{A} = \bar{A} \tag{9.2}$$

のように簡単化できる。このことは，偶数の 2 進数表現は必ず最下位の桁が 0 になることからも明らかであろう。このように考えると，図 9.4 ような簡単な回路で，図 9.2，9.3 と全く同じ機能を満たすことができることがわかる。

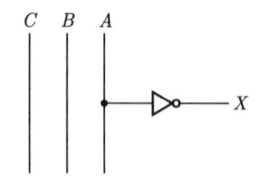

図 9.4 簡単化した偶数検出回路

9.2. 組合せ回路の設計

ディジタル回路では，同様な機能を満たす複数の回路が存在するため，論理式を簡単化して回路設計をおこなうことが重要である．ここでは，入力が2～5程度の組合せ回路を設計するときに有効な手法であるカルノー図を用いた簡単化について説明をおこなう．

9.2.2 カルノー図による簡単化

ブール代数の公式を利用した論理式の簡単化については7章で説明したが，複雑な論理式の簡単化は容易ではなく，また得られた論理式が最も簡単化されたものであるということも保証されない．カルノー図は，加法標準型で表された論理式を簡単化する手法であり，直感力や熟練を必要とせず与えられた規則に従うことで誰でも論理式の簡単化がおこなえることに特徴がある．

カルノー図は，図9.5に示すように入力変数を2つのグループに分け，それぞれの変数が取りうる値の組合せを行と列に配置したものである．例えば，入力が2変数 B, A の場合，B, A がとりうる 0, 1 の値をそれぞれ行と列に配置して，2×2 の欄がある図を図9.5 (a) のように作成する．したがって，入力が n 変数の場合には，2^n 個の欄からなるカルノー図が作成され，カルノー図の各欄は全ての入力の組合せに対応していることになる．ここで入力変数が3以上の場合，同一の行や列に2変数が並ぶことになるが，このとき2変数の値を並べる順番は，00, 01, 11, 10 のように隣接するものどおしで1ビットだけ変化するようにする必要がある．

カルノー図による簡単化は以下の手順でおこなう．

1) 組合せ回路の論理式が与えられたとき，真理値表を作成する要領で，出力が1になる入力の組合せに対応するカルノー図の欄に1を記入する．
2) 1が記入された欄をグループ化してまとめる．
3) グループに対応する論理積をANDゲートの入力とし，ANDゲートの出力のORをとることで組合せ回路の回路図を作成する．

ここで，1が記入された欄をグループ化する場合，グループの形状は正方形か矩形でグループ内の1の数は 2^m 個でなければならないという規則がある．グループ内の1の数が 2^m 個のとき，ANDゲートに入力する変数のうち m 変数を省略することが可能となる．また，グループはなるべく大きくとり，グループの数が少なくなるようにグループ化する．このさい，ひとつの欄の1が複数のグループに含まれることは問題ない．実際にグループ化をおこなった例を，図9.6に示す．

178   9. 組合せ回路

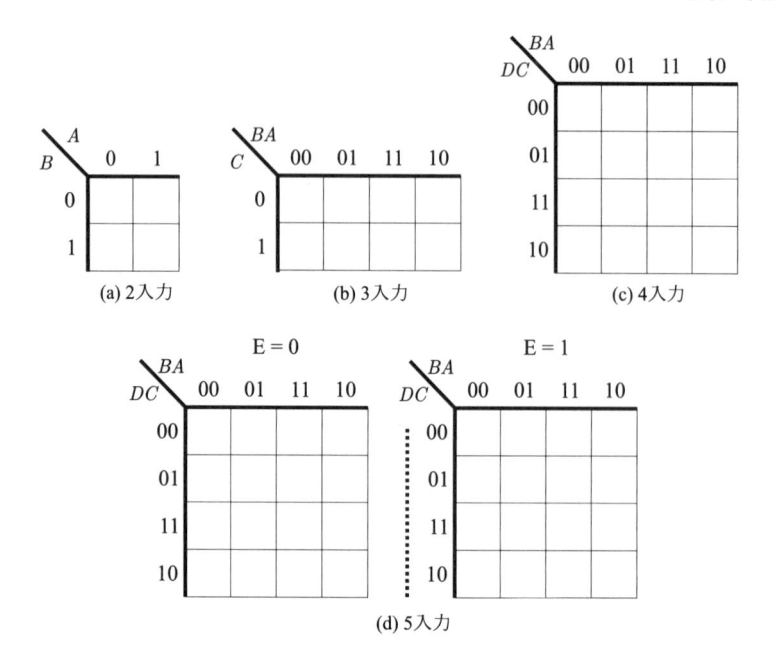

(a) 2入力

(b) 3入力

(c) 4入力

(d) 5入力

図 9.5 カルノー図

　図 9.6(a)〜(c) は隣接する 2 欄を矩形にグループ化する最も基本的なまとめ方である。図 9.6 (a) を用いて，グループ化によって論理式がどのように簡単化されるかを説明する。まず，与えられた論理式は，$X = \bar{D}\cdot C\cdot \bar{B}\cdot A + \bar{D}\cdot C\cdot B\cdot A$ であり，出力が 1 となる，$(D,C,B,A) = (0,1,0,1)$ および $(D,C,B,A) = (0,1,1,1)$ に対応する欄に 1 が記入されており，これらの欄は隣接しているのでグループ化されている。ここで，カルノー図では，隣接する欄は 1 ビットだけ異なるように並べられており，この場合，2 つの欄で異なるのは B の 1 ビットである。このグループ化された欄をみると，$(D,C,A) = (0,1,1)$ の条件が成立すれば，B は 0 でも 1 でも出力は 1 となることがわかる。つまり，B の値は出力に影響しないので，AND ゲートに入力する必要はない。したがって，$X = \bar{D}\cdot C\cdot \bar{B}\cdot A + \bar{D}\cdot C\cdot B\cdot A = \bar{D}\cdot C\cdot A$ という簡単化が行える。このようにして，カルノー図でグループ化された入力の組合せのうち，0, 1 のどちらが入力されても，出力に影響を及ぼさないものを見つけることで，その変数を省略した論理式を求めることができる。ここで注意すべきことは，カルノー図の上下左右の端同士も 1 ビットだけ異なるという点である。したがって，図 9.6

9.2. 組合せ回路の設計

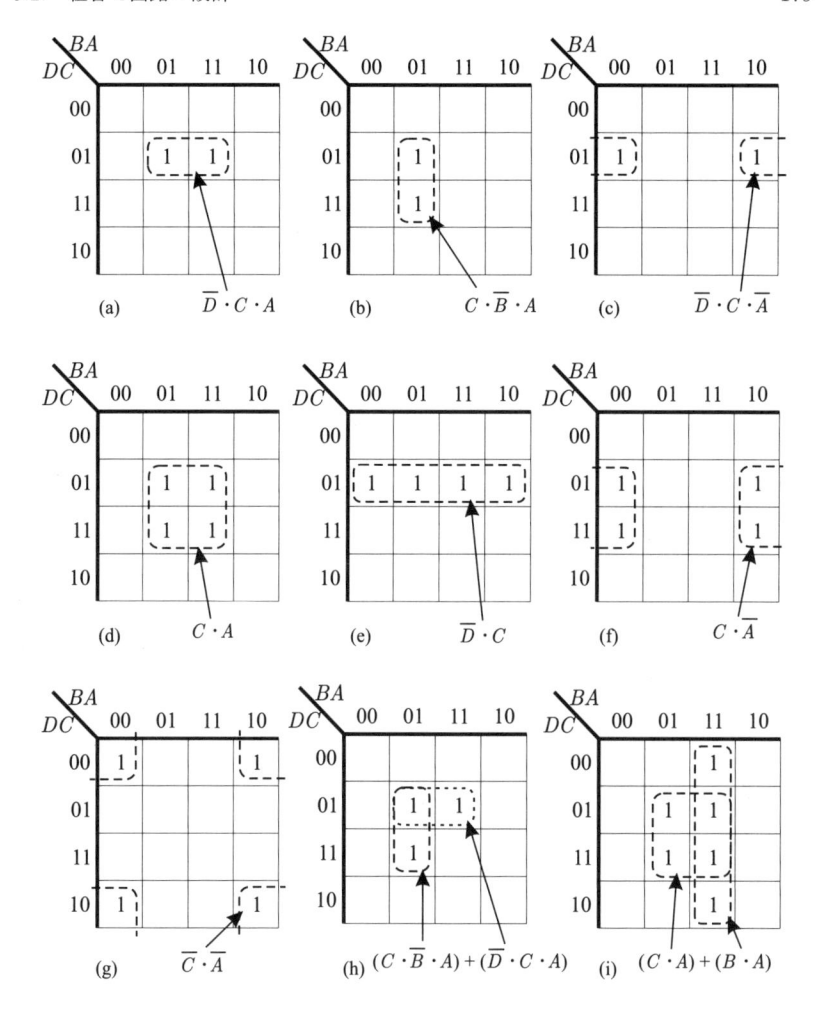

(a) $\overline{D} \cdot C \cdot A$　(b) $C \cdot \overline{B} \cdot A$　(c) $\overline{D} \cdot C \cdot \overline{A}$

(d) $C \cdot A$　(e) $\overline{D} \cdot C$　(f) $C \cdot \overline{A}$

(g) $\overline{C} \cdot \overline{A}$　(h) $(C \cdot \overline{B} \cdot A) + (\overline{D} \cdot C \cdot A)$　(i) $(C \cdot A) + (B \cdot A)$

図 9.6 カルノー図による論理の簡単化

(c) のように，両端の欄に 1 が記入されている場合もグループ化をおこなうことが可能である．また，図 9.6(d)～(g) に示すように，1 × 4 の矩形や 2 × 2 の正方形で 4 つの欄をグループ化できれば，2 変数を省略可能になるので，できる限り大きくグループ化を行った方がよい．また，図 9.6(h), (i) のようにひとつの欄が複数のグループにまたがっても，大きくグループ化した方がより簡単化される．図 9.7 は，グループ化が行えない例であり，斜めにグループ化した

り，2^m 個以外の数の欄をグループ化することはできない．

DC \ BA	00	01	11	10
00				
01		1		
11			1	
10				

(a)

DC \ BA	00	01	11	10
00				
01		1	1	1
11				
10				

(b)

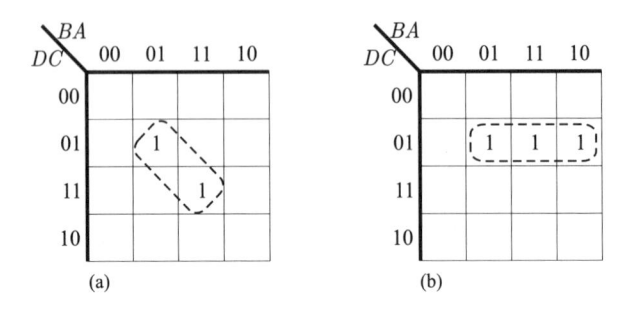

図 9.7 グループ化が行えない例

では実際に，図 9.8 に示すような，入力信号に応じてサイコロの目が点灯する回路を例にして，カルノー図による組合せ回路の設計について説明する．まず，サイコロの目は 1〜6 までの 6 パターンがあるため，入力信号は 3 ビット必要となる．この 3 ビットの入力信号に応じて，図 9.8 に示すようなパターンでサイコロの目が点灯することとする．また，サイコロの目は，それぞれの目に接続されている信号線の信号が "1" になったときに点灯することとする．サイコロの目のパターンを観察すると，a1 と a2，b1 と b2，c1 と c2 は常に同時に点滅しているので，これらには同一の信号線を配線すればよい．したがって，サイコロの目を点灯させる組合せ回路は，3 入力，4 出力となる．

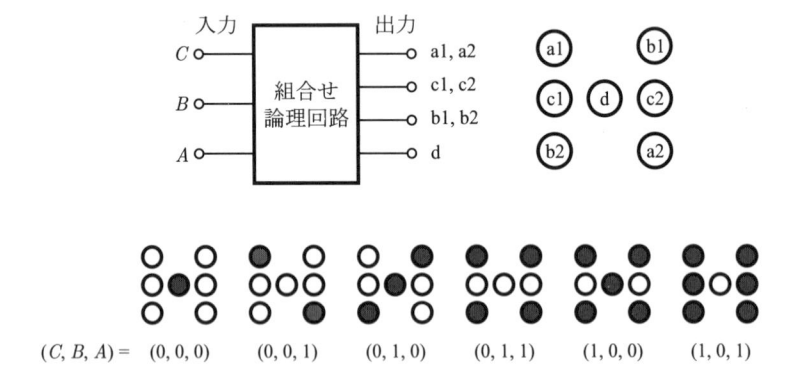

図 9.8 サイコロの目を点灯させる組合せ回路の入出力関係

9.2. 組合せ回路の設計

表 **9.2** LED(a1, a2) に点灯の真理値表

C	B	A	a1, a2
0	0	0	0
0	0	1	1
0	1	0	0
0	1	1	1
1	0	0	1
1	0	1	1

ここで，a1, a2 のサイコロの目に接続される出力信号について考えてみる。これらが点灯するのは，サイコロの目の数が 2, 4, 5, 6 の場合であるから，a1, a2 に関する真理値表は，表 9.2 のようになる。

さらに，a1, a2 が点灯する条件の論理式を加法標準形で表すと以下のようになる。

$$f(C,B,A) = \bar{C}\cdot\bar{B}\cdot A + \bar{C}\cdot B\cdot A + C\cdot\bar{B}\cdot\bar{A} + C\cdot\bar{B}\cdot A \qquad (9.3)$$

式 (9.3) を簡単化せず，そのまま組合せ回路として描いたものが 図 9.9 である。

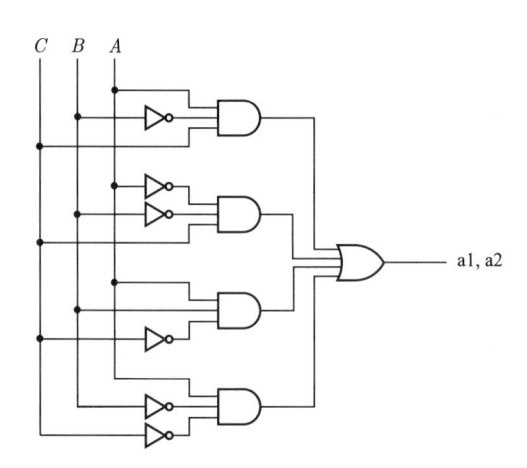

図 **9.9** サイコロの目 a1, a2 を点滅させる組合せ回路

式 (9.3) から作成したカルノー図と，それをもとに描いた回路図を図 9.10 に示す。カルノー図をみると，2 つのグループ化が行えることがわかり，このことによって，3 入力の AND ゲートが 4 つ必要だった回路と同一の動作が，2 入

力の AND ゲート 2 つで実現できることが分かる．

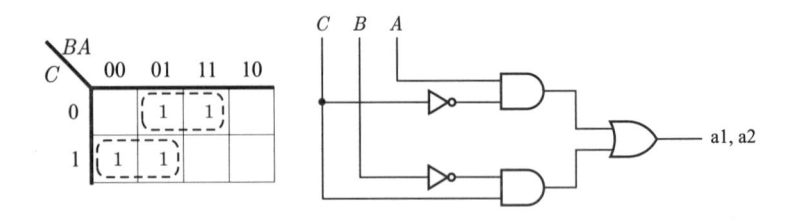

図 9.10 サイコロの目 a1, a2 を点滅させる組合せ回路の簡単化

さらに，AND-OR ゲートの組合せを，NAND-NAND の組合せに変えて，図 9.11 のように回路を構成することも可能である．

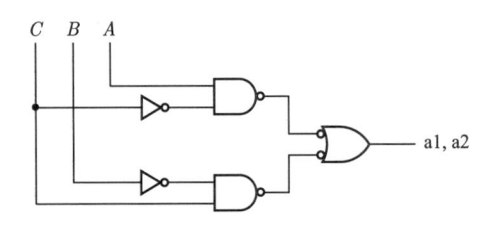

図 9.11 NAND を用いた簡単化回路

9.2.3 冗長項の利用

さて，さらに簡単な回路で，図 9.8 に示したサイコロの目を点灯させる機能が実現できないか考えてみる．ここで，組合せ回路の入力が 8 状態を表現できる 3 ビットであるのに対して，サイコロの目は 6 つしかないため，2 つの入力状態 $(C, B, A) = (1, 1, 0), (1, 1, 1)$ は使用されていない点に着目する．これらの絶対に起こり得ない入力条件に対して，今までは暗黙に「点灯しない」条件で簡単化をおこなってきているが，これらの出現しない条件のときに「点灯」しても何ら問題はないはずである．このように，出力が "0" でも "1" でもよいものを冗長項 (Don't Care) と呼び，これを利用することで回路がさらに簡単化される可能性がある．冗長項は 0 でも 1 でもよいということから，カルノー図上で冗長項の位置を ϕ で表すこととすると，冗長項を考慮したサイコロの目を点滅させる回路のカルノー図は，図 9.12 のように 4 つの欄が 2 つグループ化で

9.3. 算術演算回路

きるようになり，出力 a1 と a2 には入力 C と A の OR をとったものを接続するだけで良いことがわかる．なお，ここでは全ての冗長項をグループに含めているが，冗長項は必ずしもグループに含める必要はないので，冗長項を用いてもグループを大きくできない場合には無視してかまわない．

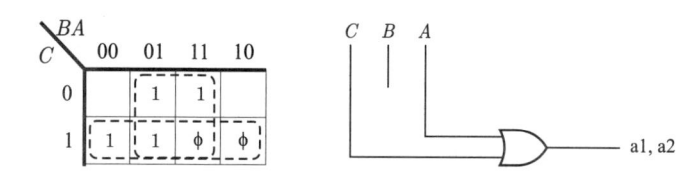

図 9.12 NAND を用いた簡単化回路

このことは，図 9.8 において，C か A の少なくともどちらか一方が 1 のときに a1, a2 が点灯していることからも確認できる．加法標準形で表した論理式からそのまま回路を設計した図 9.9 と，冗長項まで含めて簡単化を行った図 9.12 を比較すれば，簡単化の重要性が理解できるであろう．

9.3 算術演算回路

ここまではディジタル回路による論理演算について述べてきたが，電卓や計算機の例でも明らかなようにディジタル回路は算術演算をおこなうこともできる．算術演算は加減乗除の四則演算が中心となるが，ディジタル回路の場合，基本演算は加算と減算で，乗算，除算は加算と減算の繰り返しによって実現されていることが多い．そこで，2 進数の加算と減算をおこなう回路を中心に説明をおこなう．

9.3.1 加算回路

最も簡単な算術演算回路は加算回路であるが，算術演算と論理演算のもっとも大きな差異は桁上げ処理が必要となる点である．つまり，論理演算では $0+0=0, 0+1=1, 1+0=1, 1+1=1$ であり，1 ビットの論理演算の結果は必ず 1 ビットであった．ところが，1 桁の 2 進数を加算する場合，$0+0=0, 0+1=1, 1+0=1, 1+1=10$ のように桁上がりも考慮できなければならない．桁上げを考慮した加算 $A+B$ の真理値表は，図 9.13 に示すよ

うになる．真理値表を見ると，入力 A, B と出力の下位桁 X との関係は排他的論理和になっており，上位桁 C_1 は入力 A, B がともに 1 のときに桁上げで 1 となっている．したがって，図 9.13 に示したような回路を用いることで，1 桁の加算を実現することが可能となる．しかし，この回路は下の桁からの桁上がりを計算に含めることができないため，この回路をそのまま並べても複数桁の加算は行えない．このことから，この回路は半加算器（ハーフアダー）と呼ばれている．

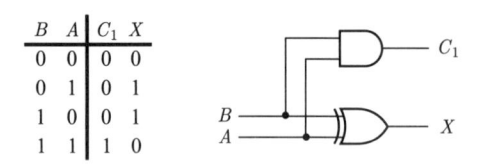

B	A	C_1	X
0	0	0	0
0	1	0	1
1	0	0	1
1	1	1	0

図 9.13 半加算器（ハーフアダー）

下の桁からの桁上がりも考慮できる全加算器の回路図を，図 9.14 に示す．ここで，C_0 は下の桁からの桁上がり入力，C_1 は上の桁への桁上がり出力である．

B	A	C_0	C_1	X
0	0	0	0	0
0	0	1	0	1
0	1	0	0	1
0	1	1	1	0
1	0	0	0	1
1	0	1	1	0
1	1	0	1	0
1	1	1	1	1

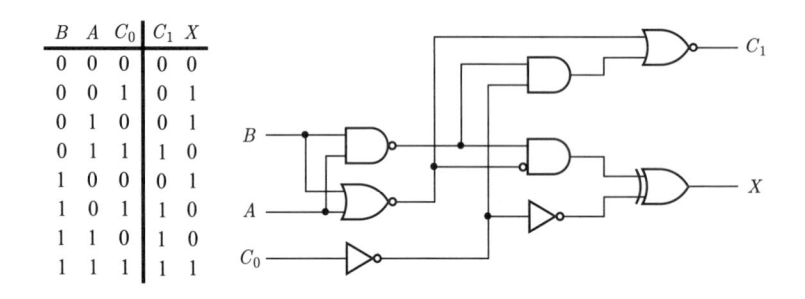

図 9.14 全加算器（フルアダー）

図 9.14 の回路を複数用意して，桁上がり出力と，桁上がり入力を継続に接続することによって複数桁の加算が可能となる．このような回路は IC 化されており，例えば，全加算器を 4 桁分接続した 7483 などがある．全加算器を複数接続することで，さらに多くの桁数の加算を実行することが可能となる．

9.3.2 減算回路

　計算機を含めたディジタル回路における算術演算では，負数を表現するために補数を用いている。減算は，引く数の符号を反転させて加算することで演算できるので，ディジタル回路における実際の算術演算では，「2の補数」を加算することによって減算をおこなっている。ここで，2進数の各桁の0と1を反転させたものを1の補数といい，さらに1の補数に1を加えたものを2の補数という。例えば，$X = 14 - 9$ を計算する場合，14と9の2進数表現はそれぞれ，1110, 1001 であり，引く数 1001 の 1 の補数は 0110, 2 の補数は 0111 となる。したがって，この減算は $1110 - 1001 = 1110 + 0111 = 10101$ となるが，最上位桁の桁上がりは無視するので，結果は 0101 となる。2進数の表現 0101 は 10 進数の 5 であり，正しい減算結果を求めることができている。

　図 9.15 は，このような処理によって $X = A - B$ を計算する回路であり，B の各桁の否定をとり，桁上げ入力に 1 を入力することで B の 2 の補数が A に加算されるようになっている。

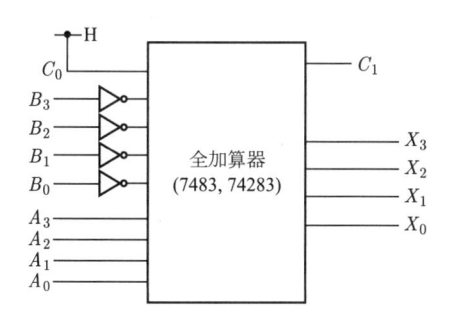

図 9.15 減算回路

　ここで，減算回路と加算回路の違いは，B の否定をとるかとらないか，最下位桁の桁上げ入力を 1 にするかしないかという点だけである。そこで，加算回路と減算回路を別々に用意して演算毎に使い分けるよりも，同じ加算器を利用して加減算を行えるようにした方が効率的である。このような回路が，図 9.16 に示した加減算回路である。

　加減算回路には，加算と減算を選択するための入力 S があり，S と B の排他的論理和をとったものが全加算器に入力されるようになっている。排他的論理和の真理値表を見ればわかるように，S が 0 の場合には全加算器には B の値が

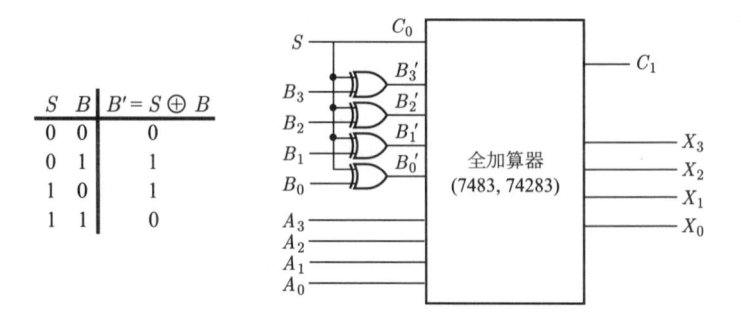

S	B	$B' = S \oplus B$
0	0	0
0	1	1
1	0	1
1	1	0

図 9.16 加減算回路

そのまま入力され，S が 1 の場合には B の否定が入力される．また，S は桁上がり入力 C_0 にも接続されている．したがって，この回路は機能選択端子 S に 0 が入力されているときには加算回路，S に 1 が入力されているときには減算回路として動作するということがわかる．

9.3.3 算術論理ユニット (ALU)

算術論理ユニット (Arithmetic Logic Unit: ALU) は，1 つだけで様々な算術演算と論理演算が行えるように設計された IC である．算術論理ユニットには実行できる演算の数などに応じて多くの種類があるが，ここでは一例として，74381 を取り上げる．この算術論理ユニットは，図 9.17 に示すように 20 端子の IC で，2 組の 4 ビットデータ（$A0$〜$A3$, $B0$〜$B3$）の算術演算または論理演

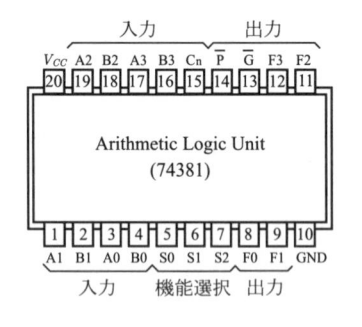

機能選択 S2 S1 S0	動 作
L L L	CLEAR
L L H	B MINUS A
L H L	A MINUS B
L H H	A PLUS B
H L L	A ⊕ B (Ex-OR)
H L H	A + B (OR)
H H L	A · B (AND)
H H H	PRESET

図 9.17 算術論理ユニット

算を行うことができる．実行可能な演算は図中のファンクションテーブルに示されたもので，機能選択端子 $S0$〜$S2$ に入力される信号によってどの演算をおこなうかを決定する．桁上げ入力端子 C_0 や桁上げ出力端子 $\bar{P}, \bar{G}$ は，算術論理ユニットを接続することで，桁数が多い演算に対応するためのものである．とくに，桁上げ出力 $\bar{P}, \bar{G}$ は，算術論理ユニットを多段接続した場合に桁上げの遅延時間が大きくなることを防ぐため，桁上げの先見回路を構成できるようになっている．

□□ 第9章の章末問題 □□

問 1. 次の論理式をカルノー図を用いて簡単化しなさい．
1) $\bar{C} \cdot \bar{B} \cdot \bar{A} + C \cdot \bar{B} \cdot A + C \cdot \bar{B} \cdot \bar{A}$
2) $\bar{C} \cdot \bar{B} \cdot A + C \cdot \bar{B} \cdot A + \bar{C} \cdot B \cdot A + C \cdot B \cdot A$
3) $\bar{C} \cdot B \cdot A + C \cdot \bar{B} \cdot \bar{A} + B \cdot \bar{A}$
4) $\bar{D} \cdot \bar{C} \cdot A + \bar{D} \cdot C \cdot A + D \cdot A$
5) $\bar{D} \cdot \bar{B} \cdot \bar{A} + C \cdot \bar{B} \cdot A + D \cdot \bar{B} \cdot \bar{A} + C \cdot \bar{A} + B \cdot \bar{A}$

問 2. 図 9.18(a), (b) に示した組合せ回路をカルノー図を用いて簡単化し，回路図をかきなさい．

問 3. 図 9.18(a), (b) に示した組合せ回路において，$(C, B, A) = (0, 0, 0), (1, 1, 1)$ の入力はないこととして，カルノー図を用いて簡単化をおこない，回路図をかきなさい．

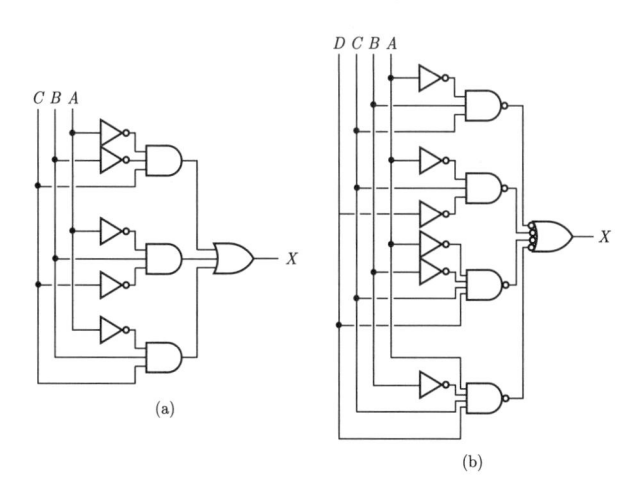

図 9.18

問 4. $0 \sim 9$ の値を $(D, C, B, A) = (0, 0, 0, 0) \sim (1, 0, 0, 1)$ の 2 進数で表現して，入力が $0, 2, 6, 8$ の時に出力が 1，入力が他の場合には出力が 0 となるディジタル回路を設計したい．カルノー図を用いて簡単化をおこない，回路図をかきなさい．

問 5. 図 9.19 に示したように，入力 $A3 \sim A0$, $B3 \sim B0$ （$A0, B0$ が下位ビット），キャリ入力 $C0$，出力 $S3 \sim S0$ （$S0$ が下位ビット），キャリ出力 $C1$ の端子を有する加算器と Ex-OR ゲートを用いて回路を構成した．この回路の動作について以下の問いに答えなさい．

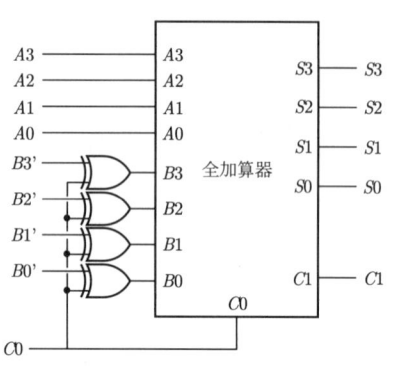

図 9.19

1) 回路への入力 $(A3, A2, A1, A0) = (0, 1, 0, 1)$, $(B3', B2', B1', B0') = (1, 0, 1, 0)$, キャリ入力 $C0 = 0$ のときの出力 $(S3, S2, S1, S0)$ およびキャリ出力 $C1$ を求めなさい．

2) 回路への入力 $(A3, A2, A1, A0) = (1, 1, 0, 1)$, $(B3', B2', B1', B0') = (0, 1, 1, 1)$, キャリ入力 $C0 = 0$ のときの出力 $(S3, S2, S1, S0)$ およびキャリ出力 $C1$ を求めなさい．

3) 回路への入力 $(A3, A2, A1, A0) = (1, 0, 0, 0)$, $(B3', B2', B1', B0') = (0, 1, 1, 1)$, キャリ入力 $C0 = 1$ のときの出力 $(S3, S2, S1, S0)$ およびキャリ出力 $C1$ を求めなさい．

10
順序回路

10.1 ラッチ

前章で述べたように，現在の入力と回路が記憶している状態変数によって出力が決まる回路のことを順序回路と呼んでいる。順序回路は，状態記憶回路と組合せ回路で構成される。まず，状態記憶回路を構成するために必要となるラッチとフリップフロップについて本節と次節で説明する。

10.1.1 $\bar{S}\bar{R}$ ラッチ

組合せ回路は入力が定まって初めて出力が決定される回路であるが，状態記憶回路は入力が全くない状態であっても安定した出力を出しつづける（記憶している）必要がある。このような条件を満たす最も簡単な回路は，図 10.1 に示した一方の出力が他方の入力になっている 2 つの NOT ゲートからなる回路である。

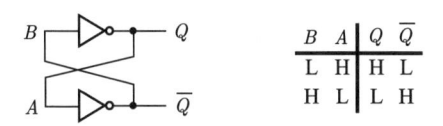

B	A	Q	$\bar{Q}$
L	H	H	L
H	L	L	H

図 10.1 記憶回路の原理

NOT ゲートの入力は必ず他方の否定になっているため，外部から入力がなくても，この回路は，$Q=\mathrm{H}, \bar{Q}=\mathrm{L}$ または $Q=\mathrm{L}, \bar{Q}=\mathrm{H}$ の状態を安定して維

持,つまり記憶し続けることになる。ただし,この回路の問題点は外部からの入力をおこなう信号線そのものが存在しないため,記憶している状態を変化させることができないという点である。そこで,記憶している回路の状態を変化させるための入力をつけた回路が,図 10.2 に示した $\bar{R}\bar{S}$ ラッチである。

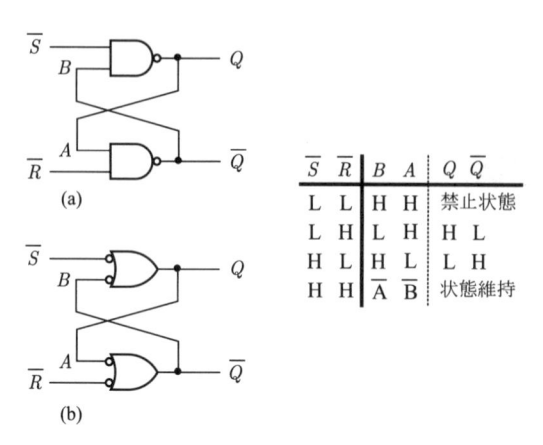

$\bar{S}$	$\bar{R}$	B	A	Q	$\bar{Q}$	
L	L	H	H			禁止状態
L	H	L	H	H	L	
H	L	H	L	L	H	
H	H	$\bar{A}$	$\bar{B}$			状態維持

図 10.2 $\bar{R}\bar{S}$ ラッチ

NAND ゲートは一方の入力が H レベルであると NOT と同様の機能を持つため,$\bar{R}$,$\bar{S}$ 入力がともに H レベルの場合,この回路は,図 10.1 と同じ機能,つまり現在の状態を維持し続けることになる。これに対して,NAND ゲートの一方の入力を L レベルにすると,他方の入力状態に関わらず出力は H レベルになる。したがって,$\bar{S}=\mathrm{L}$,$\bar{R}=\mathrm{H}$ と入力すると,$Q=\mathrm{H}$ となり,入力 A には H が入力されるため,$\bar{Q}=\mathrm{L}$ となる。このように出力 Q が H レベルになることをセットと呼ぶ。一方,$\bar{S}=\mathrm{H}$,$\bar{R}=\mathrm{L}$ と入力すると,$\bar{Q}=\mathrm{H}$ となり,入力 B には H が入力されるため,$Q=\mathrm{L}$ となる。このように出力 Q が L レベルになることをリセットと呼ぶ。このように $\bar{R}\bar{S}$ ラッチが正常に動作している時には,Q と $\bar{Q}$ は互いに相補の関係になる。$\bar{R}$,$\bar{S}$ 入力がともに L レベルの場合には,出力 $Q=\bar{Q}=\mathrm{H}$ となってしまうので,このような入力は禁止されている。入力 $\bar{S}$ と $\bar{R}$ はそれぞれセット入力,リセット入力と呼ばれており,セット入力が L の時に出力がセット状態になることから,$\bar{R}\bar{S}$ ラッチと呼ばれている。このことから,図 10.2(b) に示すように NAND の入力側に状態表示記号をつけてアクティブ-L であることを明示した回路の方が動作を理解しやすいと考えられる。

10.1.2 Dラッチ

$\overline{R}\overline{S}$ラッチは 2 つの入力の組合せで記憶状態を変化させているが，記憶するデータを入力する端子 D と記憶するタイミングを入力するクロック端子 G という役割の異なる端子を別々にもつラッチに D ラッチがある。D ラッチの論理記号と回路構成を，図 10.3 に示す。

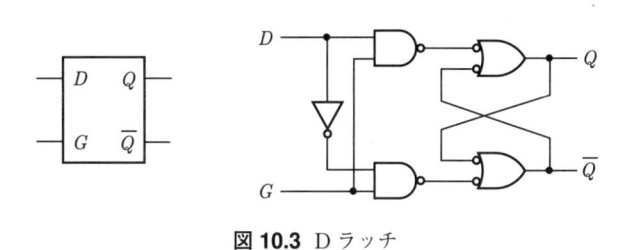

図 10.3 D ラッチ

また，D ラッチの動作を説明するための真理値表，および動作をタイムチャートで表したものを図 10.4 に示す。

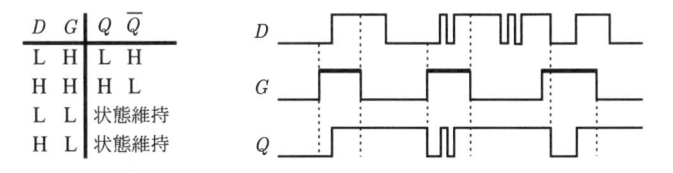

D	G	Q	$\overline{Q}$
L	H	L	H
H	H	H	L
L	L	状態維持	
H	L	状態維持	

図 10.4 D ラッチの真理値表と動作のタイムチャート

Dラッチは，クロック入力 $G = $ L の場合には，そのときの出力状態を維持し続ける，一方，クロック入力 $G = $ H のときには，D と同一の状態が Q に，その否定が $\overline{Q}$ に出力されるという動作をする。タイムチャートを見れば明らかなように，クロック入力 $G = $ H のときは D に与えられた入力波形がそのまま Q につつぬけになり，G が L になると，D の状態に関わらず G が L に変化した瞬間の Q の値を維持し続けることになる。D ラッチの IC には，図 10.5 に示した 7475 などがある。

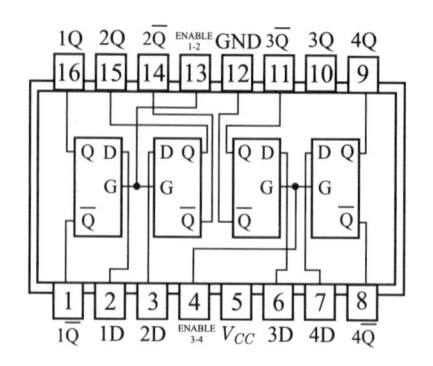

図 10.5 D ラッチの IC

10.2 フリップフロップ

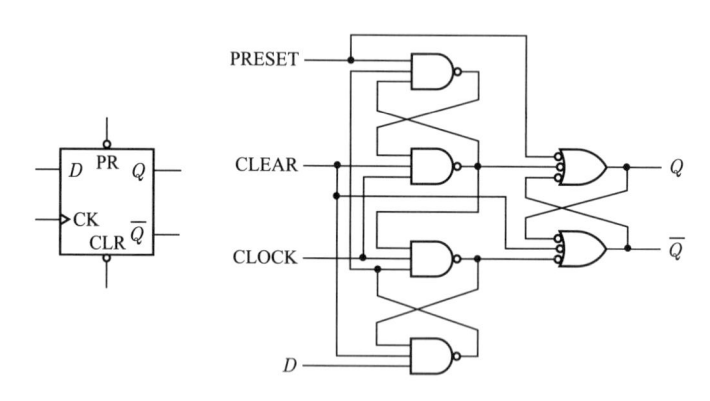

10.2.1 D フリップフロップ

　フリップフロップは，ラッチと同様に回路の状態を記憶するものであるが，ラッチはクロックが H のときに出力が入力に応じて変化するのに対して，フリップフロップは外部から入力したクロックが H から L または L から H に変化したときにのみ出力が変化するという特徴をもつ。D フリップフロップの論理記号と回路構成を，図 10.6 に示す。

図 10.6 D フリップフロップ

　フリップフロップの論理記号のクロック入力には三角の記号がついている。この記号は，クロックが変化したときに動作するということを意味している。

10.2. フリップフロップ

クロックが L から H に変化するときをクロックの立ち上がり，H から L に変化するときを立ち下がりという．図 10.7 に示したように，クロック入力に三角記号だけがついている場合には，クロックの立ち上がりでフリップフロップは動作する．このようなものをポジティブ・エッジ・ゴーイング型 (POS) という．一方，三角記号に状態表示記号の小丸がついているものは，クロックの立ち下がりでフリップフロップは動作する．このようなものはネガティブ・エッジ・ゴーイング型 (NEG) と呼ばれている．

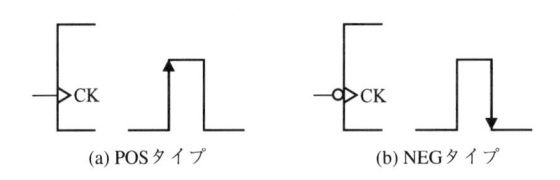

(a) POSタイプ (b) NEGタイプ

図 10.7 フリップフロップの動作のタイミング

図 10.6 に示した D フリップフロップの動作を説明するための真理値表，および動作をタイムチャートで表したものを，図 10.8 に示す．

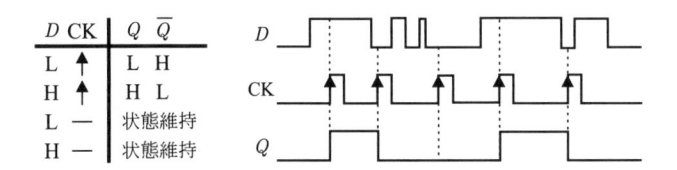

D	CK	Q	$\overline{Q}$
L	↑	L	H
H	↑	H	L
L	—	状態維持	
H	—	状態維持	

図 10.8 D フリップフロップの真理値表と動作のタイムチャート

図 10.6 に示した D フリップフロップはポジティブ・エッジ・ゴーイング型であり，真理値表中ではこのことを矢印の向きで示している．このフリップフロップはクロックが立ち上がるとき以外は現在の状態を維持し続けるが，クロックが立ち上がったときに D 入力が H であれば出力 Q が H になり，D 入力が L であれば出力 Q が L になる．タイムチャート中にはクロックが立ち上がったときを矢印で示しているが，そのときの D の値が Q に出力され，次にクロックが立ち上がるまではその状態が維持されていることがわかる．D フリップフロップの IC には，図 10.9 に示した 7474 などがある．

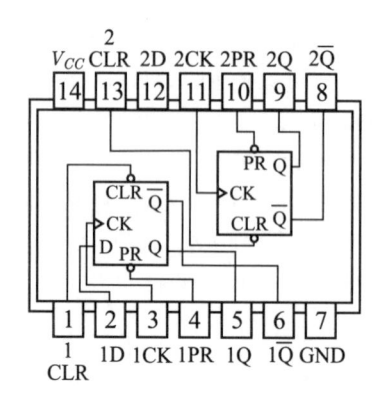

図 10.9 D フリップフロップの IC

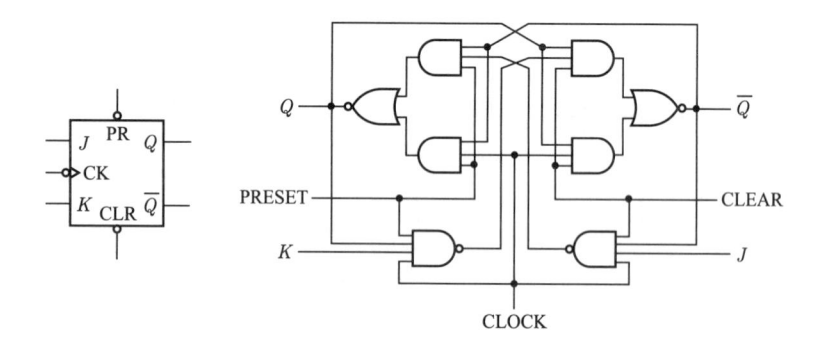

10.2.2　JK フリップフロップ

JK フリップフロップは融通性のある特性をもつことから広く利用されている。JK フリップフロップの論理記号と回路構成を，図 10.10 に示す。

図 10.10 JK フリップフロップ

JK フリップフロップは立ち下がりで動作するものを用いることが多いので，ここではネガティブ・エッジ・ゴーイング型のクロック入力のものを取り上げている。図 10.10 に示した JK フリップフロップの動作を説明するための真理値表，および動作をタイムチャートで表したものを，図 10.11 に示す。

JK フリップフロップは，クロック入力があったときの J 入力と K 入力の状態の組合せによって真理値表に示したような動作をする。まず，J と K の入力状態が異なる場合は，J の入力状態が Q に出力される。J, K の入力状態が同一

10.3. 順序回路の設計

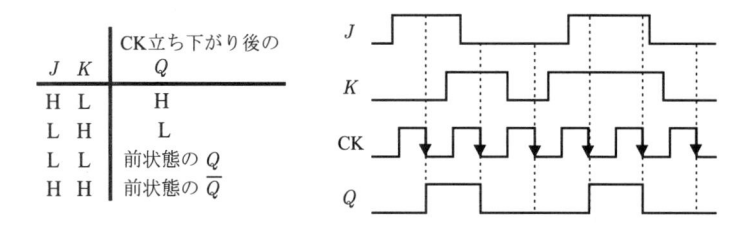

J	K	CK立ち下がり後の Q
H	L	H
L	H	L
L	L	前状態の Q
H	H	前状態の $\overline{Q}$

図 10.11 JK フリップフロップの真理値表と動作のタイムチャート

の場合，両入力が L であればクロック入力があっても出力状態に変化は生じない。一方，両入力が H であると，クロックが入力したとき出力状態は反転，つまり H であればクロック入力後に L になり，L であれば H に変化する。これをトグルモードと呼ぶ。これは，後述するカウンタ回路を構成するときに非常に便利な特性である。JK フリップフロップの IC には，図 10.12 に示した 7476 などがある。

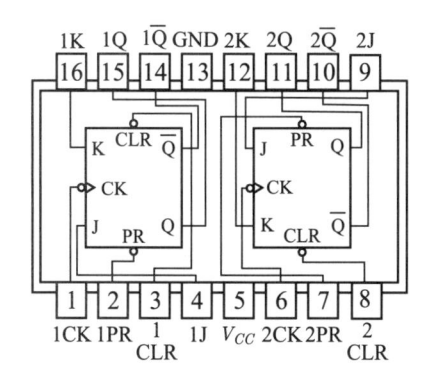

図 10.12 JK フリップフロップの IC

10.3 順序回路の設計

10.3.1 状態遷移表による設計

ここでは，D フリップフロップを用いた順序回路の設計手順について説明する。図 10.13 は，D フリップフロップを用いた順序回路における状態記憶部とクロックが入力される毎に状態を更新する組合せ回路の基本構造を示している。

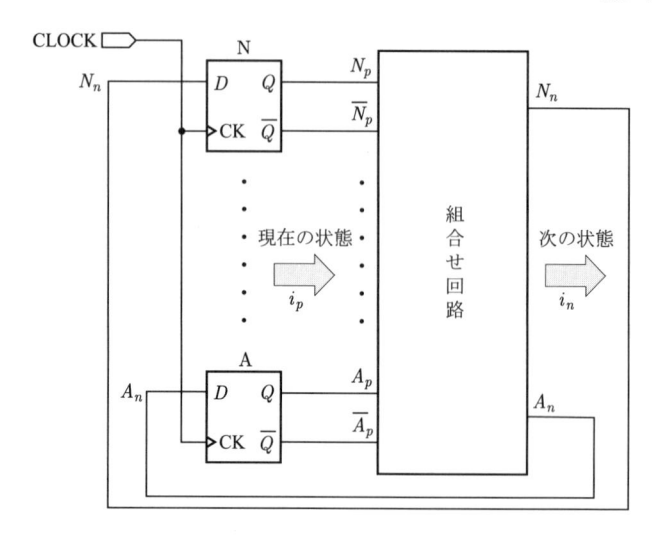

図 10.13 D フリップフロップを用いた順序回路の状態記憶部分の構造

まず，D フリップフロップはひとつで 1 ビットの情報を記憶することが可能であるため，N ビットの状態を記憶するためには N 個の D フリップフロップが必要である。D フリップフロップが現在記憶している状態は，出力 $Q, \bar{Q}$ から取り出すことができる。状態記憶回路に記憶される状態は，フリップフロップにクロックが入力される毎に更新され，各フリップフロップの出力 Q の状態は入力 D と同じになる。したがって，D フリップフロップに記憶されている現在の状態を用いて，次の状態を計算する組合せ回路を設計し，その組合せ回路の出力を各フリップフロップの D 入力に接続することで，クロックが入力される毎に状態が更新される回路を作成することができる。ここで重要なことは，D フリップフロップはクロック入力が変化したときのみ動作するという点であり，組合せ回路が次の状態を演算している過程で無意味な出力を D 入力に送ったとしても，クロックが変化しなければ，それは状態記憶回路の出力には何ら影響を与えないことになる。

さて，前章では，C, B, A の 3 ビットの信号を与えてサイコロの目を点滅させる組合せ回路を設計した。ここでは，クロックが入力される毎にサイコロの目を変化させることができるような順序回路を設計してみる。ただし，サイコロの目がただ変化するだけではサイコロとして機能しないので，外部入力 S を与え，$S = 1$ のときはクロックが入力される毎にサイコロの目が変化し，$S = 0$

10.3. 順序回路の設計

のときはサイコロの目は変化しないという回路にする。

順序回路の設計では，まず回路にクロックが入る毎に回路の出力状態がどのように変化しているかという状態遷移図を作成する。図 10.14 は，サイコロ用カウンタの状態遷移図を示している。図中の矢印は，クロックが入力される毎の変化を示している。カウンタの出力は，外部入力 $S = 1$ の時には，クロックが入力される毎に，$(C, B, A) = (0, 0, 0) \to (0, 0, 1) \to (0, 1, 0) \to (0, 1, 1) \to (1, 0, 0) \to (1, 0, 1)$ と変化し，再び $(0, 0, 0)$ へ戻って同様の変化を繰り返す。一方，外部入力 $S = 0$ の時には，クロックが入っても変化が起きないようにするため，前の出力と同一の出力がなされるように設計しなければならない。

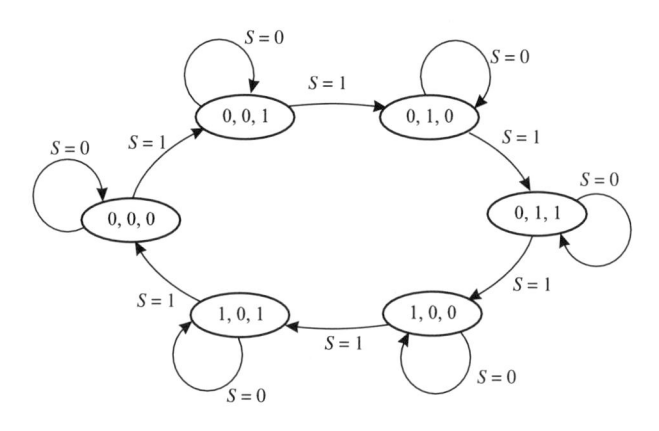

図 10.14 サイコロ用カウンタの状態遷移図

つぎに，作成した状態遷移図に基づいて状態遷移表を作成する。状態遷移表は，表 10.1 示すように現在の状態と外部入力を左側，これらによって決定される次の状態を右側に並べた表である。

状態遷移表は，図 10.13 に示した，現在の状態から次の状態を求める組合せ回路の入出力関係を示している。したがって，外部入力 S と各 D フリップフロップからの出力 i_p が決まったときに，状態遷移表にしたがって出力 i_n が決まる組合せ回路を設計し，出力 i_n を i 番目の D フリップフロップの入力 D に接続すればよいことになる。例えば，最下位のビット A に着目すると，A の次の状態 A_n が 1 になるのは $(S, C_p, B_p, A_p) = (0, 0, 0, 1), (0, 0, 1, 1), (0, 1, 0, 1), (1, 0, 0, 0), (1, 0, 1, 0), (1, 1, 0, 0)$ のときである。また，$(S, C_p, B_p, A_p) = (0, 1, 1, 0), (0, 1, 1, 1), (1, 1, 1, 0), (1, 1, 1, 1)$ は冗長項で

表 10.1 状態遷移表

S	C_p	B_p	A_p	C_n	B_n	A_n
0	0	0	0	0	0	0
0	0	0	1	0	0	1
0	0	1	0	0	1	0
0	0	1	1	0	1	1
0	1	0	0	1	0	0
0	1	0	1	1	0	1
1	0	0	0	0	0	1
1	0	0	1	0	1	0
1	0	1	0	0	1	1
1	0	1	1	1	0	0
1	1	0	0	1	0	1
1	1	0	1	0	0	0

ある．そこで，この組合せ回路に関するカルノー図を書くと，図 10.15 のようになる．

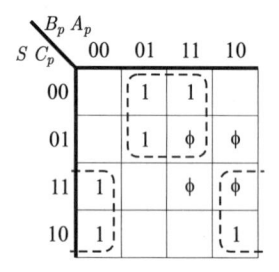

図 10.15 状態遷移表から作成したサイコロ用カウンタのカルノー図

カルノー図の結果から $A_n = \bar{S} \cdot A_p + S \cdot \bar{A}_p$ という簡単化された論理式が得られるので，これを回路図で表すと，図 10.16 のようになる．

同様にして，他の D フリップフロップの入力 B_n, C_n に関しても回路設計を行うことができる．

10.3. 順序回路の設計

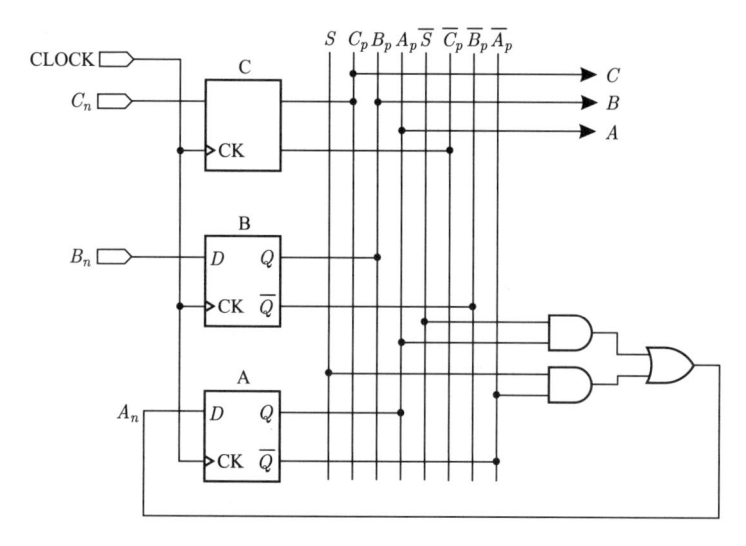

図 **10.16** サイコロ用カウンタの回路図

10.3.2 順序回路の最大駆動周波数

Dフリップフロップを用いた順序回路では，現在の状態から組み合わせ回路で次の状態を計算し，その結果を D に入力している．ここで，8章で説明したように，ゲートの動作には必ず遅延時間が生じている．順序回路の状態を変化させるクロックが十分ゆっくり入力されればこの回路は正確に動作するが，組合せ回路が次の状態を計算し終わる前にクロックが入力されてしまうと，正確な動作は保証されない．そこで，順序回路を正確に動作させることができるクロックの最大駆動周波数について考えてみる．図10.17に示すように，まず，Dフリップフロップにクロックが入力されてから出力 Q が変化するまでにはDフリップフロップの伝播遅延時間 $t_{pdCLOCK}$ が必要である．また，組合せ回路における総遅延時間が t_{pdCOMB} であるとすると，クロックが入ってからDフリップフロップに信号が入力されるまでの伝播遅延時間は $t_{pdCLOCK} + t_{pdCOMB}$ となる．厳密には配線での伝播遅延時間もあるが，これはゲートにおける遅延時間よりも一般に小さいので通常は無視しても問題はない．

さらに，フリップフロップを安定して動作させるためには，図10.18に示すようにクロックの前後で入力 D の状態を安定させておかなければならない時間がある．クロックが入力される直前に安定させていなければいけない時間をセットアップタイム t_{su}，クロックが入力された直後に安定させていなけれ

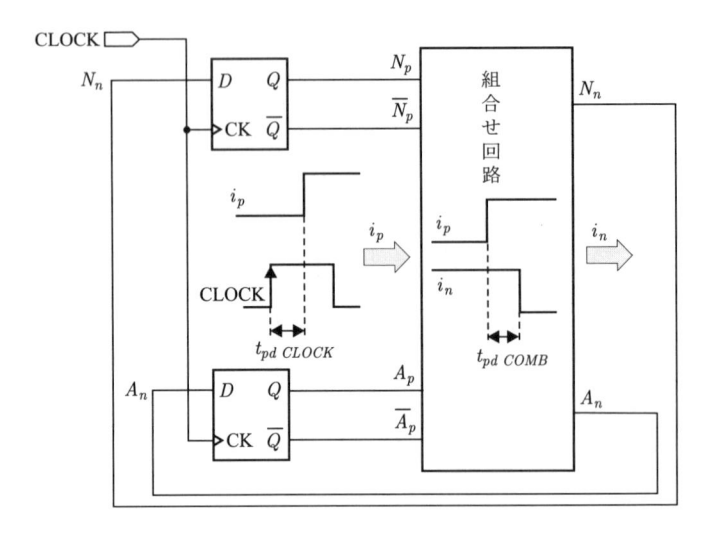

図 10.17 順序回路における遅延時間

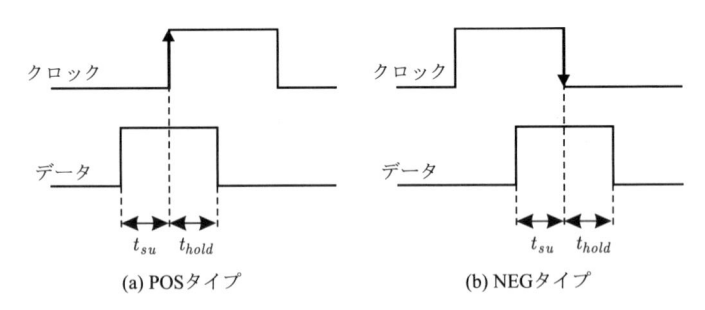

図 10.18 フリップフロップのセットアップ時間とホールド時間

(a) POSタイプ (b) NEGタイプ

ばいけない時間をホールドタイム t_{hold} という．これらのうち，最大駆動周波数に関係するのはセットアップタイムだけであるから，クロックが入力されてから，次のクロックが入力されるまで確保しなければいけない遅延時間は，$t_{pdCLOCK} + t_{pdCOMB} + t_{su}$ となる．したがって，順序回路を動作させるクロックの最大駆動周波数は，

$$f_{max} = \frac{1}{t_{pdCLOCK} + t_{pdCOMB} + t_{su}} \tag{10.1}$$

となる．

10.4 カウンタ回路

もっとも基礎的な順序回路の動作のひとつはクロックが回路に入力された回数を数えることであり，このような回路をカウンタという。カウンタには大別して非同期カウンタと同期カウンタがある。ここでは，これらのカウンタ回路について説明する。

10.4.1 非同期カウンタ回路

非同期カウンタ回路の例を図 10.19 に示す。この回路は，JK フリップフロップの出力が次段の JK フリップフロップのクロックに入力される構造をしており，前段の JK フリップフロップの動作が順々に次段に伝播してゆくことから非同期カウンタと呼ばれている。

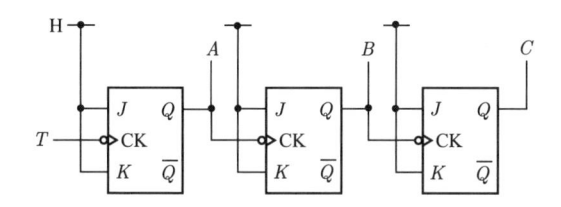

図 10.19 非同期アップカウンタ回路

各 JK フリップフロップの入力 J, K はいずれも H レベルに固定されており，図 10.11 に示した JK フリップフロップの動作の真理値表で説明したように，JK フリップフロップはクロックが入力される毎に出力 Q が反転するトグルモードで動作するようになっている。また，クロックの立ち下がりで動作するネガティブ・エッジ・ゴーイング型の JK フリップフロップが用いられている。この非同期カウンタの動作をタイムチャートで表すと図 10.20 のようになる。

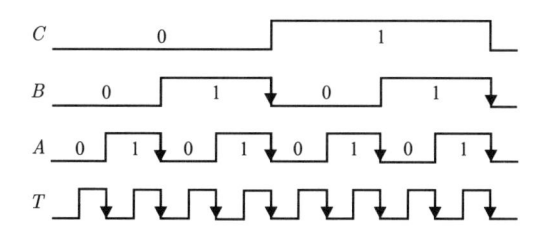

図 10.20 非同期アップカウンタ回路の動作

前段の出力が立ち下がる毎に次段の出力状態が H→L または L→H に変化するため，後段を上位ビットと考えると，$(C, B, A) = (0, 0, 0) \to (0, 0, 1) \to (0, 1, 0) \to (0, 1, 1) \to (1, 0, 0) \to (1, 0, 1) \to (1, 1, 0) \to (1, 1, 1)$ と数え上げながら変化し，また初期状態 $(0, 0, 0)$ に戻って同様の動作を繰り返していることがわかる。数え上げているので，この回路を非同期アップカウンタという。この回路では JK フリップフロップを 3 つ用いているので $2^3 = 8$ 状態をカウントしているが，JK フリップフロップを n 段接続すれば，2^n 状態の計数が可能になる。ただし，前にも述べたように，非同期カウンタは，前段の JK フリップフロップの動作によって次段の JK フリップフロップが動作を開始するため，多段になるほどカウント動作の遅延時間が問題になってくる。

非同期カウンタの接続は変化させずに JK フリップフロップをクロックの立ち上がりで動作するポジティブ・エッジ・ゴーイング型に変えた回路を図 10.21 に示している。

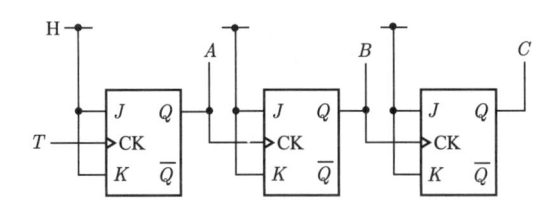

図 10.21 非同期ダウンカウンタ回路

クロックの立ち上がりで JK フリップフロップが動作したときのタイムチャートは図 10.22 のようになり，後段を上位ビットと考えると，$(C, B, A) = (1, 1, 1) \to (1, 1, 0) \to (1, 0, 1) \to (1, 0, 0) \to (0, 1, 1) \to (0, 1, 0) \to (0, 0, 1) \to (0, 0, 0)$ と数え下げ動作を行っていることがわかる。このような回路を非同期ダウンカウンタという。

非同期ダウンカウンタは，ネガティブ・エッジ・ゴーイング型の JK フリップフロップを用いた場合でも，前段の $\bar{Q}$ 出力を次段のクロックへ入力することで作成することが可能である。

これらのカウンタ回路は，2^n 個の JK フリップフロップを使用することで 2^n 状態の計数をおこなう n 進カウンタとなっているが，2^n 状態以外の数をカウントしたい場合の回路を次に示す。図 10.23 は非同期 5 進カウンタ回路で，非同期アップカウンタ回路の各 JK フリップからの出力 $C, \bar{B}, A$ が NAND ゲートに入

10.4. カウンタ回路

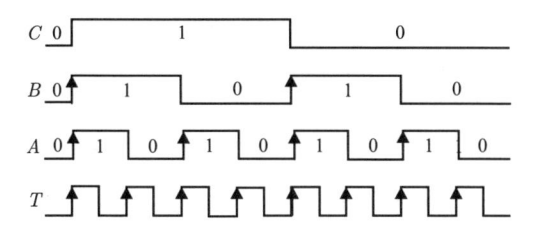

図 10.22 非同期ダウンカウンタ回路の動作

力され，NAND ゲートからの出力が各 JK フリップフロップのクリア端子に接続されている。クリア端子は，そこがアクティブになると JK フリップフロップの出力を強制的にクリア ($Q = 0$) にするものである。逆に，プリセット端子がアクティブになると JK フリップフロップの出力は $Q = 1$ になる。クリア端子には状態表示記号がついているため，アクティブ-L，つまり，クリア端子への入力が L レベルになったときに出力が強制的に $Q = 0$ となる。クリア端子に接続されているのは NAND ゲートの出力であるから，NAND ゲートへの入力が全て H になったときに，全ての JK フリップはクリアされ，$(C, B, A) = (0, 0, 0)$ になる。

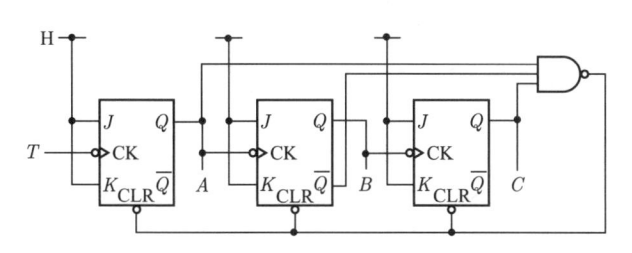

図 10.23 非同期 5 進カウンタ回路

このカウンタ回路の動作のタイムチャートを図 10.24 に示す。$A = 1, \bar{B} = 1, C = 1$ となる条件は，$(C, B, A) = (1, 0, 1)$ であるから，このカウンタ回路は，$(C, B, A) = (0, 0, 0) \to (0, 0, 1) \to (0, 1, 0) \to (0, 1, 1) \to (1, 0, 0)$ と数え上げてゆき，出力が $(C, B, A) = (1, 0, 1)$ となった瞬間にクリア端子が L になるため，$(C, B, A) = (0, 0, 0)$ にクリアされる。そして再びクロックが入力されるごとに数え上げを続けることになる。したがって，この回路は，$(0, 0, 0)$ から $(1, 0, 0)$ までの 5 状態をカウントしていることになる。

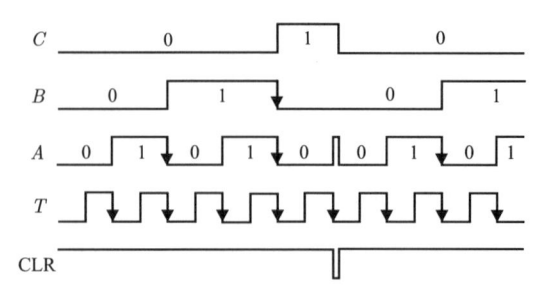

図 **10.24** 非同期 5 進カウンタ回路の動作

10.4.2 非同期カウンタの IC

非同期カウンタの様によく用いられる動作をする回路は IC 化されている。74 シリーズでは 74290 や 74293 などが代表的な非同期カウンタで，前者は 2 進カウンタと 5 進非同期カウンタ，後者は 2 進カウンタと 8 進非同期カウンタから構成されている。図 10.25 は，74293 の IC のピンレイアウトと回路を示したものである。INPUT A, B は 2 進カウンタと 8 進カウンタの入力，Q_A は 2 進カウンタの出力，Q_D, Q_C, Q_B は 8 進カウンタ（2 進 3 桁）の出力である。また，$R_0(1), R_0(2)$ を両方とも H にするとカウンタは強制的にクリアされて，全ての出力は 0 になる。74293 は，2 進カウンタの出力 Q_A を 8 進カウンタの入力 INPUT B に接続することによって，2 進 4 桁の 16 進カウンタとして使用することができる。

非同期カウンタは，基本的に前段のフリップフロップの出力を次段のフリップフロップのクロックへ入力することでカウンタ動作をおこなっている。10.3.2 項で順序回路の最大駆動周波数について説明したが，フリップフロップにクロックが入力されてから出力が変化するまでにはフリップフロップの特性によって決まる伝播遅延時間 t_{pd} が必要である。したがって，図 10.20 に示した非同期カウンタの動作を詳細にみると，図 10.26 に示すように後段のフリップフロップへゆくほど入力されたクロックに対して出力が変化するタイミングが遅れ，n 段目の出力では入力されたクロックに対して $n \times t_{pd}$ の伝播遅延が生じることになる。そのため，段数の多い非同期カウンタの出力を悪いタイミングで読むと，値を誤ってしまう場合がある。

10.4. カウンタ回路

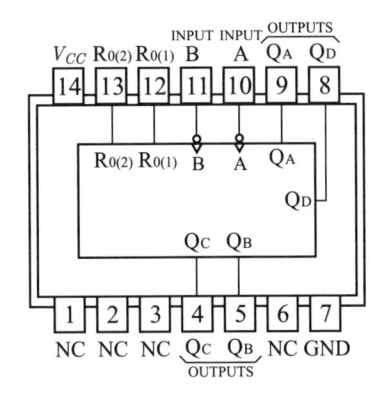

(a) ピンレイアウト

(b) 回路

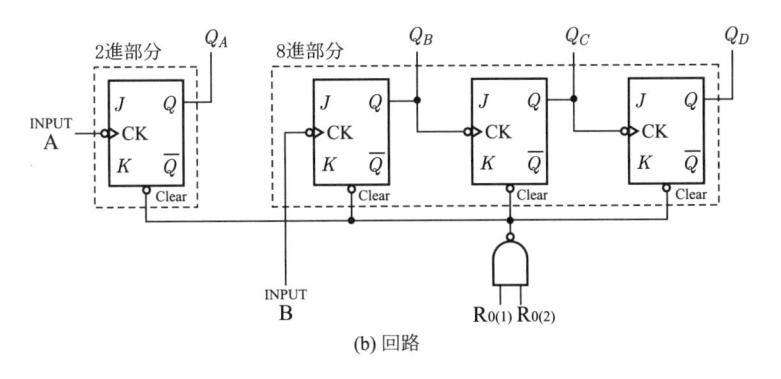

図 10.25 非同期カウンタの IC (74293)

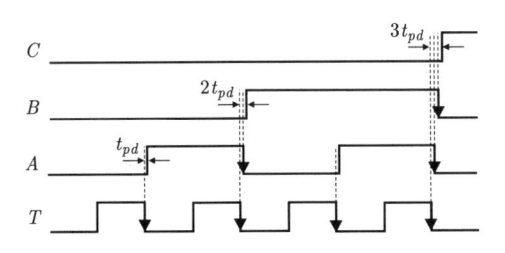

図 10.26 非同期カウンタの遅延時間

10.4.3 同期カウンタ

同期カウンタは，カウンタ回路を構成する全てのフリップフロップに同時にクロックを入力することによってカウンタ動作をおこなうもので，前述した非同期カウンタにおける伝播遅延時間の問題が解消されている．同期アップカウンタ回路の例を図 10.27 に示す．同期アップカウンタでは，カウンタが動作するときに，

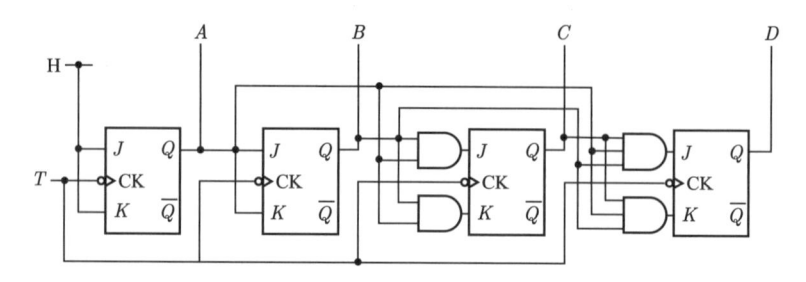

図 10.27 並列キャリ方式同期カウンタ

- 最下位の桁ではクロックが入力される毎に 0 と 1 が反転する．
- 上位桁では，その桁よりも下位の桁が全て 1 のときに，次のクロックで 0 と 1 が反転する．

という 2 つの規則に基づいて各桁のフリップフロップが動作するように設計されている．つまり，最下位桁のフリップフロップには J, K 端子とも H が入力されており，クロック入力毎に出力が反転するトグル状態に設定されている．上位桁では，下位桁出力の AND をとったものが J, K 端子に入力されている．そのため，下位桁の出力が全て 1 のときにはクロックが入力されたときに出力が反転し，その他の場合には現在の出力を維持することになる．このような同期カウンタを並列キャリ方式という．図 10.27 の同期カウンタ回路の動作を図 10.28 に示す．同期カウンタでは，各桁のフリップフロップの出力はクロック入力から t_{pd} 遅れるだけで，カウンタの動作に要する時間はフリップフロップの段数には依存しない．しかし，上位桁の動作を決定するためには，下位桁全ての出力の AND をとる必要があるため，図 10.27 の回路図をみても分かるように，上位桁ほど AND ゲートの入力数が多くなる．そのため，桁数が多くなるにしたがって回路が煩雑化するという問題がある．

10.4. カウンタ回路

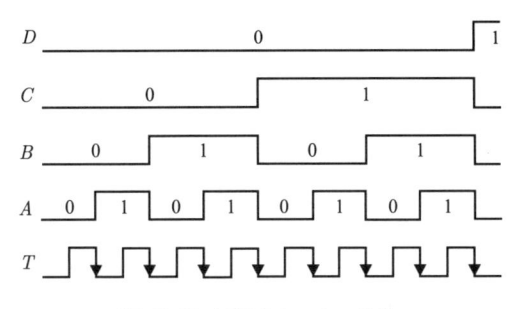

図 10.28 同期カウンタの動作

この問題を解消した同期カウンタが図 10.29 に示したリプルキャリ方式である。並列キャリ方式では下位桁全ての AND をとっているのに対して, リプルキャリ方式では AND を継続接続して 1 桁ずつの AND を求めることで, 桁数が増えても AND ゲートへの入力は常に 2 つになっている。しかし, リプルキャリ方式では, AND を継続接続したことによって, 下位桁全ての AND が求まるまでに伝播遅延時間が必要となる。したがって, リプルキャリ方式では桁数が増加しても回路が煩雑化しない代わりに最大駆動周波数が低下するという問題がある。実際の同期カウンタは, 回路の煩雑さとクロックの周波数などを考慮して, 並列キャリ方式とリプルキャリ方式を組み合わせて設計することが多い。

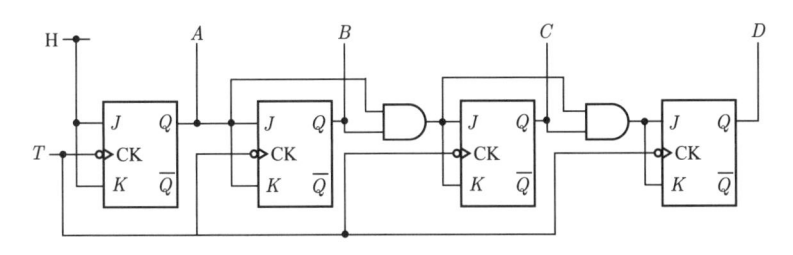

図 10.29 リプルキャリ方式同期カウンタ

10.4.4 同期カウンタの IC

同期カウンタも非同期カウンタと同様に IC 化されている。74 シリーズでは 74160〜74163, 74190〜74193 などが代表的な同期カウンタで, 前者はアップカウンタ, 後者はアップとダウンが選択できるカウンタである。図 10.30 は, 74160 の IC のピンレイアウトと回路を示したものであり, Q_D, Q_C, Q_B, Q_A が

カウンタ各桁の出力である。D, C, B, A は各桁のデータセット用の入力であり，LOAD 端子を L にすると，クロックが立ち上がったときにデータセット入力 D, C, B, A の値が出力 Q_D, Q_C, Q_B, Q_A にそれぞれ設定される。

図 10.30 の同期カウンタは，基本的には，図 10.28 と同様の動作をする。通常の同期カウンタでは，出力が $(Q_D, Q_C, Q_B, Q_A) = (1, 0, 0, 1)$ の状態になったとき，各フリップフロップの J, K 端子への入力は $J_A = K_A = $ H, $J_B = K_B = $ H, $J_C = K_C = $ L, $J_D = K_D = $ L となり，クロックが入ったときに出力は $(Q_D, Q_C, Q_B, Q_A) = (0, 1, 0, 1)$ に変わる。しかし，図 10.30 の同期カウンタでは，出力が $(Q_D, Q_C, Q_B, Q_A) = (1, 0, 0, 1)$ の状態になったとき，各フリップフロップの J, K 端子への入力は $J_A = K_A = $ H, $J_B = K_B = $ L, $J_C = K_C = $ L, $J_D = K_D = $ H となるように設計されている。このことで，クロックが入ったときに出力は $(Q_D, Q_C, Q_B, Q_A) = (0, 0, 0, 0)$ に変わり，カウントがクリアされた状態になる。つまり，図 10.30 の同期カウンタは $(Q_D, Q_C, Q_B, Q_A) = (0, 0, 0, 0)$ からアップカウントをおこない，$(Q_D, Q_C, Q_B, Q_A) = (1, 0, 0, 1)$ の次に再び $(Q_D, Q_C, Q_B, Q_A) = (0, 0, 0, 0)$ へ戻る 10 進のカウンタとして動作していることがわかる。このように，カウントの途中で値をクリアして特定の状態数のカウンタを作成する場合，非同期カウンタでは，図 10.23 のような CLEAR 端子を用いて回路を構成するため，図 10.24 に示したように CLEAR 動作の遅延による細いパルスが出現する問題があった。しかし，同期カウンタにおいては，CLEAR 端子を用いずに全てのフリップフロップの出力を 0 に設定することができるため，CLEAR 動作によってパルスが出現するという問題は生じない。

図 10.30 の同期カウンタでは，出力が $(Q_D, Q_C, Q_B, Q_A) = (1, 0, 0, 1)$ のときに RIPPLE CARRY OUTPUT が 1 となり，桁上がりが出力されるようになっている。また，カウンタ動作は ENABLE P, ENABEL T 端子への入力が両方とも H のときにのみ行われる。LOAD 端子によるデータセットと CLEAR 端子によるデータクリアは ENABLE 端子の状態には関係しない。また，ENABEL T は RIPPLE CARRY OUTPUT の AND ゲートに接続されており，同期カウンタを接続して桁上げ処理をするときに利用する。

10.4. カウンタ回路　　　　　　　　　　　　　　　　　　　　　　　　　　209

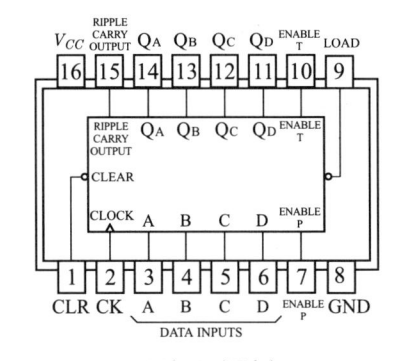

(a) ピンレイアウト

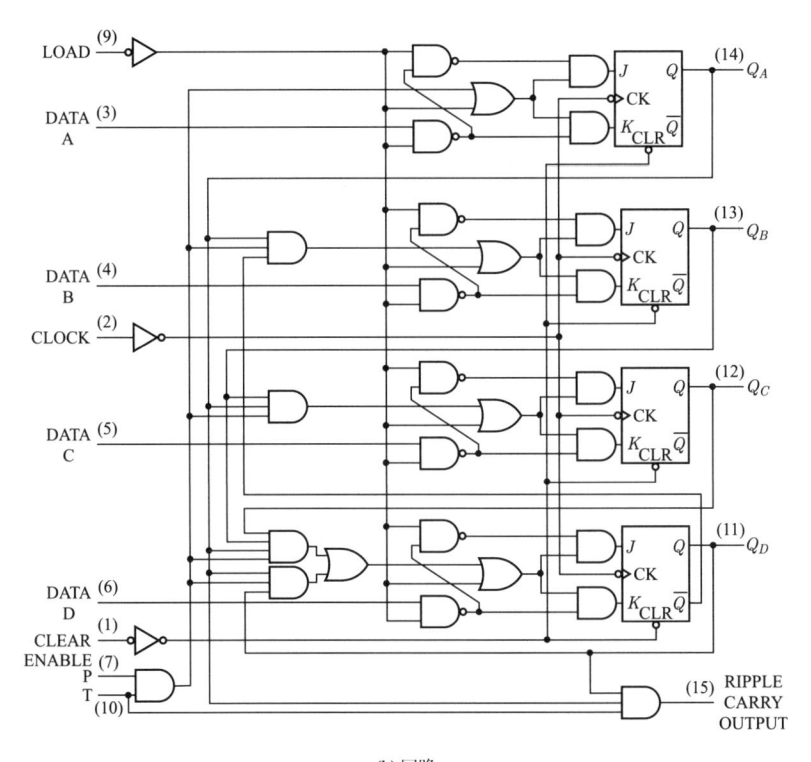

(b) 回路

図 10.30 同期カウンタの IC (74160)

◻◻ 第 10 章の章末問題 ◻◻

問 1. 図 10.31 に示した D ラッチの入力 D, G に図中に示したような入力を与えたときの出力 Q の波形をかきなさい。

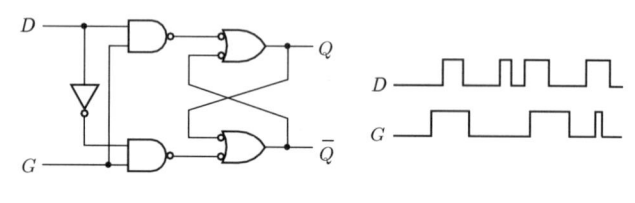

図 10.31

問 2. 図 10.32 に示した D フリップフロップに図中に示したような入力 D とクロック CK を与えたときの出力 Q の波形をかきなさい。

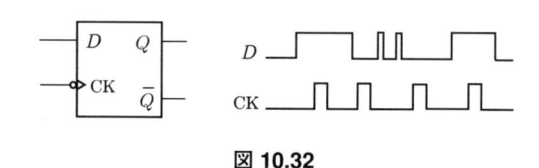

図 10.32

問 3. 図 10.33 に示した D フリップフロップに図中に示したような入力 D, クロック CK, クリア CLR を与えたときの出力 Q の波形をかきなさい。

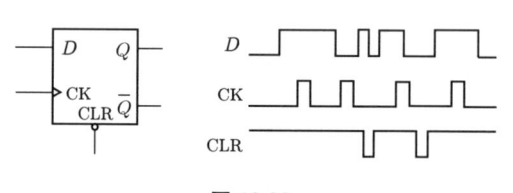

図 10.33

問 4. 図 10.34 に示した JK フリップフロップに図中に示したような入力 J, K とクロック CK を与えたときの出力 Q の波形をかきなさい。

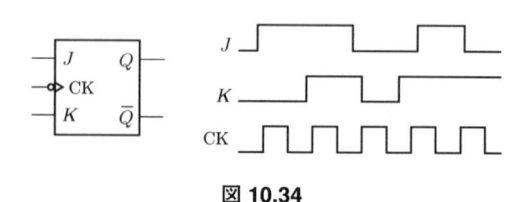

図 10.34

第10章の章末問題

問 5. 図 10.35 に示した回路に入力 A に図中に示したような波形を与えたときの D フリップフロップの出力 X, JK フリップフロップの出力 Y, および点 M での波形をかきなさい。

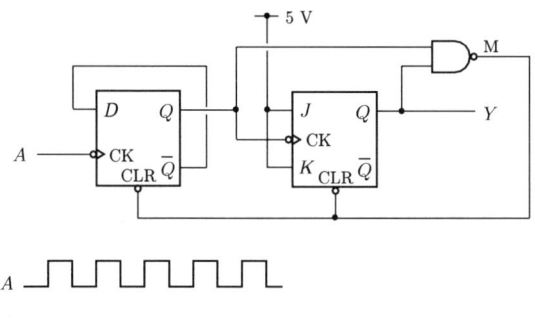

図 10.35

問 6. 図 10.16 に示したサイコロ用カウンタの B_n, C_n に接続される部分の回路を設計しなさい。

問 7. 図 10.36 に示した回路を確実に動作させるためには，クロック CK の周波数はどのように設定しなければならないかをもとめなさい。ここで，D フリップフロップおよび NAND ゲートは，a) 74LS と b) 74ALS を用いた場合についてそれぞれ考えなさい。

なお，D フリップフロップの伝播遅延時間 t_{pd} は，LS では 25 ns, ALS では 14.5 ns, セットアップ時間 t_{su} は，LS では 25 ns, ALS では 15 ns としなさい。また，NAND ゲートの動特性は表 8.4 を用いなさい。

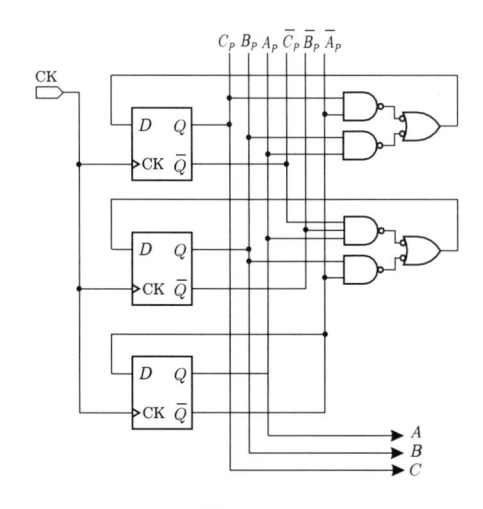

図 10.36

11
DA 変換回路と AD 変換回路

11.1 アナログ信号とディジタル信号の変換

　第 1 章でも述べたように，自然界に存在する物理量は基本的にアナログ量である。例えば，音声は空気の振動であるが，空気の振動の大きさは連続的な値をとるものであり，また時間的にも連続的に変化する。音声はマイクロフォンによって電気信号に変換されるが，このとき得られる電気信号は，音声による空気の振動の大きさに電圧などが比例しているアナログ信号である。したがって，自然界に存在する物理量を電気信号に変換して，これをコンピュータに代表されるディジタル機器で処理する場合，アナログ信号をディジタル信号に変更する必要が生じる。これをアナログ-ディジタル変換（AD 変換）という。一方，電気信号でスピーカを振動させることによって音声を発生することができるが，このときスピーカーに与える電気信号は，スピーカの振動の大きさに比例するアナログ信号でなければならない。したがって，ディジタル機器で処理した音声信号を人間が理解できる音声にするためには，ディジタル信号をアナログ信号に変換する必要がある。これをディジタル-アナログ変換（DA 変換）という。図 11.1 は，アナログ信号を AD 変換してディジタル回路に入力し，ディジタル回路からの出力を DA 変換してアナログ信号を得る流れを示している。

　アナログ信号は，図 11.2(a) に示されるように，時間軸，電圧軸両方に対して連続的な値をとることができる信号である。また，その値は自然界の物理量な

11.1. アナログ信号とディジタル信号の変換

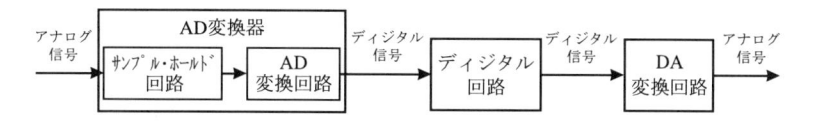

```
アナログ信号 → [AD変換器: サンプル・ホールド回路 → AD変換回路] → ディジタル信号 → [ディジタル回路] → ディジタル信号 → [DA変換回路] → アナログ信号
```

図 11.1 AD 変換と DA 変換

どに比例している。これに対して，ディジタル信号は，図 11.2(d) のように H レベルか L レベルの 2 値しかとることができず，複数の信号線を並列に用いることなどによって多値の表現をおこなっている。そのため，ディジタル信号は，時間軸，電圧軸ともとびとびの離散値しかとりえないという性質がある。当然ではあるが，ディジタル信号の個々の 0, 1 の値は物理量に比例してはいない。

アナログ信号をディジタル信号に変換する場合には，連続な値をとりうる時間軸，電圧軸を，離散的な値しかとりえないようにする処理をおこなう必要がある。時間的に連続な信号から離散的な信号を求めることをサンプリング（標本化）処理という。図 11.2(b) はアナログ信号を一定間隔 Δt でサンプリング処理して，次のサンプリングまでその電圧を一定値に保つサンプル・ホールド処理を行った結果であり，サンプリングを行った時刻とその電圧値が丸印で示されている。アナログ信号の瞬間値をサンプリングし，一定時間ホールドする回路のことをサンプル・ホールド回路という。サンプル・ホールド処理をおこなった波形の形状は原波形とは異なるものになってしまっており，アナログ信号の情報が変化してしまうように感じるが，サンプリング周波数 $f_s = 1/\Delta t$ が原信号のもつ最大周波数 f_{max} の 2 倍以上であれば，時間軸が離散的であっても信号の情報は失われないということがサンプリング定理として知られている。

サンプリングされた電圧値をディジタル信号がとりうる離散的な値にすることを量子化と呼び，AD 変換回路は量子化をおこなう回路であるということができる。このとき，ある範囲の電圧値を多くのビット数のディジタル値で表現した方が精度の高い変換がおこなえる。変換されたディジタル信号のビット数を分解能という。図 11.2(c) は，サンプル・ホールドされたアナログ信号を，AD 変換の刻み幅を 1 V として量子化した例を示している。この信号が $0 \sim 7V$ の範囲の値をとりうるものとすると，3 ビット (D_2, D_1, D_0) のディジタル値で表現することができる。したがって，入力されたアナログ波形は，図 11.2(d) に示したディジタル信号に変換されることになる。ここで，O_v は 3 ビットのディジタル信号で表現できる電圧値よりも大きい電圧のときに 1 となり，オー

214   11. DA 変換回路と AD 変換回路

(a) アナログ波形

(b) サンプル・ホールド波形

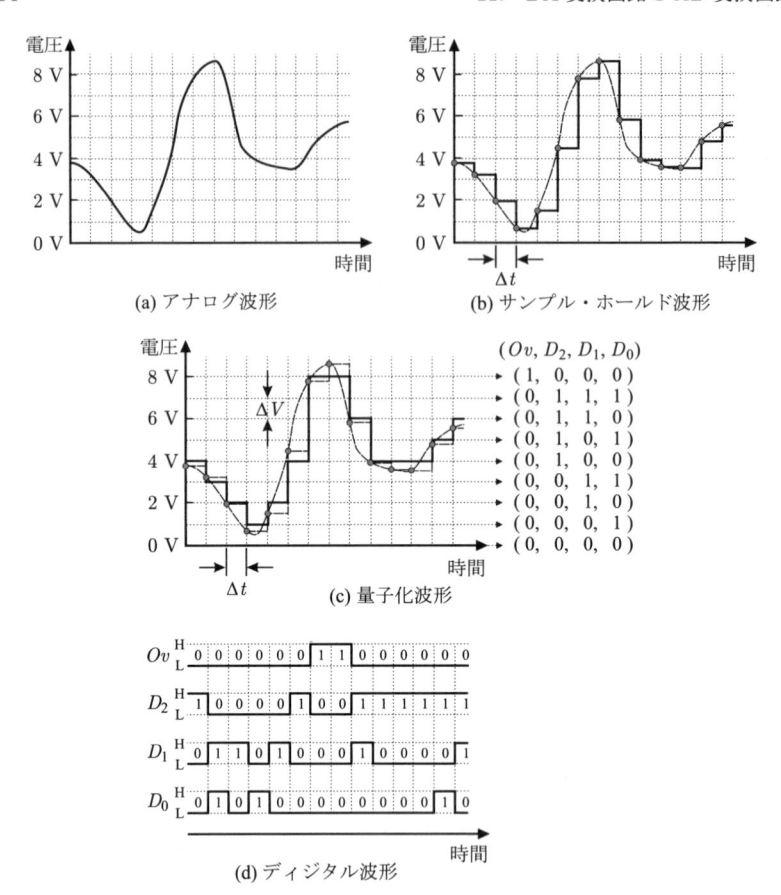

(Ov, D_2, D_1, D_0)
(1, 0, 0, 0)
(0, 1, 1, 1)
(0, 1, 1, 0)
(0, 1, 0, 1)
(0, 1, 0, 0)
(0, 0, 1, 1)
(0, 0, 1, 0)
(0, 0, 0, 1)
(0, 0, 0, 0)

(c) 量子化波形

(d) ディジタル波形

図 11.2 AD 変換処理

バーフローを表している。量子化された波形とサンプル・ホールド波形との差は AD 変換にともなう誤差であり，量子化誤差という。

ここで，図 11.2(c) に示した AD 変換におけるアナログ入力と量子化されたディジタル出力の関係を示したものが図 11.3(a) である。AD 変換の変換特性としては，オフセット型と切り捨て型の 2 つが考えられる。切り捨て型は，図中に点線で示したように，アナログ入力値が量子化された電圧値のどの値まで到達しているかということを基準にして AD 変換を行うもので，0 〜 1 V のとき $(D_2, D_1, D_0) = (0, 0, 0)$，1 〜 2 V のとき $(D_2, D_1, D_0) = (0, 0, 1)$ のように変換される。これに対してオフセット型は，アナログ入力に対して AD 変

11.1. アナログ信号とディジタル信号の変換

換の刻み幅の 1/2 だけオフセットを与えて変換するもので，$0 \sim 0.5$ V のとき $(D_2, D_1, D_0) = (0, 0, 0)$，$0.5 \sim 1.5$ V のとき $(D_2, D_1, D_0) = (0, 0, 1)$ のように変換される．切り捨て型の変換は単純でわかりやすい反面，図 11.3(b) に示したアナログ入力の電圧値と量子化誤差の関係をみるとオフセット型より多くの量子化誤差を含んでいることが分かる．オフセット型の変換をおこなうと，量子化誤差の最大値は ±0.5 V，すなわち AD 変換の刻み幅の 1/2 になる．サンプル・ホールド処理における波形の歪みとは異なり，量子化誤差による波形の歪みは信号の情報を失うことになるため，AD 変換の分解能が高いほど，またオフセット型の変換を行った方がアナログ信号の情報を正確にディジタル信号に変換できることになる．

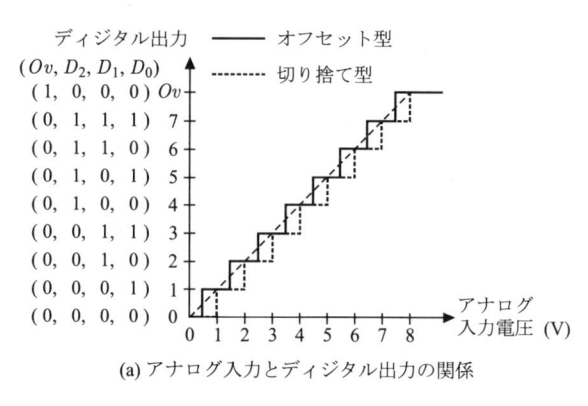

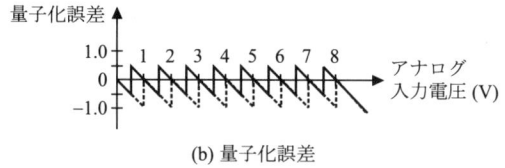

図 11.3 AD 変換による量子化誤差

ディジタル信号をアナログ信号に変換する DA 変換回路は，AD 変換回路と逆に，図 11.2(d) に示したようなディジタル信号を入力したときに，図 11.2(c) に示した量子化されたアナログ信号が出力される回路である．このような動作は，各ビットに対応する基準電圧をディジタル入力値に応じて加算することで実現することが可能である．

一般に DA 変換回路は AD 変換回路よりも構成が簡単であり，また AD 変換

回路の一部は DA 変換回路を利用して構成されている．そこで，まずディジタル信号をアナログ信号に変換する DA 変換回路について説明したのち，AD 変換回路について説明をおこなうこととする．

11.2 DA 変換回路

DA 変換回路の動作を説明するために，3 ビットのディジタル信号を 0〜7 V のアナログ信号に変換する場合を考えることとする．このとき，DA 変換回路のディジタル入力とアナログ出力の関係は，表 11.1 に示すようになる．つまり，3 ビットのディジタル値 (D_2, D_1, D_0) が 1 増加する毎にアナログ電圧が，1 V ずつ増加するように回路が動作すればよいことになる．

表 11.1 DA 変換回路の入出力関係

ディジタル入力			アナログ出力
D_2	D_1	D_0	V_{out}
0	0	0	0 V
0	0	1	1 V
0	1	0	2 V
0	1	1	3 V
1	0	0	4 V
1	0	1	5 V
1	1	0	6 V
1	1	1	7 V

11.2.1 2 進荷重抵抗型 DA 変換回路

もっとも基本的な DA 変換回路は，図 11.4 に示した 2 進荷重抵抗型 DA 変換回路である．この回路の基本構成はオペアンプを用いた加算回路と同じであるが，入力側の抵抗値 R_0, R_1, R_2 は，ディジタル信号の最下位のビットに対応しているスイッチに接続されている抵抗値 R_0 に対して，ビットがあがるごとに $R_1 = R_0/2^1 = R_0/2$, $R_2 = R_0/2^2 = R_0/4$ のように，n ビット目の抵抗値が $R_n = R_0/2^n$ となるように設定されている．各入力側抵抗のスイッチは，対応するディジタル入力 (D_2, D_1, D_0) が 1 のときはスイッチが基準電圧 V_{ref} 側，0 のときは接地側に接続されるようになっている．

11.2. DA 変換回路

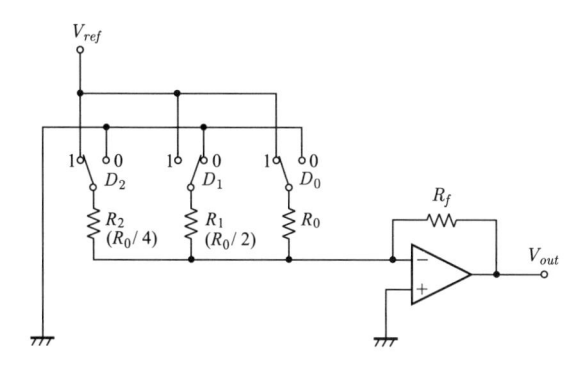

図 11.4 2 進荷重抵抗型 DA 変換回路

この回路において，抵抗 R_k のスイッチが V_{ref} 側に接続されたときにスイッチを流れる電流 i_k は，

$$i_k = \frac{V_{ref}}{R_0/2^k} \tag{11.1}$$

となるので，ディジタル入力 (D_2, D_1, D_0) に対する帰還抵抗を流れる電流値 I は，

$$I = i_2 D_2 + i_1 D_1 + i_0 D_0 = \frac{V_{ref}}{R_2} + \frac{V_{ref}}{R_1} + \frac{V_{ref}}{R_0} \tag{11.2}$$

となる。したがって，この回路の出力電圧 V_{out} は，

$$\begin{aligned} V_{out} = -R_f I &= -R_f \left(\frac{V_{ref}}{R_2} + \frac{V_{ref}}{R_1} + \frac{V_{ref}}{R_0} \right) \\ &= -\frac{R_f}{R_0} \left(2^2 D_2 + 2^1 D_1 + 2^0 D_0 \right) V_{ref} \end{aligned} \tag{11.3}$$

となる。したがって，例えば基準電圧を $V_{ref} = -8V$, $R_0 = 8R_f$, $R_1 = 4R_f$, $R_2 = 2R_f$ とすると，この回路のディジタル入力 (D_2, D_1, D_0) とアナログ出力 V_{out} の関係は，表 11.1 に示したようになり，DA 変換がおこなわれていることがわかる。

2 進荷重抵抗型 DA 変換回路では，ディジタル入力の各ビットに対する電圧値は，帰還抵抗 R_f と入力抵抗 R_k の比によって決定されるため，ビット数が多くなるにしたがって抵抗の精度が重要となる。例えば，8 ビットの DA 変換を行う場合，最上位ビットの入力抵抗は $R_7 = R_0/2^7 = R_0/128$ となる。もし，R_7 の抵抗値が 1% の誤差を含んでいるとすると，R_7 の誤差がアナログ出力に与える影響の方が，ディジタル入力の最下位ビットの値による出力の変化より大きくなるため，8 ビットの DA 変換回路に要求される精度が満たされないこ

とになる．抵抗値の誤差を1%未満にそろえることは困難であるため，2進荷重抵抗型 DA 変換回路を用いる場合には，8 ビット程度までの DA 変換が限界である．

11.2.2 R/2R ラダー型 DA 変換回路

2進荷重抵抗型 DA 変換回路の問題点は，ビット数が増えるにしたがって抵抗値が大きく異なる複数の抵抗を用いて回路を構成する必要があることである．そこで，図 11.5 に示したような，入力抵抗側の回路を R と $2R$ の 2 種類の抵抗だけで構成する $R/2R$ ラダー型 DA 変換回路が考案された．

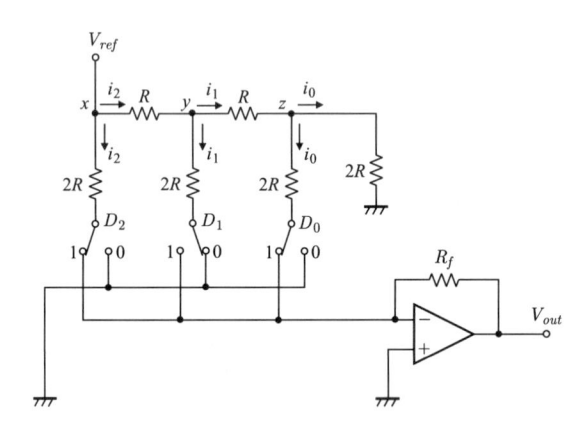

図 11.5 $R/2R$ ラダー型 DA 変換回路

$R/2R$ ラダー型 DA 変換回路の入力抵抗側の動作について考える．まず，一番右側の z 点に電流 i_1 が流入しているとする．z 点で電流は右側と下側へ分岐するが，右側は抵抗 $2R$ を介して接地されており，下側は抵抗 $2R$ を介してディジタル入力に対応して切り替わるスイッチへ接続されている．スイッチは，各ビットのディジタル入力が 0 のときは接地へ，1 のときはオペアンプの仮想接地へ接続されるように設定されている．したがって，ディジタル入力の値に関係なく抵抗 $2R$ はスイッチを介して常に接地されていると考えてよい．そこで，z 点における電流の分岐は図 11.6(a) に示した回路を解析すればよいことになる．このとき，z 点から分岐する右側，下側とも抵抗 $2R$ を介して接地されているため，両方とも等しい電流 $i_0 = i_1/2$ が流れることになる．つぎに，y 点における電流の分岐を考える．z 点には右側と下側に $2R$ の抵抗が並列接続され

11.2. DA 変換回路

ているので，これらの合成抵抗は R となる．しがたって，図 11.6(b) に示すように，y 点の右側と下側はいずれも抵抗 $2R$ を介して接地されていることになる．そこで，y 点に流入する電流を i_2 とすると，y 点から分岐する右側，下側とも抵抗 $2R$ を介して接地されているため，両方とも等しい電流 $i_1 = i_2/2$ が流れることになる．x 点における電流の分岐も同様に考えることができ，V_{ref} 側から流入する電流 i は x 点で分岐し，右側と下側にはそれぞれ $i_2 = i/2$ が流れることになる．

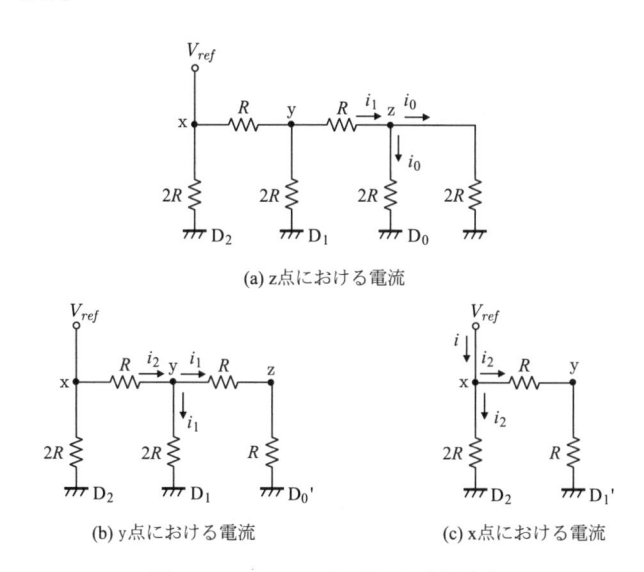

(a) z 点における電流

(b) y 点における電流

(c) x 点における電流

図 11.6 R/2R ラダー型の合成抵抗値

以上をまとめると，V_{ref} から流入する電流 i は，x, y, z 点で分岐し，ディジタル入力の各ビット (D_2, D_1, D_0) に対応するスイッチへ流れる電流は，それぞれ，$i_2 = i/2$，$i_1 = i_2/2 = i/2^2$，$i_0 = i_1/2 = i/2^3$ となる．これらは 2 進荷重抵抗型 DA 変換回路において各スイッチに流れる電流値と同じになっていることがわかる．したがって，基準電圧を $V_{ref} = -8V$，$R = R_f$ とすると，ディジタル入力 (D_2, D_1, D_0) が 1 のときにそれぞれ 4 V，2 V，1 V がアナログ出力 V_{out} に加算されることになり，表 11.1 に示したようなディジタル入力とアナログ出力の関係が得られる．

実際の DA 変換回路ではディジタル入力によって切り替わるスイッチは一般にトランジスタを用いて構成されており，図 11.7 に示したような回路が用いら

れている。この回路では，ディジタル入力 (D_2, D_1, D_0) に対して 1 組ずつのトランジスタ対が割り当てられている。ディジタル入力が L レベルの時は，右側のトランジスタが ON となることでオペアンプ側に接続され，アナログ出力には所定の電圧が加算される。これに対して，ディジタル入力が H のときは，左側のトランジスタが ON となり接地に接続されるように動作する。

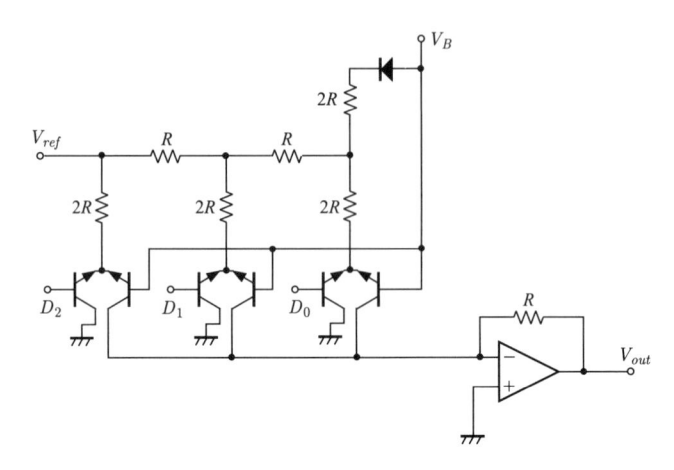

図 11.7 トランジスタをスイッチとしたラダー型 DA 変換回路

11.3 AD 変換回路

AD 変換回路は連続した値をとるアナログ信号を量子化して何ビットかのディジタル信号に変換するものである。ここでは，原理が簡単で低速の AD 変換に用いられているカウンタ・ランプ型 AD 変換回路と高速な AD 変換に用いられている並列エンコード型 AD 変換回路を取り上げる。

11.3.1 カウンタ・ランプ型 AD 変換回路

もっとも簡単な原理の AD 変換回路のひとつにカウンタ・ランプ型 AD 変換回路がある。カウンタ・ランプ型 AD 変換回路は図 11.8 に示すように，コンパレータ，カウンタ，DA 変換回路から構成されている。

カウンタ・ランプ型 AD 変換回路の動作を模式的に示したものが図 11.9 である。まず，図 11.9(b) に示すようにある時刻でアナログ入力電圧 V_{in} がサンプル・ホールドされたものとする。ここでカウンタ回路に $\overline{START}$ パルスが入

11.3. AD 変換回路

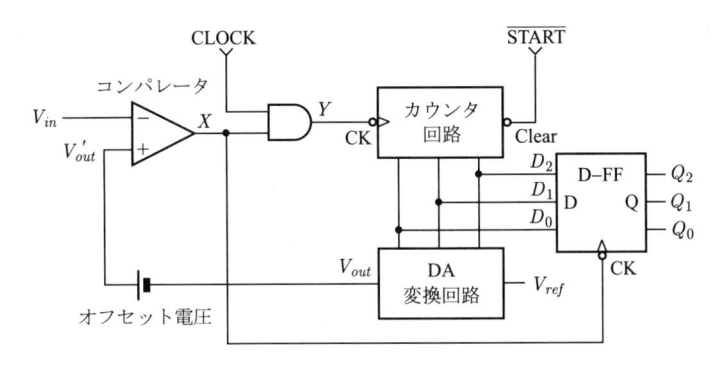

図 11.8 カウンタ・ランプ型 AD 変換回路

力され，カウンタ出力 (D_2, D_1, D_0) がリセットされる．カウンタ回路はクロックが入力される毎に図 11.9(a) に示すようにカウントアップをおこない，カウンタの出力は DA 変換回路に入力される．DA 変換回路の出力 V_{out} は，カウンタにクロックが入力される毎にランプ状に上昇してゆく．DA 変換回路の出力 V_{out} にオフセット型の変換特性を得るためにオフセット電圧を加えたものを比較電圧 V'_{out} としてコンパレータに入力する．コンパレータは，$V_{in} > V'_{out}$ ならば 1, $V_{in} < V'_{out}$ ならば 0 の論理出力をする．したがって，比較電圧 V'_{out} がアナログ入力 V_{in} よりも小さいうちは，コンパレータ出力 X は 1 であり，クロックはカウンタに入力され続ける．ランプ状に上昇した比較電圧 V'_{out} がアナログ入力 V_{in} を越えると，コンパレータ出力 X は 0 となり，カウンタへのクロック入力は停止される．また，コンパレータ出力 X の立ち下がりが D-FF クロック端子に入力されるため，そのときのカウンタ回路の出力が AD 変換のディジタル出力 (Q_2, Q_1, Q_0) として得られる．これで 1 回の AD 変換が終了するので，再びアナログ信号のサンプル・ホールドをおこない，同様の処理を繰り返すことになる．

カウンタ・ランプ型の AD 変換回路では，コンパレータに入力される比較電圧 V'_{out} がアナログ入力 V_{in} を越えたときに AD 変換が終了するので，n ビットのカウンタ・ランプ型 AD 変換回路では最大でクロック周期の 2^n 倍の変換時間が必要となる．したがって，ビット数を増やして分解能を高くしようとすると変換時間が長くなり，周波数の高い信号を処理できなくなるという欠点がある．その反面，カウンタ・ランプ型の AD 変換回路は比較的安価に作成でき，また内部にカウンタと DA 変換回路を有しているのでこれらを別途利用するこ

(a) 回路各部の動作

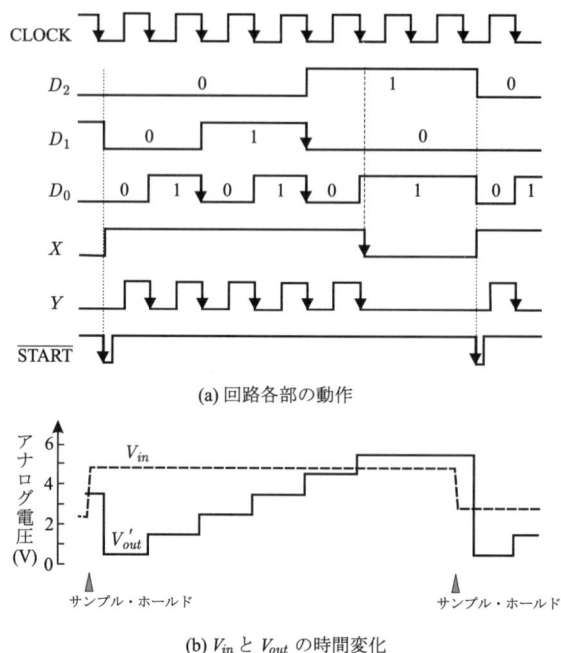

(b) V_{in} と V_{out} の時間変化

図 **11.9** カウンタ・ランプ型 AD 変換回路の動作

とも可能であるという特長がある。

11.3.2 並列エンコード型 AD 変換回路

高い周波数成分を有しており，高速な変換が必要な信号に対しては，並列エンコード型 AD 変換回路が利用されている。カウンタ・ランプ型 AD 変換回路ではディジタル出力を決定するための比較電圧の値を時間的に変化させていたが，分解能が n ビットの並列エンコード型 AD 変換回路では比較電圧を 2^n だけ同時に発生させてコンパレータで並列に比較をおこなう。図 11.10 に示したのは 3 ビットの並列エンコード型 AD 変換回路で，基準電圧 V_{ref} は回路左側に並んでいる抵抗で分圧され，比較電圧としてコンパレータに入力されている。ここで，最上位と最下位の抵抗だけはオフセット型の変換特性を得るために他の抵抗の 1/2 の値に設定されている。

アナログ入力電圧 V_{in} に対する並列エンコード型 AD 変換回路各部の動作を表 11.2 に示す。アナログ入力電圧 V_{in} は 8 つのコンパレータ C1〜C8 で比較電

11.3. AD 変換回路

圧と比較される。アナログ入力電圧が比較電圧よりも大きいコンパレータは 1 を出力し，比較電圧よりも小さいコンパレータは 0 を出力する。隣接するコンパレータ出力は Ex-OR ゲート（排他的論理和：Ex-OR1〜Ex-OR7）に入力されており，コンパレータ出力が 0 から 1 に変化するところ，つまりアナログ入力に最も近い基準電圧のところにのみ 1 が出力されることになる。これを OR ゲートを用いてエンコードすることによってディジタル出力 (D_2, D_1, D_0) が得られる。

並列エンコード型 AD 変換回路の最大の特長はその高速性にある。変換に要する時間はコンパレータ，Ex-OR ゲート，OR ゲートによる伝播遅延時間のみであり，ns オーダーの変換時間で動作させることも可能である。また，並列エンコード型 AD 変換回路の場合，原理的にサンプル・ホールド回路を用いなくても AD 変換を行うことが可能である。ただし，分解能を高くすると多くのコンパレータを用いることになるため，消費電力が大きくなり，それに応じて回路からの発熱量も大きくなってしまうという欠点がある。

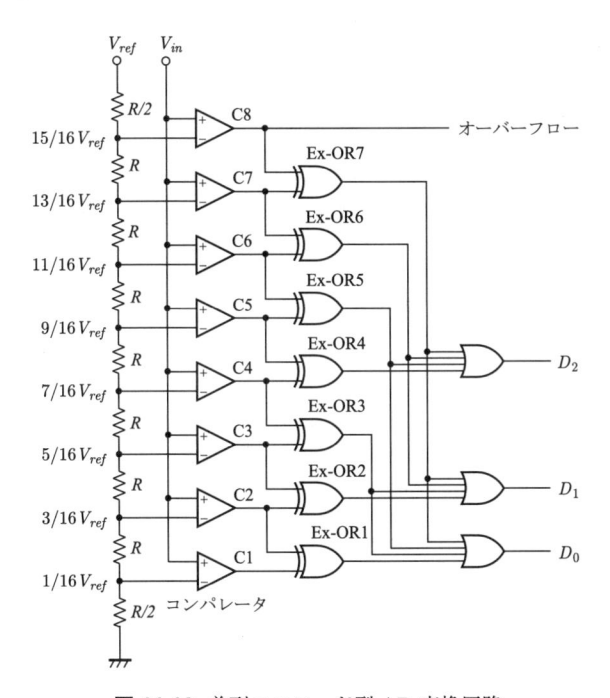

図 11.10 並列エンコード型 AD 変換回路

表 11.2 並列エンコード型 DA 変換回路の動作

入力電圧 v_i	コンパレータ出力								Ex-OR 出力							AD 出力			
	1	2	3	4	5	6	7	8	1	2	3	4	5	6	7	Ov	D_2	D_1	D_0
$0 \sim$	0	0	0	0	0	0	0	0	0	0	0	0	0	0	0	0	0	0	0
$1/16 V_{ref} \sim$	1	0	0	0	0	0	0	0	1	0	0	0	0	0	0	0	0	0	1
$3/16 V_{ref} \sim$	1	1	0	0	0	0	0	0	0	1	0	0	0	0	0	0	0	1	0
$5/16 V_{ref} \sim$	1	1	1	0	0	0	0	0	0	0	1	0	0	0	0	0	0	1	1
$7/16 V_{ref} \sim$	1	1	1	1	0	0	0	0	0	0	0	1	0	0	0	0	1	0	0
$9/16 V_{ref} \sim$	1	1	1	1	1	0	0	0	0	0	0	0	1	0	0	0	1	0	1
$11/16 V_{ref} \sim$	1	1	1	1	1	1	0	0	0	0	0	0	0	1	0	0	1	1	0
$13/16 V_{ref} \sim$	1	1	1	1	1	1	1	0	0	0	0	0	0	0	1	0	1	1	1
$15/16 V_{ref} \sim$	1	1	1	1	1	1	1	1	0	0	0	0	0	0	0	1	0	0	0

□□ 第 11 章の章末問題 □□

問 1. AD 変換できる入力アナログ電圧の範囲が $0 \sim 5$ V で，ディジタル出力が 8 ビットの AD 変換回路がある。ディジタル出力の最下位 1 ビットの変化に相当する電圧はいくらか。

問 2. 入力アナログ電圧の範囲を $0 \sim 10$ V として，ディジタル出力 8 ビットで AD 変換をおこなう場合を考える。a) オフセット型と b) 切り捨て型の変換特性を用いたときの最大の量子化誤差をそれぞれ求めなさい。

問 3. 図 11.11 に示した R/2R ラダー型 DA 変換回路における電流 I_0, I_1, I_2 を求めなさい。

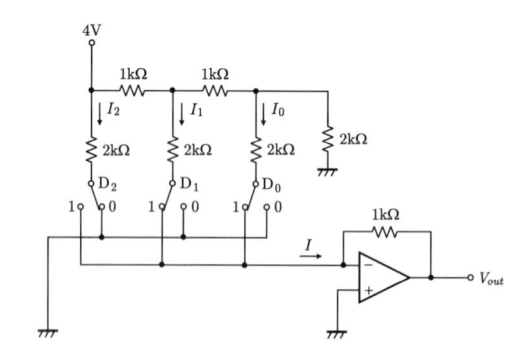

図 11.11

問 4. 図 11.11 に示した R/2R ラダー型 DA 変換回路において，ディジタル入力が，a)

$(D_2, D_1, D_0) = (0, 1, 1)$, b) $(D_2, D_1, D_0) = (1, 0, 1)$, c) $(D_2, D_1, D_0) = (1, 1, 0)$ のときの，オペアンプに流入する電流 I と出力電圧 V_{out} を求めなさい。

問 5. 50 Hz～300 kHz の周波数成分をもつアナログ信号を AD 変換する場合，サンプリング周波数はどのように設定する必要があるか。

問 6. クロック周波数が 1 MHz の 8 ビットのカウンタ・ランプ型 AD 変換回路が AD 変換を終了するのに要する最大時間を求めなさい。

問 7. 図 11.12 に示した並列エンコード型 AD 変換回路において，入力電圧 V_{in} が，a) 0.4 V, b) 2 V, c) 4.8 V, d) 8 V のときのディジタル出力 (D_3, D_2, D_1, D_0) を求めなさい。

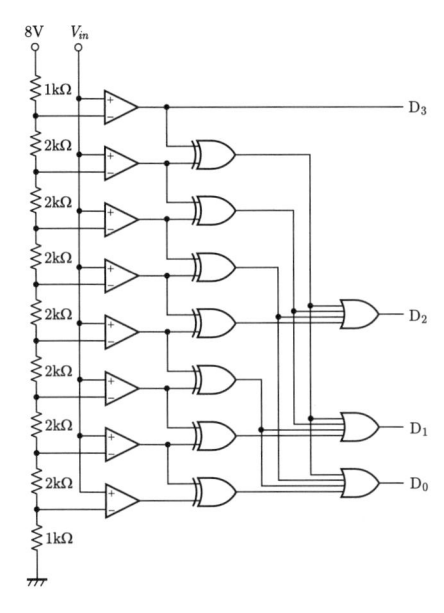

図 11.12

章末問題の解答

第 1 章

1. 1) 2 A   2) 1.4 V
2. 1) $V_R = 6\sin\omega t[\text{V}]$, $I_R = 2\sin\omega t[\text{mA}]$ 2) $I = 5\sin\omega t[\text{mA}]$, $r_o = 2k\Omega$
3. (a) $\dfrac{\omega^2 L^2 R + j\omega L R^2}{R^2 + \omega^2 L^2}$ (b) $\dfrac{j\omega L}{1 - \omega^2 LC}$

    (c) $\dfrac{\omega^2 C_1^2 R - j\omega(C_1 + C_2 + \omega^2 C_1^2 C_2 R^2)}{\omega^2\{(C_1+C_2)^2 + \omega^2 C_1^2 C_2^2 R^2\}}$

4. 1) $\dfrac{R_2}{R_1+R_2}E$,   2) $\dfrac{R_2}{R_1+R_2+jwCR_1R_2}v(t)$
5. 1.5 A
6. 1) $\dfrac{1}{\pi CR}$

第 2 章

1. 1) 正孔   2) As, P など
   3) 領域 (1) から (2) に向かって加速された電子流が，領域 (2) の層が極めて薄いために，領域 (2) を突き抜けて領域 (3) へ流入しているため．

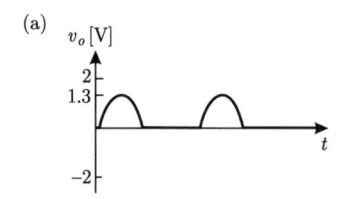

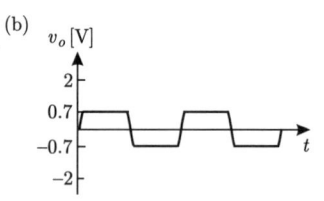

2.
(a) v_o[V] グラフ: 2, 1.3, −2, t
(b) v_o[V] グラフ: 2, 0.7, −0.7, −2, t

3. A) V_{BE},   B) I_E,   C) V_{CE},   D) I_B,   E) I_C
4. 1 mS/V

第 3 章

1. a) 電圧増幅：あり，電流増幅：なし，b) 電圧増幅：あり，電流増幅：あり，
   c) 電圧増幅：あり，電流増幅：あり，d) 電圧増幅：なし，電流増幅：あり

章末問題の解答

2. 1)

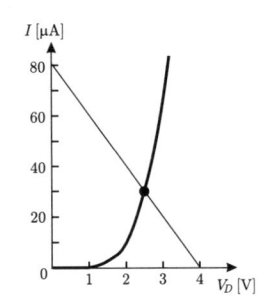

[Graph: I[μA] vs V_D[V], showing exponential diode curve intersecting load line at approximately (2.5, 30)]

2) 2.5 V,   3) 45 μW,   4) 10 μA

3. 1) 10 μA

2)

[Graph: I_C[mA] vs V_{CE}[V] with curves for I_B = 2μA, 6μA, 10μA, 14μA, 18μA, with load line and operating point P at approximately (5, 2)]

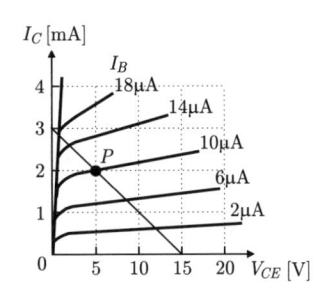

3) -10 V

4. $\beta = 125$, $\alpha = 0.992$

5. 1)

[Graph: I_D[mA] vs V_{DS}[V] with curves for V_{GS} = 1.5V, 2.0V, 2.5V, 3.0V, 3.5V, 4.0V, with load line; point 1) at (6, 4), point 3) at (9, ~1)]

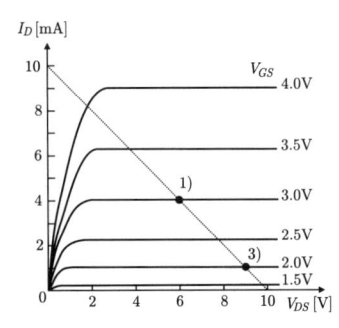

2) $I_D = 4$ mA, $V_o = 6$ V

第4章

1. 1)

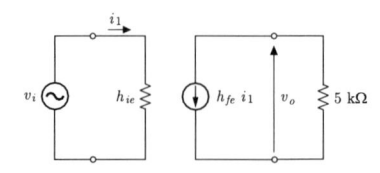

2) $A_v = 150$, $A_p = 1.8 \times 10^4$

2. $h_{ib} = 26.5\Omega$, $h_{rb} = 1.45 \times 10^{-4}$, $h_{fb} = -0.993$, $h_{ob} = 66.2nS$

3. 1)

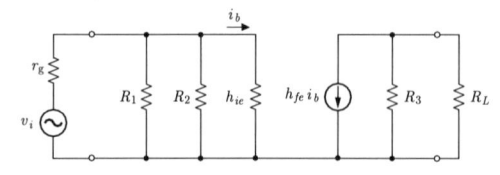

2) 3kΩ,   3) 60
4) 4-1) トランジスタのベース－コレクタ間の分布容量，4-2) h_{fe} の低下

4. 1)

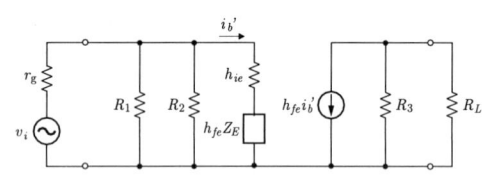

ただし，Z_E は R_4 と C_3 の並列合成インピーダンスを表す．
2) 37.1 Hz

5. 電圧利得: 60 dB, 低域遮断周波数: 39.2 Hz, 高域遮断周波数：408 Hz

6.

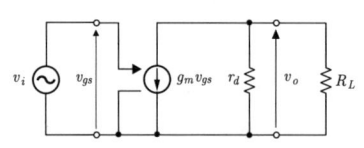

$A_v = -45.5$, $A_i = \infty$, $Z_i = \infty$, $Z_o = 9.09\text{ k}\Omega$

7.

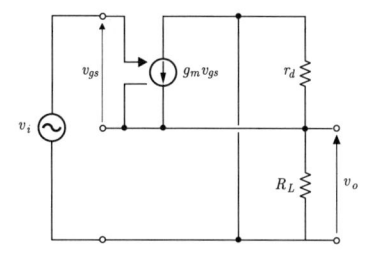

$A_v = 0.978$, $A_i = \infty$, $Z_i = \infty$, $Z_o = 196\Omega$

8. 1)

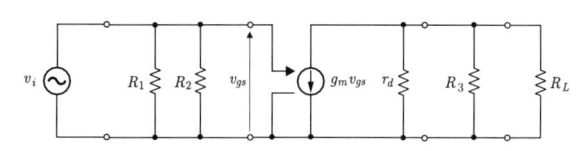

2) 81.8 kΩ, 3) 23.8

第 5 章

1. 1) -2 V   2) 1 mA   3) 0 V   4) 2 mA
2. 1) 1 kΩ   2) -5 V   3) 6 mA
3. 1) ∞ 2) 6 V   3) -0.1 mA
4. 1) 4 V   2) 0 V
5.

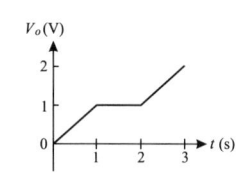

第 6 章

1. 1) $R \geq 10\text{k}\Omega$ 2) 1.6 kHz
2. 1) $h_{fe} \geq 1$ 2) $f_0 = 796$ kHz
3. 1) 1.1 pF   2) 9
4. 1) $f_s = 5.03$ MHz, $f_p = 5.08$ MHz
5. 1) 同調周波数が水晶発振子の共振周波数よりやや低めになるようにする。容量性。

第 7 章

1. 1) $\bar{B} \cdot A + \bar{C} \cdot A$,   2) A,   3) $\bar{D} \cdot \bar{B} \cdot A + D \cdot C \cdot B$,   4) A,
   5) $C \cdot \bar{B} + \bar{A}$

2.

1)

A	B	C	X
0	0	0	1
0	0	1	1
0	1	0	0
0	1	1	0
1	0	0	0
1	0	1	1
1	1	0	0
1	1	1	0

2)

A	B	C	X
0	0	0	1
0	0	1	0
0	1	0	0
0	1	1	0
1	0	0	1
1	0	1	1
1	1	0	1
1	1	1	0

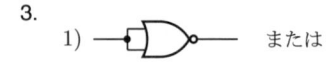

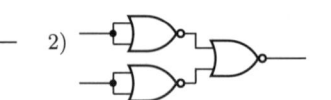

3. 1) （NAND ゲート 入力短絡） または （NOR ゲート 入力接地）　　2) （NAND 回路構成図）

4.

a)

A	B	X
0	0	1
0	1	0
1	0	1
1	1	1

b)

A	B	C	X
0	0	0	0
0	0	1	0
0	1	0	0
0	1	1	1
1	0	0	1
1	0	1	1
1	1	0	1
1	1	1	1

c)

A	B	C	X
0	0	0	1
0	0	1	1
0	1	0	1
0	1	1	1
1	0	0	1
1	0	1	0
1	1	0	0
1	1	1	1

d)

A	B	C	X
0	0	0	0
0	0	1	0
0	1	0	1
0	1	1	0
1	0	0	0
1	0	1	0
1	1	0	1
1	1	1	1

第8章

1. 1) 5 V, 2) 0.7 V, 3) 5 V, 4) 0 V, 5) 0.7 V, 6) 2.1 V
2. 1) 3.6 V, 2) 0 V, 3) 3.6 V, 4) 1.4 V, 5) 0.7 V, 6) 1.4 V
3. a) 5, b) 20, c) 20

章末問題の解答 231

4.

A B	Q_1	Q_2	Q_3	Q_4	X
L L	ON	ON	OFF	OFF	H
L H	OFF	ON	ON	OFF	L
H L	ON	OFF	OFF	ON	L
H H	OFF	OFF	ON	ON	L

5.

A B	Q_1	Q_2	Q_3	Q_4	Q_5	Q_6	X
L L	ON	ON	OFF	OFF	OFF	ON	L
L H	ON	OFF	OFF	OFF	ON	ON	L
H L	OFF	ON	OFF	ON	OFF	ON	L
H H	OFF	OFF	ON	ON	ON	OFF	H

6. a) 2,   b) 10,   c) 40

第9章

1.

1)

C \ BA	00	01	11	10
0	1	0	0	0
1	1	1	0	0

2)

C \ BA	00	01	11	10
0	0	1	1	0
1	0	1	1	0

3)

C \ BA	00	01	11	10
0	0	0	1	1
1	1	0	0	1

4)

DC \ BA	00	01	11	10
00	0	1	1	0
01	0	1	1	0
11	0	1	1	0
10	0	1	1	0

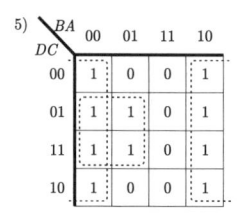

5)

DC \ BA	00	01	11	10
00	1	0	0	1
01	1	1	0	1
11	1	1	0	1
10	1	0	0	1

2.

a)

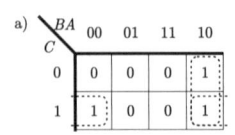

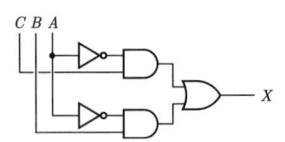

C \ BA	00	01	11	10
0	0	0	0	1
1	1	0	0	1

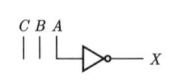

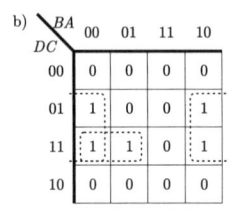

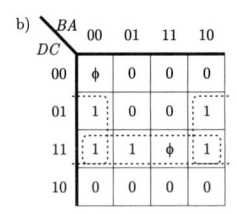

b)

DC \ BA	00	01	11	10
00	0	0	0	0
01	1	0	0	1
11	1	1	0	1
10	0	0	0	0

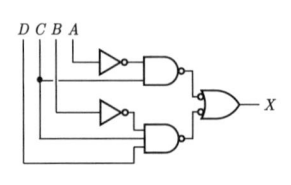

3.

a)

C \ BA	00	01	11	10
0	φ	0	0	1
1	1	0	φ	1

b)

DC \ BA	00	01	11	10
00	φ	0	0	0
01	1	0	0	1
11	1	1	φ	1
10	0	0	0	0

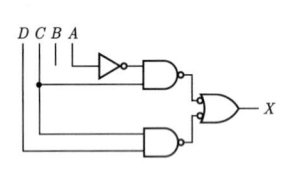

4.

DC \ BA	00	01	11	10
00	1	0	0	1
01	0	0	0	1
11	φ	φ	φ	φ
10	1	0	φ	φ

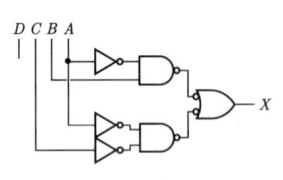

5. 1) $(S3, S2, S1, S0) = (1, 1, 1, 1), \quad C1 = 0$
   2) $(S3, S2, S1, S0) = (0, 1, 0, 0), \quad C1 = 1$
   3) $(S3, S2, S1, S0) = (0, 0, 0, 1), \quad C1 = 1$

章末問題の解答

第 10 章

1.

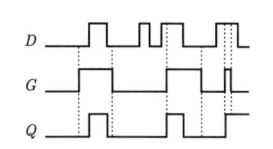

2.

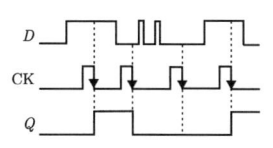

3.

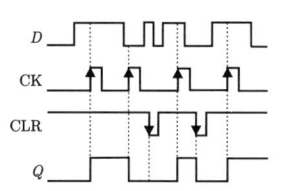

4.

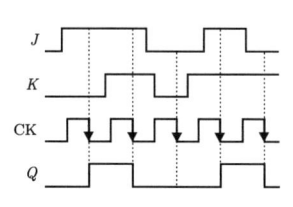

5.

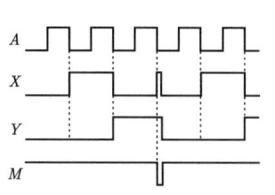

6.

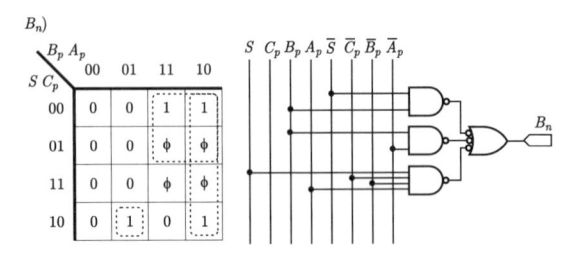

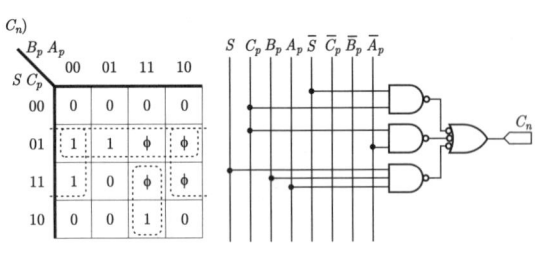

(Karnaugh map for B_n with axes $B_p A_p$ (00, 01, 11, 10) and $S C_p$ (00, 01, 11, 10):)

$S C_p \backslash B_p A_p$	00	01	11	10
00	0	0	1	1
01	0	0	φ	φ
11	0	0	φ	φ
10	0	1	0	1

(Karnaugh map for C_n:)

$S C_p \backslash B_p A_p$	00	01	11	10
00	0	0	0	0
01	1	1	φ	φ
11	1	0	φ	φ
10	0	0	1	0

(論理回路: inputs $S, C_p, B_p, A_p, \overline{S}, \overline{C_p}, \overline{B_p}, \overline{A_p}$ を NAND ゲートに入力し, 出力 B_n, C_n を得る.)

7. a) 12.5 MHz 以下, b) 19.4 MHz 以下。

第 11 章

1. $5/256$ [V] $\simeq 19.5$ [mV]
2. a) 19.5 [mV], b) 39 [mV]
3. $I_0 = 0.5$ [mA], $I_1 = 1$ [mA], $I_2 = 2$ [mA]
4. a) $I = 1.5$ [mA], $V_{out} = -1.5$ [V], b) $I = 2.5$ [mA], $V_{out} = -2.5$ [V], c) $I = 3$ [mA], $V_{out} = -3$ [V]
5. 600 kHz 以上
6. 256 μs
7. a) $(D_3, D_2, D_1, D_0) = (0, 0, 0, 0)$, b) $(D_3, D_2, D_1, D_0) = (0, 0, 1, 0)$,
   c) $(D_3, D_2, D_1, D_0) = (0, 1, 0, 1)$, d) $(D_3, D_2, D_1, D_0) = (1, 0, 0, 0)$

索　引

あ　行

アナログ ……………………………………… 1
アナログ―ディジタル変換 (AD 変換) 220
R/2R ラダー型 DA 変換回路 ……… 218
α ……………………………………………… 38
アンダシュート ……………………………… 161
アンチログアンプ …………………………… 107
AND ……………………………………… 127
　　―― ゲート …………………………… 130
インバータ …………………………………… 143
ウィーンブリッジ発振回路 ………………… 113
ALU ……………………………………… 186
AD 変換回路 …………………………… 220
Exclusive OR …………………………… 134
$\bar{S}\bar{R}$ ラッチ ………………………………… 189
h パラメータ …………………………………… 56
nMOS ……………………………………… 25
エミッタ ……………………………………… 22
　　―― ホロアー ………………………… 39
エミッタ接地回路 …………………………… 32
エミッタ接地直流電流増幅率 ……………… 36
エミッタ接地電流増幅率 …………………… 35
LS-TTL ………………………………… 154
LC 発振回路 …………………………… 114
演算増幅器 …………………………………… 90
エンハンスメント型 ………………………… 28
OR ………………………………………… 127
　　―― ゲート …………………………… 130
オーバシュート ……………………………… 161
オフセット型 ………………………………… 214
オペアンプ …………………………………… 90

か　行

カウンタ回路 ………………………………… 201
カウンタ・ランプ型 AD 変換回路 … 220
加減算回路（ディジタル）………………… 185
加算回路（アナログ）……………………… 102
加算回路（ディジタル）…………………… 183
仮想接地 ……………………………………… 100
加法標準形 …………………………………… 174
カルノー図 …………………………………… 177
帰還率 ………………………………………… 98
逆　相 ………………………………………… 35
逆対数増幅回路 ……………………………… 107
共振回路 ……………………………………… 121
切り捨て型 …………………………………… 214
駆動能力 ……………………………… 158, 167, 170
組合せ回路 …………………………………… 173
クロック ……………………………… 191, 192
ゲート IC …………………………………… 137
ゲート接地回路 ……………………………… 45
結合コンデンサ ……………………… 66, 69, 83
減算回路（アナログ）……………………… 103
減算回路（ディジタル）…………………… 185
固有振動数 …………………………………… 121
コルピッツ型 ………………………… 116, 120
コレクタ ……………………………………… 22
コレクタ接地回路 …………………………… 38

さ　行

最小項 ………………………………………… 174
最大駆動周波数 ……………………………… 199
差動増幅回路 ………………………… 90, 103
差動電圧利得 ………………………………… 94

算術論理ユニット ……………186	セット ……………………190
三素子型発振回路 ………114, 117	セットアップタイム ………199
サンプリング ………………213	Zパラメータ …………………53
サンプリング定理 …………213	全加算器 ……………………184
サンプル・ホールド処理 ……213	ソース接地回路 ………………43
CR結合増幅回路 …………66, 81	
CR発振回路 ………………113	## た 行
CMRR ………………………93	帯域幅 …………………………76
CMOS ………………………163	対数増幅回路 ………………106
——の静特性 ………………165	ディジタル ……………………1
——の動特性 ………………168	ディジタル－アナログ変換(DA変換)216
JKフリップフロップ ………194	定数倍回路 …………………104
閾　値 …………………156, 167	DTL …………………………146
閾値電圧 ………………19, 141	TTL …………………………149
遮断周波数 ………………71, 76	——の静特性 ………………154
高域 —— ……………………76	——の動特性 ………………161
低域 —— ……………………76	Dフリップフロップ ………192
周波数条件 ……………112, 116	ディプレッション型 …………28
周波数特性 …………67, 81, 96	Dラッチ ……………………191
出力アドミタンス ……………58	デシベル ………………………66
出力インピーダンス ……63, 95	電圧帰還率 ……………………58
順序回路 ……………………189	電圧増幅度 ……………………35
小信号等価回路 ………………54	電気回路 ………………………1
簡略化した —— ……………60	電子回路 ………………………1
状態遷移図 …………………197	伝播遅延時間 ………………162
状態遷移表 …………………197	電流増幅度 ……………………35
状態表示記号 ………………130	電流増幅率 ………………35, 58
冗　長　項 …………………182	電力増幅度 ……………………35
消費電力 ………………160, 168	同期カウンタ ………………206
ショットキートランジスタ …153	動　作　点 ……………………47
ショットキーバリアダイオード …21	同　相 …………………………37
振幅条件 ……………………116	—— 除去比 ……………………93
真理値表 ……………………128	—— 電圧利得 …………………94
水晶振動子 …………………121	ド・モルガンの定理 ………127
推奨動作条件 ………………155	トランジション周波数 ………61
スルーレート …………………96	トランジスタ …………………22
正　帰　還 …………………111	npn型 —— …………………22
整流作用 ………………………19	電界効果 —— ………………25
正　論　理 …………………130	——の静特性 ………………24
積分回路 ……………………104	バイポーラ —— ……………22

pnp 型 —— ……………………………… 22
ドリフト ………………………………… 91
ドレイン接地回路 ……………………… 45
Don't Care ……………………………… 182

な 行

74 シリーズ ……………………………… 137
2 進荷重抵抗型 DA 変換回路 ………… 216
二端子対回路 …………………………… 52
入力インピーダンス ………… 58, 63, 95
入力オフセット電圧 …………………… 95
ネガティブ・エッジ・ゴーイング型 193
ノイズマージン ………………… 158, 167
NOT ……………………………………… 127
 —— ゲート …………………………… 133

は 行

ハートレー型 …………………… 116, 120
排他的論理和 …………………………… 134
バイパスコンデンサ ………… 67, 71, 84
発振回路 ………………………………… 111
発振条件 ………………………………… 112
バッファ ………………………………… 131
半加算器 ………………………………… 184
反転増幅回路 …………………………… 99
半導体 …………………………………… 15
 n 型 —— ……………………………… 17
 真性 —— ……………………………… 15
 p 型 —— ……………………………… 17
 不純物 —— …………………………… 16
ピアス CB 発振回路 …………………… 123
ピアス BE 発振回路 …………………… 123
ビット …………………………………… 3
非同期カウンタ回路 …………………… 201
非反転増幅回路 ………………………… 100
微分回路 ………………………………… 105
pMOS …………………………………… 25
標本化 …………………………………… 213
ファンアウト …………………… 158, 168
ファンイン ……………………………… 160

負荷直線 …………………………… 41, 47
負帰還 …………………………………… 98
符号反転回路 …………………………… 104
フリップフロップ ……………………… 192
プルアップ抵抗 ………………………… 170
ブール代数 ……………………………… 126
負論理 …………………………………… 130
分布容量 …………………………… 60, 79
並列エンコード型 DA 変換回路 ……… 222
ベース …………………………………… 22
ベース接地回路 ………………………… 36
ベース接地電流増幅率 ………………… 38
β ……………………………………… 35
飽和領域 ………………………………… 27
ホールドタイム ………………………… 200
ポジティブ・エッジ・ゴーイング型 193
ボルテージホロアー回路 ……………… 101

ま 行

マルチエミッタトランジスタ ………… 149
ミラー効果 ………………………… 61, 80
MIL 規格 ………………………………… 130
MOSFET ………………………………… 25
MOSFET 増幅回路 ……………………… 77

や 行

誘導性 …………………………………… 122
容量性 …………………………………… 122

ら 行

ラッチ …………………………………… 189
リセット ………………………………… 190
利得 ……………………………………… 66
 —— 帯域幅積 ………………………… 96
 電圧 —— ……………………………… 66
 電流 —— ……………………………… 66
 電力 —— ……………………………… 66
 ループ —— …………………………… 112
量子化 …………………………………… 213
リンギング ……………………………… 162

レベルシフトダイオード ……………148
ログアンプ ………………………… 106
論理ゲート ………………………… 130
　　── の変換 ……………………135

論理式の簡単化 ………………… 129, 177
論 理 積 …………………………… 127
論理否定 …………………………… 127
論 理 和 …………………………… 127

著者略歴

高橋 進一
たかはし しんいち

1962年 慶應義塾大学工学部電気工学科
　　　　卒業
1967年 慶應義塾大学大学院工学研究科
　　　　電気工学専攻博士課程修了
　　　　工学博士
　　　　慶應義塾大学工学部電気工学科
　　　　助手
2001年 慶應義塾大学名誉教授

主要著書

回路理論例題演習（共著, コロナ社, 1971）
回路網とシステム理論（共著, コロナ社, 1974）
信号理論の基礎（共著, 実教出版, 1976）
線形システム解析の基礎（共著, 実教出版, 1979）
ディジタルフィルタ（共著, 培風館, 1999）
ウェーブレット解析とフィルタバンク I/II
　　　　　　　　　　（共訳, 培風館, 1999）
ディジタル回路設計入門（共著, 培風館, 2000）
線形システム解析入門（共著, 培風館, 2000）
一次元ディジタル信号処理の基礎
　　　　　　　　　　（共著, 培風館, 2001）

岡田 英史
おかだ えいじ

1986年 慶應義塾大学理工学部電気工学科
　　　　卒業
1990年 日本学術振興会特別研究員
　　　　慶應義塾大学大学院理工学研究科
　　　　電気工学専攻後期博士課程修了
　　　　工学博士
　　　　慶應義塾大学理工学部電気工学科
　　　　訪問研究員
1991年 慶應義塾大学理工学部電気工学科
　　　　助手
1994年～1996年 日本学術振興会海外特別
　　　　研究員
　　　　ロンドン大学客員講師
現　在 慶應義塾大学理工学部電子工学科
　　　　教授

ⓒ　高橋進一・岡田英史　2002

2002年 5月15日　初版発行
2025年10月15日　初版第21刷発行

電気・電子・情報工学系テキストシリーズ3
電　子　回　路

著　者　高　橋　進　一
　　　　岡　田　英　史
発行者　山　本　　　格
発行所　株式会社　培　風　館
東京都千代田区九段南 4-3-12・郵便番号 102-8260
電話(03)3262-5256(代表)・振替 00140-7-44721

D.T.P. アベリー・平文社印刷・牧 製本

PRINTED IN JAPAN

ISBN 978-4-563-03683-6　C3355